Wissenschaftliche Taschenbücher WTB

Mathematik · Physik

D. Bender · E. Pippig

Einheiten Maßsysteme SI

THEORIA CUM PRAXI

Akademie-Verlag · Berlin

WTB Wissenschaftliche Taschenbücher

Reihe BIOLOGIE

HANS BERGNER
Tierernährung

HELMUT FRIEMEL / JOSEF BROCK
Grundlagen der Immunologie

HELLMUTH GÄBLER
Forstschutz

HEINZ GEILER
Ökologie der Land- und Süßwassertiere

PAUL HOFFMANN
Photosynthese

EBERHARD HOFMANN
Eiweiße und Nucleinsäuren als biologische Makromoleküle
Dynamische Biochemie, Teil I

EBERHARD HOFMANN
Enzyme und energiebereitstellende Reaktionen des Stoffwechsels
Dynamische Biochemie, Teil II

EBERHARD HOFMANN
Der Stoffwechsel lebendiger Systeme und seine Regulation
Dynamische Biochemie, Teil III

EBERHARD HOFMANN
Grundlagen der Molekularbiologie und Regulation des Zellstoffwechsels
Dynamische Biochemie, Teil IV

FRIEDRICH JACOB
Bewegungsphysiologie der Pflanzen

GERHARD LERCH
Pflanzenökologie

JOACHIM NITSCHMANN
Entwicklung bei Mensch und Tier

HANS-WERNER NOLTE
Pflanzenschutz in der Landwirtschaft

KLAUS ODENING
Parasitismus

ALFRED PALISSA
Bodenzoologie in Wissenschaft, Naturhaushalt und Wirtschaft

MARTIN SCHMIDT
Pflanzenschutz im Gartenbau

ULRICH SEDLAG
Biologische Schädlingsbekämpfung

LUDWIG SPANNHOF
Zellen und Gewebe der Tiere

GÜNTER TEMBROCK
Grundlagen des Tierverhaltens

GÜNTER TEMBROCK
Biokommunikation
Informationsübertragung im biologischen Bereich
Teil I und II

EBERHARD TEUSCHER
Pharmakognosie
Teil I und II

REGINE WITKOWSKI / FALKO H. HERRMANN
Einführung in die klinische Genetik

GERALD WOLF
Neurobiologie

Reihe CHEMIE

HANS-MARTIN BARCHET
Chemie photographischer Prozesse

ULRICH BEHRENS/MANFRED RINGPFEIL
Mikrobielle Polysaccharide

ROLF BORSDORF/MANFRED SCHOLZ
Spektroskopische Methoden in der organischen Chemie

HANS DAWCZYNSKI
Temperaturbeständige Faserstoffe aus organischen Polymeren

HANS DAWCZYNSKI
Temperaturbeständige Faserstoffe aus anorganischen Polymeren

WERNER DÖPKE
Stereochemie organischer Verbindungen

MARTIN FINKE/WALTER LEIPNITZ
Moderne Methoden der Erdölanalyse

ERICH GUNDERMANN
Chemie und Technologie des Braunkohlenteers

WERNER HABERDITZL
Magnetochemie

SIEGFRIED HAUPTMANN
Über den Ablauf organisch-chemischer Reaktionen

HORST KEHLEN/FRANK KUSCHEL/HORST SACKMANN
Grundlagen der chemischen Kinetik

GERHARD KEMPTER
Struktur und Synthese von Vitaminen

PETER KRUMBIEGEL
Isotopieeffekte

KLAUS KÜHNE
Werkstoff Glas

DIETER MERKEL
Riechstoffe

DIETER ONKEN
Steroide

BURKART PHILIPP/GERHARD REINISCH
Grundlagen der makromolekularen Chemie

JOACHIM RIEMER
Quantitative organische Mikroanalyse

ROLF SCHÖLLNER
Die Oxydation organischer Verbindungen mit Sauerstoff

WOLFGANG WAGNER
Chemische Thermodynamik

GÜNTHER WAGNER/HANS KÜHMSTEDT
Pharmazeutische Chemie

Reihe MATHEMATIK/PHYSIK

HANS BANDEMER/ANDREAS BELLMANN/WOLFHART JUNG
KLAUS RICHTER
Optimale Versuchsplanung

FRANK BEICHELT
Prophylaktische Erneuerung von Systemen

DIETRICH BENDER/ERNST-EGON PIPPIG
Einheiten, Maßsystem, SI

WOLFRAM BRAUER/HANS-WALDEMAR STREITWOLF
Theoretische Grundlagen der Halbleiterphysik

SIEGFRIED BREHMER
Einführung in die Maßtheorie

FERDINAND CAP
Einführung in die Plasmaphysik
I. Theoretische Grundlagen
II. Wellen und Instabilitäten
III. Magnetohydrodynamik

JOHN CUNNINGHAM
Vektoren

GEORG DAUTCOURT
Relativistische Astrophysik

K. CH. DELOKAROV
Relativitätstheorie und Materialismus

ALBERT EINSTEIN
Grundzüge der Relativitätstheorie

ALBERT EINSTEIN
Uber die spezielle und die allgemeine Relativitätstheorie

HANNELORE FISCHER/JOACHIM PIEHLER
Modellsysteme der Operationsforschung

ALFRED PRIESER
Mikrowellenmeßtechnik

HERBERT GOERING
Elementare Methoden zur Lösung von Differentialgleichungsproblemen

MICHAEL GÖSSEL
Angewandte Automatentheorie
Band I und II

MICHAEL GÖSSEL
Wahrscheinlichkeitsautomaten und Zufallsfolgen

E. G. GOLSTEIN
Konvexe Optimierung

HELMUT HESS
Der elektrische Durchschlag in Gasen

ULRICH KAUSMANN/KLAUS LOMMATZSCH/FRANTIŠEK NOŽIČKA
Lineare parametrische Optimierung

VOLKER KEMPE
Theorie stochastischer Systeme

VOLKER KEMPE
Analyse stochastischer Systeme
Teil I

A. R. KESSEL
Akustische Kernresonanz

HEINRICH KINDLER
Der Regelkreis

DIETER KLAUA
Elementare Axiome der Mengenlehre
Einführung in die Allgemeine Mengenlehre I

DIETER KLAUA
Grundbegriffe der axiomatischen Mengenlehre
Teil 1 und 2
Einführung in die Allgemeine Mengenlehre II

DIETER KLAUA
Kardinal- und Ordinalzahlen
Teil 1 und 2
Einführung in die Allgemeine Mengenlehre III

DIETER KÖNIG/DIETRICH STOYAN
Methoden der Bedienungstheorie

KONRAD KREHER
Festkörperphysik

JEAN KUNTZMANN
Unendliche Reihen

JEAN KUNTZMANN
Systeme von Differentialgleichungen

JEAN KUNTZMANN
Komplexe Veränderliche

Wolfgang Meiling
Kernphysikalische Elektronik

Peter Paufler/Dieter Leuschner
Kristallographische Grundbegriffe der Festkörperphysik

Harry Paul
Lasertheorie
Teil I und II

Harry Paul
Nichtlineare Optik
Teil I und II

Wolfgang Pauli
Vierpoltheorie und ihre Anwendung auf elektronische Schaltungen

Harry Pfeifer
Theorie linearer Bauelemente
Elektronik für den Physiker I

Harry Pfeifer
Die Elektronenröhre
Elektronik für den Physiker II

Harry Pfeifer
Schaltungen mit Elektronenröhren
Elektronik für den Physiker III

Harry Pfeifer
Leitungen und Antennen
Elektronik für den Physiker IV

Harry Pfeifer
Mikrowellenelektronik
Elektronik für den Physiker V

Harry Pfeifer
Halbleiterelektronik
Elektronik für den Physiker VI

Harry Pfeifer/W. Heink
Schaltungen mit Transistoren
Elektronik für den Physiker VII

Ulrich Röseberg
Determinismus und Physik

J. A. Rosanow
Wahrscheinlichkeitstheorie

Wolfgang Schäfer
Theoretische Grundlagen der Stabilität technischer Systeme

Ernst Schmutzer
Symmetrien und Erhaltungssätze der Physik

I. S. Sheludew
Elektrische Kristalle

N. D. Shewandrow
Die Polarisation des Lichtes

L. A. Skornjakow
Elemente der Verbandstheorie

A. A. Smirnow
Metallphysik

A. S. Sonin/F. A. Strukow
Einführung in die Ferroelektrizitä'

Hans-Jürgen Treder
Elementare Kosmologie

J. E. Vinson
Optische Kohärenz in der klassischen Theorie und in der Quantentheorie

TEXTE UND STUDIEN

D. M. Brink
Kernkräfte

Stephen G. Brush
Kinetische Theorie
Teil I und II

Festkörperphysik
Entwicklungstendenzen und Anwendungsmöglichkeiten

D. ter Haar
Quantentheorie

W. R. Hindmarsh
Atomspektren

J. H. Sanders
Die Lichtgeschwindigkeit

Gustav E. R. Schulze
Beiträge zur Entwicklung der Metallphysik

R. A. R. Tricker
Die Beiträge von Faraday und Maxwell zur Elektrodynamik

R. A. R. Tricker
Frühe Elektrodynamik

W. L. Ginsburg
Über Physik und Astrophysik

Vorschau auf die nächsten Bände:

Wilhelm Kämmerer
Kybernetik – eine Einführung auf naturwissenschaftlicher Grundlage

Herbert Goering
Asymptotische Methoden zur Lösung von Differentialgleichungen

Dieter Kress
Theoretische Grundlagen der Signal- und Informationsübertragung

Dierck-Ekkehard Liebscher
Relativitätstheorie mit Zirkel und Lineal

WTB

BAND 97

D. Bender / E. Pippig

Einheiten
Maßsysteme
SI

3., berichtigte Auflage

Mit 13 Abbildungen und 5 Tabellen

AKADEMIE-VERLAG · BERLIN

Reihe MATHEMATIK UND PHYSIK

Verfasser:

Dr. D. Bender

Dipl.-Phys. E. Pippig

Amt für Standardisierung, Meßwesen und Warenprüfung der DDR

1977

Lizenznummer: 202 · 100/452
Satz: VEB Druckerei „Maxim Gorki", 74 Altenburg
Offsetdruck: VEB Druckerei „Thomas Müntzer", 582 Bad Langensalza
Bestellnummer: 761 5125(7097) · LSV 1107
Printed in GDR
DDR 12,50 M

Vorwort

Einheiten physikalischer Größen spielen nicht nur im gesetzlichen Meßwesen, sondern allgemein in den gesamten Naturwissenschaften, in der Technik und darüber hinaus im täglichen Leben eine bedeutende Rolle. Über Einheiten und ihre Zusammenfassung mit den gemessenen Größen in *Maßsystemen* ist dementsprechend schon eine umfangreiche Literatur vorhanden. Nun sind aber gerade in den letzten Jahren Veränderungen vor sich gegangen oder noch im Gange, die bisherige Unzulänglichkeiten beseitigen und internationale Übereinstimmung herbeiführen sollen. Dabei wird es erforderlich sein, alte Gewohnheiten aufzugeben, sogar wenn sie für bestimmte Anwendungsfälle gewisse Vorteile gegenüber dem Neuen besitzen. Hier sei z. B. an die Verwendung der Krafteinheit Kilopond gedacht, die ungefähr der Kraft entspricht, die im Schwerefeld der Erde auf die Masse 1 kg einwirkt; sie soll nun durch die weniger anschauliche Kraft 1 Newton ersetzt werden. Dafür bietet das Newton also kohärente Einheit des „*Internationalen Einheitensystems* (*SI*)" den Vorzug, daß in seiner Beziehung zu den Grundeinheiten Meter, Kilogramm und Sekunde kein störender Faktor 9,80665 auftritt und daß mit seiner Anwendung der unerquicklichen Verwechslung von Kraft und Masse der Boden entzogen wird.

Das Anliegen des vorliegenden Büchleins ist es, den Übergang zur umfassenden Anwendung des SI zu fördern, der gemäß einer Standardisierungsempfehlung in den Ländern des RGW bis 1980 vollzogen werden soll. Zu diesem Zweck wird der Leser — insbesondere der mit diesen Problemen konfrontierte Physiker oder Ingenieur-

mit der derzeitigen Situation auf dem Gebiet der physikalisch-technischen Einheiten, mit ihrer theoretischen und geschichtlichen Begründung sowie mit der voraussichtlichen Entwicklung auf diesem Gebiet vertraut gemacht. Dazu erschien es uns nicht ausreichend, die Umrechnung von alten in neue Einheiten an Hand von Beispielen darzustellen. Vielmehr hielten wir es für erforderlich, den Leser zunächst in die Grundbegriffe der Größenlehre einzuführen und ihm dann den Weg zum SI an Hand einer kurzen Geschichte der Einheiten und Maßsysteme aufzuzeigen. Die wichtigeren Maßsysteme wurden so weit behandelt, daß der Leser ältere Literatur auswerten und Umrechnungen in das SI selbst vornehmen kann. Andererseits wurden auch solche Arten von Einheiten behandelt, die vom SI nur begrenzt erfaßt werden. Hierzu gehören Verhältniseinheiten, Zähleinheiten, Kennworte für logarithmierte Verhältnisgrößen sowie die statistischen Maßeinheiten der Ökonomie.

Wir haben uns dabei bemüht, in das vielseitige Gebiet eine gewisse Systematik hineinzubringen. Gesetzliche Regelungen und RGW-Standardisierungsempfehlungen wurden nach dem neuesten Stand berücksichtigt.

Ebenso wichtig wie die theoretische Fundierung eines zweckmäßigen Einheitensystems ist seine praktische Realisierung. Daher wurde der Darstellung der SI-Einheiten ein relativ breiter Raum gewidmet. Selbstverständlich war es im Rahmen des vorliegenden Büchleins trotzdem nur möglich, die modernen Meßverfahren zur Darstellung im Prinzip und mit einigen Angaben über die Genauigkeit zu behandeln, auch mußten wir uns im wesentlichen auf die Basiseinheiten beschränken. Literaturangaben helfen dem interessierten Leser hier weiter. Bei der Ausarbeitung dieses Abschnitts haben uns mehrere Kollegen im ASMW durch eingehende Beratungen unterstützt. Hierfür möchten wir ihnen an dieser Stelle bestens danken.

Berlin, im Juli 1976 1974 Dietrich Bender
Ernst-Egon Pippig

Inhalt

1. Physikalische Größen und Einheiten 9

1.1. Größe, Einheit, Zahlenwert 9
1.2. Gleichungen 16
1.3. „Gebundene Größen", „Skalenwerte", Verhältnisgrößen, bezogene Größen 21

2. Größensysteme, Einheitensysteme und ihre historische Entwicklung 28

2.1. Maßeinheiten von den Anfängen bis zur Einführung des Meter 28
2.2. Größen- und Einheitensysteme 33
2.3. Die historische Entwicklung der Maßsysteme . . . 37
2.3.1. Maßsysteme der Mechanik 37
2.3.2. Maßsysteme der Elektrodynamik 38
2.3.3. Temperaturskalen 42
2.3.4. Einheiten der optischen Strahlung, der Akustik und der ionisierenden Strahlung 44
2.3.5. Erweiterung auf die physikalische Chemie 48

3. Das Internationale Einheitensystem (SI) und seine Anwendung 49

3.1. Begriff und allgemeine Regeln 49
3.2. Bedeutung des SI 54
3.3. Physikalische Größenarten und ihre SI-Einheiten . 55
3.3.1. Raum 56
3.3.2. Raum und Zeit 58
3.3.3. Mechanik 59
3.3.4. Elektrizität und Magnetismus 62
3.3.5. Wärme 66
3.3.6. Optische Strahlung 68
3.3.7. Akustik 69
3.3.8. Ionisierende Strahlung 69
3.3.9. Physikalische Chemie und Molekularphysik 70
3.4. Zur Umstellung auf die SI-Einheiten 71

4. Die wichtigsten bisher gebräuchlichen metrischen Einheitensysteme . . . 73

4.1. Das technische Maßsystem . . . 73
4.2. Die CGS-Systeme . . . 74
4.2.1. CGS-Systeme mit 3 Basiseinheiten . . . 74
4.2.2. Erweiterte CGS-Systeme . . . 81
4.3. Fünfersysteme der Elektrodynamik . . . 83

5. Anglo-amerikanische Einheiten . . . 85

5.1. Allgemeines . . . 85
5.2. Längen- und Flächeneinheiten . . . 86
5.3. Volumeneinheiten . . . 88
5.4. Masseeinheiten . . . 89
5.5. Sonstige Einheiten . . . 90

6. Systemfreie Einheiten . . . 93

6.1. Entstehung und Zweck . . . 93
6.2. Durch Umrechnungsfaktoren definierte Einheiten . 95
6.3. Einheiten als Ausdruck für Relativmessungen . . . 102

7. Sondereinheiten, Zähleinheiten und andere . . . 105

7.1. Sondereinheiten . . . 105
7.2. Zähleinheiten . . . 109
7.3. Einheiten für Verhältnisgrößen, Winkeleinheiten . . 113
7.4. Einheiten für logarithmierte Verhältnisgrößen . . . 119
7.4.1. Dezibel und Neper . . . 119
7.4.2. Einheiten zur Bezeichnung weiterer akustischer Größen . . . 121
7.4.3. Stern-Größenklassen . . . 123
7.4.4. *p*H, DIN, bit . . . 124
7.5. Rastermaße . . . 126

8. Die Darstellung der Einheiten . . . 127

8.1. Fundamentale Darstellung – Bewahrung – Weitergabe . . . 127
8.2. Grenzen für die Genauigkeit der Darstellung . . . 130
8.3. Darstellung des Meter . . . 132
8.4. Darstellung der Sekunde . . . 136
8.4.1. Atomuhren . . . 136
8.4.2. Zeitskalen . . . 140
8.5. Darstellung des Kilogramm . . . 142

8.6. Darstellung der elektrischen Einheiten 145
8.6.1. Grundsätzliche Betrachtungen 145
8.6.2. Darstellung des Ampere 147
8.6.2.1. Stromwaage 147
8.6.2.2. Elektrodynamometer 150
8.6.2.3. Kernresonanzverfahren 151
8.6.2.4. Bewahrung durch sekundäre Normale 153
8.6.3. Darstellung des Henry 153
8.6.4. Darstellung des Farad 153
8.6.5. Darstellung des Volt 155
8.6.5.1. Darstellung aus Ampere und Watt 155
8.6.5.2. Darstellung aus Ampere und Ohm 156
8.6.5.3. Darstellung mit elektrostatischen Verfahren 156
8.6.5.4. Bewahrung durch sekundäre Normale 157
8.6.6. Darstellung des Ohm 157
8.6.6.1. Darstellung aus Ampere und Volt 157
8.6.6.2. Darstellung mit Hilfe von Induktivitäten 157
8.6.6.3. Darstellung mit Hilfe von Kapazitäten 159
8.6.7. Bewahrung und Weitergabe der elektrischen Einheiten durch Maßverkörperungen 160
8.7. Darstellung des Kelvin 161
8.7.1. Die Größenart Temperatur 161
8.7.2. Fundamentale Temperaturmessung 165
8.7.3. Die Internationale Praktische Temperaturskale . . 169
8.8. Darstellung der Candela 175
8.8.1. Die Größenart Lichtstärke 175
8.8.2. Die Meßeinrichtung 177
8.9. Darstellung des Mol 180

Tabelle 1. Physikalische Größenarten und ihre SI-Einheiten . 182
Tabelle 2. Verknüpfungsrelationen zwischen elektrischen oder magnetischen nichtrationalen Dreier- und rationalen Vierergrößen 198
Tabelle 3. CGS-Einheiten elektrischer und magnetischer Größen und Umrechnungsfaktoren zur Berechnung des Zahlenwertes dieser Größen in SI-Einheiten aus den entsprechenden Größen in CGS-Einheiten . 199
Tabelle 4. Anglo-amerikanische Einheiten (nichtmetrisch) . . 203
Tabelle 5. SI-fremde gesetzliche Einheiten mit eigenem Namen 210
Literaturverzeichnis 217
Sachverzeichnis 227

1. Physikalische Größen und Einheiten

1.1. *Größe, Einheit, Zahlenwert*

Die Beschreibung physikalischer Gesetzmäßigkeiten durch Gleichungen ist in unserer Zeit eine Selbstverständlichkeit geworden, und kaum jemand denkt daran, daß es einst einer geistigen Großtat Galileo Galileis bedurfte, um diese ausgezeichnete Möglichkeit zur exakten und extrem kurzen Beschreibung von Naturerscheinungen zu entdecken. Eine solche, stark komprimierte Darstellung von Sachverhalten erfordert aber, daß über den sachlichen Inhalt, hier also über die Bedeutung der in den Gleichungen auftretenden Formelzeichen (meist Buchstaben) vollkommene Klarheit besteht. Ist dies nicht der Fall, ergeben sich Verständnisschwierigkeiten oder sogar Irrtümer. Die Diskussion um den Inhalt und die Aussage unserer physikalischen und technischen Gleichungen führte daher auch zur Bildung präziserer Begriffe und zur Verbesserung des allgemeinen Begriffssystems der Physik. Im folgenden sollen zunächst einige dieser Begriffe aufgeführt und erläutert werden.

Eine *Größe* (physikalische Größe, meßbare Größe) ist ein Merkmal eines physikalischen Objektes (Ding, Zustand oder Vorgang), „das qualitativ charakterisiert und quantitativ bestimmt", also gemessen werden kann [1; 2].

Die *Messung einer Größe* besteht in dem quantitativen Vergleich dieser Größe mit einer Größe gleicher Art, die durch eine Absprache (Konvention) als *Einheit* festgelegt ist. Zu dieser Festlegung gehören auch prinzipielle Angaben über das Verfahren, wie bei Größen der betrachteten Art ein quantitativer Vergleich zu erfolgen hat (Beispiel: Länge — siehe unten). Liegt also für ein Merkmal eines physikalischen Objektes eine solche Festlegung nicht vor, dann ist es nicht „meßbar“ und somit keine „Größe“ (Beispiele: Ebenheit einer Fläche, Farbe eines Körpers).

Die Zahl, die angibt, wie oft die Einheit in der betrachteten Größe enthalten ist, heißt *Zahlenwert* der Größe. Er kann aufgefaßt werden als Quotient aus der betrachteten Größe und der Einheit. Daher kann man jede Größe als Produkt darstellen

$$\text{Größe} = \text{Zahlenwert} \times \text{Einheit}$$

oder mit den in [3] empfohlenen Formelzeichen

$$x = \{x\}\,[x] \tag{1.1}$$

Der Zahlenwert kann eine beliebige reelle Zahl sein. — Wählt man eine andere gleichartige (z. B. n-mal so große) Größe als Einheit, so erhält man zwar einen anderen Zahlenwert (im Beispiel den n-ten Teil), die zu messende Größe aber bleibt natürlich unverändert:

$$x = \{x\}_1\,[x]_1 = \{x\}_2\,[x]_2 = \cdots \tag{1.2}$$

x ist „invariant gegen einen Wechsel der Einheit“ oder kurz *einheiteninvariant.*

Bei vorstehenden Betrachtungen wurden als Größen nur Skalare (also Größen ohne Richtungssinn) betrachtet. Diese und die folgenden Betrachtungen lassen sich aber ohne weiteres auf Vektoren oder Tensoren höherer Ordnung übertragen, wenn man die Komponenten einzeln als Skalare betrachtet. Alle Einheiten können daher als Skalare betrachtet werden.

Bei etwas näherer Betrachtung erweist sich das zunächst sehr einfach scheinende Problem als wesentlich komplizierter. Die Problematik entsteht bei den Fragen, wie denn ein solches, oben genanntes Verfahren zum Vergleich einer Größe mit einer anderen der gleichen Art aussieht, welches Kriterium angibt, ob zwei Größen von gleicher Art sind, und wie man überhaupt erklären kann, was man unter Größen einer bestimmten Art verstehen will. Folgen wir bei der Betrachtung WALLOT [4] und nehmen als Beispiel Größen der Art „Länge". Den Begriff „Länge" leiten wir aus unserer Erfahrung ab. Sie besagt, daß wir jeder geraden oder auch gekrümmten Linie eine „Länge", d. h. eine spezielle Größe l der Art Länge zuordnen können. Aus der Erfahrung wissen wir weiter, daß es sinnvolle Ergebnisse gibt, wenn man zur Länge l_1 einer bestimmten Linie die Länge l_2 einer anderen Linie addiert, und wir erweitern diese Erfahrung zunächst zu der Festlegung, daß zwei *Größen* x_1 und x_2 dann *von gleicher Art* sind, wenn ihre Addition sinnvolle Ergebnisse liefert. (Eine Erweiterung dieser Festlegung wird in 1.3. vorgenommen.) Die Gesamtheit der Größen einer Art, eine unendliche Mannigfaltigkeit also, bezeichnet man als *Größenart* [5]. Andere Größenarten sind z. B. Zeit, elektrische Stromstärke, Kraft und Masse, aber auch Fläche, Druck und ebener Winkel.

Das Verfahren für einen quantitativen Vergleich zweier Größen gleicher Art ist uns für den Fall der Größenart Länge gut geläufig. Auf der zu messenden Strecke (Länge l) trägt man so oft die Längeneinheit $[l]$ ab, bis $n_0\,[l] = l$ ist; läßt sich das nicht erreichen, weil l kein ganzzahliges Vielfaches von $[l]$ ist, bricht man ab, wenn $n_0\,[l]$ etwas kleiner als l ist, teilt $[l]$ in m_1 (z. B. 1000) gleiche Teile und trägt diese Teile auf dem Rest von l ab. Dies Verfahren wiederholt man, bis der Endpunkt der letzten abgetragenen Strecke mit dem Endpunkt von l zusammenfällt oder hinreichend wenig von ihm entfernt ist. Es ist dann

$$l = \{l\}\,[l], \tag{1.3}$$

wobei $\{l\}$ eine reelle Zahl ist,

$$\{l\} = n_0 + \frac{n_1}{m_1} + \frac{n_2}{m_2} + \cdots \tag{1.4}$$

Nachdem so im Prinzip ein Vergleichsverfahren festliegt, kann als bewiesen gelten, daß das Merkmal „Länge" eine Größe ist.

Mindestens der gleichen Schwierigkeit wie beim Erklären des Begriffs „Länge“ werden wir jeweils begegnen, wenn wir in unsere Betrachtungen ein neues Teilgebiet der Physik einbeziehen. So läßt sich der Begriff „Zeit“ (besser: „Zeitdauer“, „Zeitintervall“, „Zeitspanne“ oder „Dauer“) nur aus der praktischen Erfahrung herleiten, aber es läßt sich zeigen, daß zwei Zeitdauern addierbar sind, und es läßt sich ein Verfahren für den Vergleich zweier Zeitdauern angeben [5, S. 6; 6, S. 4]. Ähnlich ist die Situation z. B. für die Größenarten elektrische Stromstärke, Temperatur und Masse (oder Kraft, siehe 2.3.1.) — Derartige Größenarten, die aus sich heraus erklärt werden, nennt man *Grundgrößenarten* [5] oder *Basisgrößenarten* [1; 2; 7][1]) des betreffenden Größensystems (vgl. 2.2.).

Um vieles einfacher ist dagegen die Erklärung (Definition) einer *abgeleiteten Größenart.* Sie erfolgt einfach durch Angabe der *Definitionsgleichung* (s. 1.2.), z. B. für die Geschwindigkeit durch die Gleichung[2])

$$v = \frac{s}{t} \tag{1.5}$$

Mit dieser Gleichung ist die Größenart „Geschwindigkeit“ als Quotient aus der Größenart Länge und der Größenart Zeit vollständig definiert. Denn auch (mindestens) ein Verfahren zum Vergleich zweier Geschwindigkeiten kann aus Gl. (1.5) hergeleitet werden; setzt man nämlich

$$s = \{s\}\,[s] \text{ und } t = \{t\}\,[t] \qquad \text{(1.6a)} \quad \text{(1.6b)}$$

---

[1]) Die französische Originalfassung des OIML-Wörterbuches unterscheidet nicht streng zwischen analogen französischen Ausdrücken für „Größenart“ und „Größe“; vgl. hierzu 1.2.

[2]) Diese Gleichung gilt natürlich nur für die gleichförmige Bewegung. Sie enthält aber alle für unsere Betrachtungen wesentlichen Aussagen und ist einfach. Daher wurde sie benutzt. Eine Verallgemeinerung auf die allgemein gültige Definitionsgleichung $v = ds/dt$ ist leicht möglich. Das gilt entsprechend auch für später folgende Gleichungen.

in (1,5) ein, so ergibt sich

$$v = \{v\}\,[v] \quad \text{mit } \{v\} = \frac{\{s\}}{\{t\}} \qquad (1.7),\ (1.7\,\text{a})$$

$$\text{und } [v] = \frac{[s]}{[t]}. \qquad (1.7\,\text{b})$$

Eine Geschwindigkeit v_2 ist also z. B. doppelt so groß wie eine andere v_1, wenn $\{s_2\} = 2\{s_1\}$ und $\{t_2\} = \{t_1\}$ ist und beide Geschwindigkeiten in der Einheit $[v]$ gemessen werden. – Allgemein gilt, daß jede abgeleitete Größenart als Potenzprodukt von Basisgrößenarten definiert werden kann.

Eine sehr ähnliche Problematik tritt hinsichtlich der *Einheiten* auf. Während zur Definition einer Größenart neben der qualitativen Charakterisierung auch prinzipielle Angaben über das Verfahren zum Vergleich zweier Größen dieser Art gehören, muß jetzt diejenige bestimmte Größe erklärt (definiert) werden, die als Einheit für die betrachtete Größenart gelten soll. Den Basisgrößenarten eines Größensystems entsprechen dabei die *Grund-* oder *Basiseinheiten* [216; 217]. Sie können nur durch verbale Festlegungen definiert werden. (Als Beispiele siehe die Basiseinheiten des SI im Abschnitt 3.) *Abgeleitete Einheiten* werden dagegen – entsprechend abgeleiteten Größenarten – durch Definitionsgleichungen einfach und exakt definiert, für die Einheit der Geschwindigkeit z. B. durch Gleichung (1.7b). – Sehr häufig, aber nicht notwendigerweise, sind die Einheiten der Basisgrößenarten zugleich Basiseinheiten. Ebenso wird fast immer, aber ebenfalls nicht notwendigerweise, die der Definitionsgleichung einer abgeleiteten Größenart zugeordnete Einheitengleichung als Definitionsgleichung für die zugehörige abgeleitete Einheit benutzt. – Der Darstellung der abgeleiteten Größenarten als Potenzprodukt von Basisgrößenarten entspricht die Darstellung der abgeleiteten Einheiten als Potenzprodukt von Basiseinheiten (Beispiel: $1\ \text{J} = 1\ \text{m}^2 \cdot \text{kg} \cdot \text{s}^{-2}$).

Für einige Betrachtungen ist der Gebrauch weiterer Begriffe zweckmäßig. So spricht man von einer *speziellen Größe*, wenn hervorgehoben werden soll, daß eine ganz bestimmte Größe (z. B. der Abstand zwischen den Flächenmitten eines bestimmten Endmaßes) gemeint ist. Dagegen kann man von *allgemeiner Größe* sprechen, wenn man eine beliebige Größe der betrachteten Größenart (z. B. irgendeine Länge) meint. — Von einer allgemeinen Größe wird auch noch gesprochen, wenn die Allgemeinheit durch Vorliegen eines bestimmten Sachbezuges eingeschränkt ist; z. B. sind in der Gleichung

$$U = \pi d \tag{1.8}$$

mit U und d nicht irgendwelche Längen gemeint, sondern nur der Umfang irgend eines Kreises und der zugehörige Durchmesser. — Wird eine spezielle Größe explizit als Produkt von Zahlenwert und Einheit angegeben, so heißt dieser Ausdruck *Wert der Größe* (Beispiele: 100,002 mm; 5,3 A; 20 kg); dieser Begriff darf nicht mit dem oben erklärten Begriff „Zahlenwert" verwechselt werden (in den eben genannten Beispielen sind die Zahlenwerte: 100,002; 5,3 bzw. 20). Gelegentlich ist es notwendig, verschiedene Werte einer Größe zu unterscheiden und dafür gesonderte Formelzeichen anzuwenden; so wird z. B. zwischen dem „gemessenen Wert" x_m und dem „wahren Wert" x_v unterschieden; $e_x = x_m - x_v$ ist der Fehler der Messung [1].

Als *Maß für eine Größe* [5] bezeichnet man eine gleich- oder andersartige Größe, die mit der betrachteten Größe durch eine eindeutige Beziehung verknüpft ist, so daß man aus den gemessenen Werten der als Maß dienenden Größe auf die Werte der betrachteten Größe schließen kann (Beispiele: Der Sekundärstrom im Stromwandler ist ein Maß für den zu messenden Primärstrom; die Länge der Säule der Meßflüssigkeit im U-Rohr-Manometer ist ein Maß für den Druck). Die Forderung, daß die Verknüpfung eine Proportion sein muß, ist dabei nicht erforderlich (Beispiele: Der an einer Drosselstelle abfallende Druck ist ein Maß für den Durchfluß; Pegel, Dämpfungsmaß siehe 7.4.1.). Der Ausdruck „Maß für …" wird gelegentlich auch dann gebraucht, wenn das betrachtete Merkmal gar keine Größe ist; das „Maß" muß selbstverständlich immer eine Größe sein (Beispiel: Masse als Maß für eine Menge).

Unter der *Dimension* einer Größenart versteht man den Ausdruck, der die betrachtete Größenart als Potenzprodukt der Grundgrößenarten mit dem Zahlenfaktor 1 darstellt [1; 2]. Als Formelzeichen für die Dimension der Größenart x wird Dim [x], D (x) oder $<x>$ benutzt [8; 9; 10]; wir empfehlen dim x. Für die Dimensionen der Grundgrößenarten werden Majuskeln in serifenloser Groteskschrift benutzt, z. B. in dem dem SI zugrunde liegenden Größensystem „Länge — Zeit — Masse — elektrische Stromstärke — Temperatur — Stoffmenge — Lichtstärke": L — T — M — I — Θ — N — J. Dann gilt beispielsweise für die Dimension der Kraft

$$\dim F = \mathsf{LT^{-2}M} \tag{1.9}$$

Die Dimension einer Größenart ändert sich beim Übergang zu einem anderen Größensystem (Beispiele siehe 4.2.). Verschiedenartige Größenarten haben nicht immer verschiedene Dimensionen (Beispiele: Arbeit und Kraftmoment; elektrische Stromstärke und magnetische Spannung); auch hierbei können beim Übergang zu einem anderen Größensystem Änderungen eintreten (Beispiele siehe 7.3.). — Die Anwendung des Wortes „Dimension" für den Begriff „Einheit", die früher häufiger vorkam, ist streng zu vermeiden; sie ist dadurch zu erklären, daß Größen gleicher Dimension oft gleichbenannte Einheiten haben, selbst wenn sie verschiedenartig sind (vgl. 4.2.; Tab. 3; 7.3.).

Von ihrem physikalischen Inhalt her unterscheidet man gelegentlich *Quantitäts-* oder *Extensitätsgrößen* — das sind Größen, deren Werte auf die Fragen „Wie groß?",

„Wie viel?“ antworten (Beispiele: Länge, Masse, Wärmemenge) — und *Qualitäts-* oder *Intensitätsgrößen*, deren Werte auf die Fragen „Wie stark?“, „Wie konzentriert?“ antworten (Beispiele: Dichte, Feuchte, Temperatur, Druck) [8; 5; 11].

1.2. Gleichungen

Die Anwendung von Gleichungen und die Regeln für den Umgang mit ihnen sind uns aus der Algebra bekannt. Die auftretenden Formelzeichen bedeuten dort (bestimmte oder unbestimmte) unbenannte Zahlen. Wendet man Gleichungen zur Beschreibung physikalisch-technischer Sachverhalte an, behält man diese Regeln bei und ergänzt sie soweit erforderlich. Dabei können den Formelzeichen jetzt wesentlich neue Bedeutungen beigelegt werden: Größen, Größenarten, Zahlenwerte, Einheiten, oder auch Dimensionen.

Größengleichungen sind Gleichungen, in denen die Formelzeichen physikalische Größen bedeuten; daneben können Formelzeichen auftreten, die unbenannte Zahlen bedeuten (z. B. π; e, j) oder die für mathematische Funktionen oder Operationen stehen (z. B. sin, lg) — Beispiel s. Gl. (7.12). Da Größen nach Gl. (1.1) invariant sind gegen einen Wechsel der Einheit, sind auch Größengleichungen einheiteninvariant [3]. — Größengleichungen, in denen die Formelzeichen allgemeine Größen bedeuten, sind das angemessene Mittel zur Beschreibung physikalischer Sachverhalte; sie werden daher in nahezu allen modernen Darstellungen der Physik angewendet. Als zusätzliche Rechenregel gilt, daß nur Größen gleicher Art addiert werden dürfen (vgl. 1.1.). Ihrem Inhalt nach lassen sich dabei *Definitionsgleichungen*, das sind Gleichungen, die zur Definition von abgeleiteten Größenarten dienen, und Gleichungen, die *Naturgesetze* beschreiben, unterscheiden. Nur die letzteren enthalten echte, physikalische Erkenntnisse [5].

Gleichungen zwischen allgemeinen Größen werden häufig auch als Gleichungen zwischen Größenarten aufgefaßt. Das ist nicht ganz richtig, weil dabei der begriffliche Unterschied zwischen „allgemeiner Größe" (= irgend eine Größe der betrachteten Art) und „Größenart" (= Gesamtheit aller Größen der betrachteten Art) nicht beachtet wird. Richtig ist lediglich, daß jede abgeleitete Größenart durch eine Gleichung zwischen allgemeinen Größen definiert wird, weil durch eine solche Gleichung die allgemeine Größe der abgeleiteten Art und damit auch deren Gesamtheit, also die Größenart selbst, definiert ist; vgl. den mathematischen Begriff „Menge" z. B. bei [12].

Größengleichungen, in denen die Formelzeichen spezielle Größen bedeuten, ermöglichen nach Einsetzen der Werte der Größen die zahlenmäßige Berechnung im Einzelfall; als zusätzliche Rechenregel gilt, daß Zahlenwerte und Einheiten entsprechend den aus der Algebra bekannten Regeln wie einzelne Faktoren behandelt werden[1]). Wegen des durchgehenden Mitführens der Einheiten sind Größengleichungen zwar etwas weniger handlich als Zahlenwertgleichungen (s. unten), haben aber dadurch den überwiegenden Vorteil, daß Fehler infolge Anwendung falscher Einheiten weitestgehend vermieden werden. — Als Formelzeichen für Größen werden im Druck kursive Buchstaben angewendet.

Beispiel (für eine Größengleichung mit speziellen Größen):

$$v = \frac{s}{t} = \frac{9{,}260\ \mathrm{km}}{0{,}25\ \mathrm{h}} = 37{,}4\ \frac{\mathrm{km}}{\mathrm{h}};$$

oder wegen 1 km = 1000 m und 1 h = 3600 s ist

$$v = \frac{s}{t} = \frac{9260\ \mathrm{m}}{900\ \mathrm{s}} = 10{,}29\ldots\ \frac{\mathrm{m}}{\mathrm{s}};$$

beide Ergebnisse sind gleich.

---

[1]) Dabei werden zur Vereinfachung der Schreibweise die Klammern im Nenner eines mit schrägem Bruchstrich geschriebenen Bruchs häufig weggelassen: $a/bc = a/(bc)$ [58, S. 6]. Andererseits wird das auf einen Bruch folgende Einheitenzeichen auch dann als für den ganzen Bruch gültig betrachtet, wenn ein schräger Bruchstrich verwendet wurde: $1/600000\ \mathrm{m}^2 = (1/600000)\ \mathrm{m}^2$; wenn dies nicht so gemeint ist, muß zur Verdeutlichung eine Klammer geschrieben werden: $1\ \mathrm{mm}^{-1} = 1/\mathrm{mm} = 1/(0{,}001\ \mathrm{m}) = 1000/\mathrm{m} = 1000\ \mathrm{m}^{-1}$.

Größengleichungen, in denen jede Größe durch eine zugehörige Einheit dividiert erscheint, heißen *zugeschnittene Größengleichungen*; sie entstehen durch Division einer Größengleichung durch eine zugehörige Einheitengleichung (s. unten).

Beispiel:

Größengleichung $v = \frac{s}{t}$

Einheitengleichung $\text{m/s} = \frac{\text{m}}{\text{s}}$

Zugeschnittene Größengleichung $\frac{v}{\text{m/s}} = \frac{s/\text{m}}{t/\text{s}} = \frac{9260}{900} = 10{,}29\ldots$

Mit einer zugeschnittenen Größengleichung läßt sich rechnen wie mit der den eingesetzten Einheiten entsprechenden Zahlenwertgleichung (s. unten), trotzdem ist sie einheiteninvariant; bei Einheitenwechsel ergeben sich allerdings zusätzliche Umrechnungen der Einheiten, die den eben genannten Vorteil hinfällig machen.

Beispiel:

$$\frac{v}{\text{m/s}} = \frac{s/\text{m}}{t/\text{s}} = \frac{9{,}260\ \text{km/m}}{0{,}25\ \text{h/s}} = \frac{9{,}260 \cdot 1000}{0{,}25 \cdot 3600} = 10{,}29\ldots$$

Eine Anpassung an vorgegebene Einheiten zum Zwecke einer einfacheren Zahlenrechnung läßt sich auch durch *Größengleichungen mit Proportionalitätsfaktoren* erreichen; sie sind wie zugeschnittene Größengleichungen einheiteninvariant und büßen ebenfalls bei Übergang zu anderen Einheiten den Vorteil einfacher Zahlenrechnung ein.

Beispiel:

$$U = kIR \quad \text{mit} \quad k = 10^{-3}\,\frac{\text{kV}}{\text{A} \cdot \Omega}$$

In *Zahlenwertgleichungen* bedeuten die Formelzeichen Zahlenwerte. Sie werden zur Berechnung der Werte spezieller Größen in der Praxis gern angewendet, da sie gegenüber den Größengleichungen den Vorteil haben, daß gegebenenfalls erforderliche Einheitenumrechnungen bereits ausgeführt sind und man so schneller zu zahlenmäßigen Ergebnissen kommt. Gleichungen in technischen Handbüchern und anderen Sammelwerken sind oft Zahlenwertgleichungen, auch Rechenautomaten können im allgemeinen nicht mit anderen Gleichungen rechnen. — Bei Anwendung von Zahlenwertgleichungen muß aber die große Gefahr beachtet werden, daß sich völlig falsche Werte ergeben, wenn man für die Eingangsgrößen andere als die vorgesehenen Einheiten benutzt. Diese Gefahr besteht insbesondere dann, wenn eine Zahlenwertgleichung irrtümlich für eine Größengleichung gehalten wird. Zahlenwertgleichungen müssen daher deutlich als solche gekennzeichnet werden. Als Möglichkeiten hierzu bieten sich an [3; 9]:

— „Einheitenrechen“

Beispiel:

$$F = \frac{1}{9{,}81}\, m\, a \qquad \frac{F}{\text{kp}} \left| \frac{m}{\text{kg}} \right| \frac{a}{\text{m/s}^2}$$

— Zusätze mit dem Wort „in“

Beispiel:

$$F = \frac{1}{9{,}81}\, m\, a \qquad F \text{ in kp; } m \text{ in kg; } a \text{ in m/s}^2.$$

— Schrägstrich-Indizes

Beispiel:

$$F_{/\text{kp}} = \frac{1}{9{,}81}\, m_{/\text{kg}}\, a_{/\text{ms}^{-2}}$$

Darüber hinaus wird in allen Fällen zweckmäßigerweise durch eine Formulierung wie „in der folgenden Zahlenwertgleichung“ ein zusätzlicher Hinweis gegeben. — Die in Gl. (1.1) benutzte geschweifte Klammer kann grundsätzlich ebenfalls angewendet werden, ist aber etwas schwerfällig. Die Kennzeichnung von Zahlenwerten durch geschweifte Klammern bleibt daher zweckmäßigerweise auf besondere Fälle, insbesondere auf theoretische Untersuchungen — wie in Gl. (1.1) — beschränkt.

Anstelle von Zahlenwertgleichungen lassen sich oft zugeschnittene Größengleichungen oder Größengleichungen mit Proportionalitätsfaktor anwenden. Werden kohärente Einheiten angewendet, stimmen Größengleichung und Zahlenwertgleichung formal überein; dies gilt als wesentlicher Vorteil der Anwendung von kohärenten Einheiten, z. B. also der SI-Einheiten.

Größengleichungen, in denen nur Einheiten und Zahlenwerte, aber keine Formelzeichen für Größen auftreten, sind *Einheitengleichungen.* Durch solche Gleichungen werden z. B. alle abgeleiteten Einheiten definiert (Beispiele: $1\,\mathrm{N} = 1\,\mathrm{m} \cdot \mathrm{kg} \cdot \mathrm{s}^{-2}$; $1\,\mathrm{kp} = 9{,}80665\,\mathrm{N}$; $1\,\mathrm{mm} = 0{,}001\,\mathrm{m}$) oder der Zusammenhang zwischen verschiedenen Einheiten derselben Größe hergestellt (Beispiele siehe 6.3.). — Als Zeichen für eine beliebige Einheit einer Größe wird — wie in Gl. (1.1) — das Formelzeichen der Größe in eckigen Klammern benutzt: $[x]$ = Einheit der Größe x. Für eine bestimmte Einheit kann es durch einen Index erweitert werden, z. B.: $[x]_{\mathrm{SI}}$ = SI-Einheit der Größe x; der zugehörige Zahlenwert wird entsprechend gekennzeichnet, z. B.: $\{x\}_{\mathrm{SI}}$ = Zahlenwert der Größe x bei Benutzung von SI-Einheiten. Die Anwendung bleibt auch hier auf Sonderfälle beschränkt, stattdessen wird fast immer das *Kurzzeichen der Einheit* (*Einheitenkurzzeichen, Einheitenzeichen*) benutzt, z. B. $[l]_{\mathrm{SI}} = \mathrm{m}$; $[m]_{\mathrm{SI}} = \mathrm{kg}$. Kurzzeichen der Einheiten werden im Druck im Gegensatz zu den Formelzeichen für Größen durch senkrechte Buchstaben wiedergegeben [**13**], eine entsprechende Festlegung für nicht gedruckte (z. B. mit Schreibmaschine oder Hand geschriebene) Gleichungen fehlt noch. Falsch ist auf jeden Fall die Kennzeichnung von Einheitenkurzzeichen durch Setzen in eckige Klammern, die leider immer noch anzutreffen ist: z. B. falsch U in [kV].

Dimensionsgleichungen, also Gleichungen, in denen die Formelzeichen Dimensionen bedeuten, werden im allgemeinen nur bei Betrachtungen zur Dimensionsanalyse angewendet. Ziel derartiger Fragestellung ist die Aufstellung bisher unbekannter Größengleichungen aus vorhandenem experimentellen oder theoretischen Material [4]. Hinweise für die Schreibweise und das Beispiel Gl. (1.9) wurden bereits in 1.1. gegeben.

1.3. „Gebundene Größen“, „Skalenwerte“, Verhältnisgrößen, bezogene Größen

Die Größenlehre ist aus den Schwierigkeiten heraus entstanden, die sich seinerzeit aus der Verwechslung von physikalischen Größen mit ihren Zahlenwerten ergaben [4]. Sie wurde soweit ausgebaut, daß derartige begriffliche Schwierigkeiten weitgehend verschwunden sind. Für einige Einzelfragen gibt es aber auch heute noch keine allgemein anerkannte Auffassung.

So führt die in 1.1. benutzte Definition der Gleichartigkeit von Größen (zwei Größen sind gleichartig, wenn ihre Addition ein sinnvolles Ergebnis liefert) schnell zu Schwierigkeiten. Zum Beispiel dürfte die Summe aus der Länge der Strecke Berlin—Frankfurt und der Länge der Strecke Moskau—Paris nur in ganz speziellen Fällen einen Sinn haben. Ebenso ist z. B. die Summe der Längen zweier Ortsvektoren, die ja an einen Ursprung gebunden sind, meist ohne physikalischen Sinn. Trotzdem handelt es sich natürlich um Längen, denn das in 1.1. beschriebene Vergleichsverfahren mit einer Längeneinheit ist anwendbar.

Bindungen anderer Art betreffen die Intensitätsgrößen, wie Dichte, Zähigkeit, Druck und auch Temperatur. Die Summe aus der Dichte von Quecksilber und der von Wasser z. B. hat keine Bedeutung, wohl aber ihre Differenz (U-Rohr-Manometer). Das gleiche gilt für die Summe aus zwei (thermodynamischen) Temperaturen. Die Addition von Temperatur*differenzen* dagegen ergibt eine

Temperaturdifferenz, die ebenso einen Sinn hat, wie das Ergebnis der Addition von Längen. Das zur Definition einer Größe erforderliche Vergleichsverfahren ist daher bei derartigen Größen auf ein Verfahren zum Vergleich von Differenzen dieser Größen zu erstrecken. Zur Definition der Größe gehört aber noch eine Festlegung darüber, welcher speziellen Größe der betreffenden Art der Wert 0 zugeordnet wird. — Glücklicherweise ist das Problem nur für Grundgrößenarten wesentlich (vgl. 8.7.). Für abgeleitete Größenarten ist es ohne wesentliche Bedeutung, da hier die Definition durch eine Gleichung — s. (1.5) — erfolgt und diese Gleichung alle notwendigen Festlegungen enthält.

Mit der Problematik derartiger *„gebundener Größen"* und ihrer Einführung im Schulunterricht hat sich kürzlich WENINGER [14] befaßt. Als Beispiele nennt er Temperaturangaben in der Form 293 °K oder 20 °C, Zeitangaben der Art $4^{h}\ 30^{min}\ 10^{s}$ MEZ und Angaben wie 1 ata 5 atü, 240 m ü.N.N. Er faßt diese Angaben als Bezeichnung von punktuellen Werten (oder von Niveaus) in einer entsprechenden Skale auf, ähnlich wie der Kilometerstein 23 km einen Punkt auf der entsprechenden Linie (Straße) bezeichnet, und schlägt dafür den Begriff „Skalenwert" vor, einen Ausdruck, der allerdings bereits für einen anderen Begriff (Wert eines Skalenteils auf der Skale eines Meßgerätes [15]) benutzt wird. — Wir wollen auf diese Vorschläge nicht näher eingehen und fassen Angaben der oben genannten Art vielmehr als Sondereinheitenzeichen (s. 7.1.) auf, indem wir jedem Punkt (bzw. Niveau) der Skale als Größe das Intervall (die Differenz) zwischen dem betrachteten Punkt und dem zugehörigen Ausgangspunkt (Nullpunkt der Skale) zuordnen. So verstanden ist die *Höhe ü. N. N.* eine Größe der Art Länge, der *Überdruck* eine Größe der Art Druck. Die zugehörigen Einheiten sind m bzw. at; „m ü.N.N." und „atü" sind dagegen Sondereinheiten.

Die gleiche Aussage gilt im Prinzip für *Zeitpunkte,* nur daß sich hier die Schreibweise mit Sondereinheitenzeichen (vgl. 7.1.) mehr eingebürgert hat. Der Zeitpunkt $4^h\ 30^{min}\ 10^s$ MEZ ist dadurch gekennzeichnet, daß seit dem für die „Mitteleuropäische Zeit“ (MEZ; s. 8.4.2.) als Null festgelegten Zeitpunkt die Zeitdauer 4 h 30 min 10 s vergangen ist. – Dabei läßt sich die Festlegung vom „täglichen“ Nullpunkt auf einen „generellen“ Nullpunkt erweitern (vgl. 8.4.2.).

Selbst die Fragen der verschiedenen Temperaturskalen lassen sich in diese Überlegungen einbeziehen. So findet man in letzter Zeit immer häufiger die Auffassung, daß es nur eine *Temperatur* T gibt (bisher als thermodynamische Temperatur oder Kelvin-Temperatur bezeichnet) und die *Celsius-Temperatur* t eine spezielle Temperaturdifferenz ist:

$$t = T - T_0 \quad \text{mit} \quad T_0 = 273{,}15\ \mathrm{K}$$

„Grad Celsius“ (°C) ist dann als Sondereinheitenzeichen aufzufassen [8, S. 359; 16; 17; 18].

Ein zweites, noch diskutiertes Problem betrifft die Verhältnisgrößen und insbesondere ihre Einheiten; wir werden in 7.3. darauf eingehen. *Verhältnisgrößen* sind abgeleitete Größen, die als Quotient zweier Größen gleicher Art definiert sind. Da demzufolge bei der Darstellung als Potenzprodukt aus den Grundgrößenarten alle Exponenten Null sind ($\dim X = \dim \frac{x}{x} = 1$) und das natürlich auch so bleibt, wenn man eine beliebige Potenz einer Verhältnisgröße betrachtet, werden sie auch *dimensionslose* bzw. *idempotente* Größen genannt [19; 5; 8; 9; 10; 1; 2].

Beispiele sind:

$$\text{Brechungszahl} = \frac{\text{Lichtgeschwindigkeit im Vakuum}}{\text{Lichtgeschwindigkeit im Medium}}$$

$$\text{Dielektrizitätszahl} = \frac{\text{Dielektrizitätskonstante}}{\text{elektrische Feldkonstante}}$$

PRANDTL-Zahl
REYNOLDS-Zahl

NUSSELT-Zahl
MACH-Zahl

Leistungsfaktor $= \frac{\text{Scheinleistung}}{\text{Wirkleistung}}$

Reflexionsfaktor $= \frac{\text{reflektierte Größe}}{\text{auftreffende Größe}}$

Wirkungsgrad $= \frac{\text{abgegebene Leistung}}{\text{zugeführte Leistung}}$

Kopplungsgrad $= \frac{\text{Gegeninduktionskoeffizient}}{\text{geometrisches Mittel der Selbstinduktionskoeffizienten}}$

relative Feuchte $= \frac{\text{Absolute Feuchte}}{\text{Absolute Feuchte bei Sättigung}}$

normierte Frequenz $= \frac{\text{Betriebsfrequenz}}{\text{Resonanzfrequenz}}$

normierter Druck $= \frac{\text{Druck}}{\text{kritischer Druck}}$

Für den Gebrauch der Wörter „Zahl", „Faktor", „Grad" (und darüber hinaus der Wörter „Konstante", Koeffizient" und „Maß") und für den Gebrauch der Wörter „relativ", „normiert" (und „bezogen", „spezifisch" und „reduziert") geben [20] bzw. [21] Empfehlungen. Danach gilt

— Wortverbindungen mit „-zahl"

werden benutzt für Verhältnisgrößen, die als Stoffkenngrößen angewendet werden, insbesondere wenn das Verhältnis der Eigenschaft eines Mediums bei bestimmten Bedingungen zu der Eigenschaft eines Vergleichsmediums bei denselben Bedingungen gemeint ist. — Wortverbindungen mit „-zahl" bezeichnen ferner Verhältnisgrößen, die als Kennziffer im Rahmen der Ähnlichkeitstheorie angewendet werden.

— Wortverbindungen mit „-faktor"
bezeichnen Verhältnisgrößen, mit der eine Größe multipliziert werden muß, um ihre Abweichung von einer Ausgangsgröße zu berücksichtigen; statt „-faktor" wird auch „-beiwert" benutzt.

— Wortverbindungen mit „-grad"
bezeichnen Verhältnisgrößen, deren Optimalwert höchstens 1 (= 100%) ist.

— Das Wort „relativ"
wird zur Bezeichnung von Verhältnisgrößen angewendet, bei denen die im Nenner stehende Größe eine festgelegte Bezugsgröße ist.

— Das Wort „normiert"
wird statt „relativ" benutzt, wenn auf eine von Fall zu Fall wechselnde Größe bezogen wird. (Statt „normiert" wird oft fälschlicherweise „reduziert" — s. unten — benutzt.)

Dagegen bezeichnen die folgenden Wörter im allgemeinen keine Verhältnisgrößen:

— „Konstante"
ist in erster Linie Bezeichnung für universelle Konstanten, die für physikalische Zusammenhänge charakteristisch sind und als unveränderlich angesehen werden (Beispiele: Gravitationskonstante; allgemeine Gaskonstante). — Als „Konstante" werden auch Stoffkonstanten bezeichnet, das sind bei gegebenen Bedingungen unveränderliche Größen, die den Zustand oder das Verhalten bestimmter Stoffe, Systeme oder Strukturen betreffen (Beispiele: Gaskonstante eines bestimmten Gases, Gitterkonstante eines bestimmten Kristalls).

— „Koeffizient"
bezeichnet eine Größe, die den Einfluß einer Stoffeigenschaft oder eines physikalischen Systems auf einen physikalischen Zusammenhang kennzeichnet (Dehnungskoeffizient = relative Längenänderung / Spannung; Selbstinduktions-Koeffizient = magnetischer Fluß / Elektrische Stromstärke; Längen-Temperaturkoeffizient = relative Längenänderung / Temperaturänderung).

— „Maß“

Maß einer Größe siehe 1.1.
Wortverbindungen mit „-maß“ siehe 7.4.1.

— „bezogen“

(siehe unten.)

— „spezifisch“

werden bezogene Größen genannt, wenn sie eine Stoffeigenschaft beschreiben und auf die Masse (Beispiele: spezifisches Volumen, spezifische Wärmekapazität) oder geometrische Größen wie Länge, Fläche, Volumen (Beispiel: spezifischer elektrischer Widerstand) bezogen wird.

— „reduziert“

ist eine Größe, wenn ihr Wert auf einen vereinbarten Zustand oder auf vereinbarte Bedingungen umgerechnet oder umgewertet worden ist. Reduzierte und nicht-reduzierte Größe sind gleichartig (Beispiele: Reduzierter Luftdruck als Ergebnis der Umrechnung eines in der Höhe h über dem Meeresspiegel gemessenen Luftdruckwertes in den Wert, den er unter gleicher geographischer Länge und Breite in Meeresspiegelhöhe angenommen hätte; reduzierte Gasdichte als die auf Normzustand umgerechnete Gasdichte — vgl. 7.1.).

In zahlreichen Fällen bieten sich praktische Vorteile, wenn man statt der Verhältnisgröße ihren Logarithmus betrachtet. Es entstehen dadurch neue Größen, die *logarithmierten Verhältnisgrößen* [8; 9; 17]. Sie haben — wie die zugehörige Verhältnisgröße — die Dimension 1, gehören aber nicht der gleichen Größenart an (Addition ist nicht sinnvoll); sie dienen häufig als Maß für die zugehörige Verhältnisgröße oder aber auch für die im Zähler stehende Größe (s. 7.4.).

Bezogene Größen sind Quotienten aus zwei Größen, die bei einem physikalischen Sachverhalt oder an einem Körper auftreten, wobei der begriffliche Schwerpunkt bei der im Zähler stehenden Größe liegt. Die im Nenner stehende Größe heißt „Bezugsgröße“. Bezogene Größen sind von anderer Art und anderer Dimension als die im Zähler stehende Größe. Zur Benennung bezogener Größen wird in [21] empfohlen, durch Beiwörter oder substantivische Grundwörter (Oberglieder) kenntlich zu machen, worauf die im Zähler stehende Größe bezogen wird (Beispiele: längenbezogene Masse, Massebelag, Massebehang: flächenbezogene Masse, Massebedeckung; volumenbezogene Energie, Energiedichte; stoffmengenbezogene Masse, vgl. 3.3.9.). „-dichte" wird auch angewendet, wenn eine Strömungs- oder Flußgröße auf die Fläche bezogen wird (Beispiele: elektr. Stromdichte; magnet. Flußdichte). Die mit Beiwörtern gebildeten Benennungen sind jedoch manchmal etwas umständlich; wir schlagen hierzu in Anlehnung an die für „-koeffizient" eingeführte Regel (z. B. Volumen-Temperaturkoeffizient — vgl. [22]; Druckkoeffizient des wirksamen Querschnitts) eine Bildung mit dem Wort „-Quotient" vor (z. B. Masse—Längen-Quotient in kg/m und auch — vgl. unten — Preis—Masse-Quotient in M/kg).

Für zahlreiche häufig auftretende bezogene Größen gibt es eigene Namen (Beispiele: Geschwindigkeit für zeitbezogenen Weg; elektrische Feldstärke für ladungsmengenbezogene Kraft). In anderen Fällen wird die bezogene Größe häufig umgangen, indem die im Zähler stehende Größe „je Einheit der Bezugsgröße" angegeben wird (Beispiel: „Masse je Meter" für einen Draht anstelle von „längenbezogener Masse"); eine solche Bildung ändert nicht die Art der Größe und daher auch nicht die Einheit (Beispiel: Einheit der Masse ist kg; Einheit für „Masse je Meter" ist ebenfalls kg; dagegen ist die Einheit der längenbezogenen Masse kg/m). Über die Zweckmäßigkeit eines solchen Vorgehens besteht keine einheitliche Meinung. Einige Autoren (z. B. [23, S. 94]) sehen hierin den einzig zulässigen Weg, insbesondere dann, wenn im Zähler keine physikalische Größe, sondern z. B. ein Preis steht; ähnliches gilt auch für im Nenner stehende Zählgrößen (vgl. 7.2.). Wir sehen dagegen den Nachteil, daß man derartige Größen „je Einheit der Bezugsgröße" nicht in Größengleichungen einsetzen und z. B. mit der Bezugsgröße multiplizieren kann, ohne daß Fehler bei der sich ergebenden Einheit auftreten (Beispiel: 5 m eines Drahtes mit der „Masse je Meter“ 4 kg ergeben nicht 5 m · 4 kg = 20 m · kg, sondern 20 kg); dies ist bei Verwendung bezogener Größen nicht der Fall (Beispiel: 5 m · 4 kg/m = 20 kg).

2. Größensysteme, Einheitensysteme und ihre historische Entwicklung

2.1. Maßeinheiten von den Anfängen bis zur Einführung des Meter

Die Messung der physikalischen Größen Länge, Fläche und Volumen sowie Masse dürfte schon in vorgeschichtlicher Zeit ihre Anfänge haben. Die Festsetzung von Maßeinheiten ist uns jedoch erst aus geschichtlichen Zeugnissen bekannt. Im folgenden soll versucht werden, anhand einer kleinen Auswahl aus dem umfangreichen historischen Material [23; 24; 25] die Entwicklung von Einheiten für diese Größen in unserem Kulturkreis aufzuzeigen.

Längeneinheiten wurden im allgemeinen von menschlichen Körpermaßen hergeleitet. Ihr Wert war demgemäß bei verschiedenen Völkern und zu verschiedenen Zeiten nur von gleicher Größenordnung, wurde aber durch den jeweiligen Herrscher bereits im Altertum mittels Maßverkörperungen bis auf etwa 1 mm festgelegt. Insbesondere findet man Maßeinheiten, die der Entfernung vom Ellenbogen zur Spitze des Mittelfingers der ausgestreckten Hand entsprechen und die hier entsprechend der alten deutschen Bezeichnung „Elle“ genannt werden sollen. Andere von Körpermaßen abgeleitete Einheiten sind der Fuß (mittlere Länge des menschlichen Fußes), die Handbreite (Hand) und die Fingerbreite.

Die älteste bekannte Längeneinheit ist der auf der Statue des sumerischen Fürsten Gudea (um 2100 v. u. Z.) aufgezeichnete „Fuß“ mit einer Länge von 264,5 mm. Der Fuß ist in 16 Fingerbreiten eingeteilt. Daneben wird die Elle von 30 Fingerbreiten mit der Länge 495,9 mm verwendet. Etwa aus der gleichen Zeit ist die „Nippur-Elle“, ein Kupferstab mit etwas größeren Einheiten erhalten. Hier sind 1103,5 mm in 4 Fuß = 16 Hand = 64 Fingerbreiten eingeteilt. Die Länge der Elle betrug 517,2 mm.

Ähnliche Längeneinheiten wurden von den Ägyptern, Persern, Hebräern, Griechen und Römern benutzt. In Ägypten gab es die „geringe“ Elle von etwa 450 mm und die „königliche“ Elle von 520 mm Länge. Die Griechen verwendeten u. a. den Fuß (pus) von 308,3 mm Länge, der in 16 Fingerbreiten (daktylos) eingeteilt war. Als größere Längeneinheit ist das Stadion bekannt; seine Länge betrug in verschiedenen Zeiten und Landesteilen zwischen 164 und 192 m und entsprach 500 oder 600 Fuß. Der römische Fuß (pes) hatte eine Länge von 295,7 mm und war ebenfalls in 16 Fingerbreiten (digitus) unterteilt. Die Länge der römischen Meile (milliarium) betrug 5000 Fuß = 1478,7 m. Daneben gab es noch zahlreiche Einheiten mit Zwischenwerten.

Flächeneinheiten wurden im allgemeinen von den Längeneinheiten hergeleitet. Teilweise war das auch bei den zahlreichen Hohlmaßen (Volumeneinheiten) der Fall; z. B. entsprach die römische amphora (26,26 l) einem Kubikfuß. Weitere Einzelheiten findet man z. B. bei [23; 24].

Die ältesten Maßverkörperungen für die Masse (Wägestücke) wurden aus Steinen mit Handgriffen oder in Form heiliger Tiere hergestellt. Wägesteine von zylindrischer Form mit einem Alter von schätzungsweise 9000 Jahren wurden in Oberägypten gefunden. In Babylonien wurde um 2350 v. u. Z. eine Masseeinheit (Mine) von 477 g benutzt. Im 8. Jahrhundert v. u. Z. galt im gesamten assyrisch-babylonischen Reichsgebiet die leichte Mine von 502 g für den Handel, während die schwere Mine mit etwa der doppelten Masse für die Abgaben an Könige und Priester verwendet wurde. Die Normale wurden in Babylonien und Ägypten in den Tempeln unter Obhut der Priester aufbewahrt. Die Mine wurde als Masseeinheit von den Griechen übernommen, ihre Masse betrug in Attika 436 g. Daneben wurden in Griechenland kleinere und größere Masseeinheiten, z. B. die Drachme (4,3 g) und das Talent (26,2 kg) benutzt. Diese Namen waren gleichzeitig Bezeichnungen für Münzeinheiten.

Von den Römern wurden das Pfund (libra) = 327,5 g und sein zwölfter Teil, die Unze (uncia) sowie weitere Einheiten eingeführt, deren Bezeichnungen sich in den Kurzzeichen für das alte deutsche Pfund und das englische „pound" (vgl. 5.4.), in der englischen Masseeinheit „ounce" und in den Namen verschiedener englischer Apothekergewichte bis heute erhalten haben. Die gleichen Benennungen wurden auch für bestimmte Hohlmaße verwendet, deren Füllung (im allgemeinen Öl) die betreffende Masse besaß.

Im Mittelalter schrieb noch Karl der Große im Jahre 789 die Benutzung gleicher Längenmaße und Wägestücke für das fränkische Reich vor. Später entstand jedoch mit der wachsenden politischen Zerrissenheit Europas eine Vielfalt voneinander stark abweichender Einheiten. Auch im gleichen Lande wurden zur Wägung verschiedener Güter unterschiedliche Masseeinheiten verwendet; in Venedig hatte man z. B. ein schweres, ein leichtes und ein ärztliches Pfund. Die Längeneinheiten waren wie im Altertum von Körpermaßen abgeleitet. So gab es den Zoll (Daumenbreite), den Fuß oder Schuh und die Elle. Heinrich der Erste führte in England im Jahre 1101 das Yard ein, das dem Abstand zwischen seiner Nasenspitze und dem Ende des Daumens seines ausgestreckten Armes entsprochen haben soll. In Deutschland wurden bis zur Einführung des Meter Ellen von 55 bis 83 cm, als Hohlmaße Scheffel von 23 bis über 200 l benutzt. Allein in Baden gab es im Jahre 1810 noch 112 verschiedene Ellen, 92 Flächeneinheiten, 65 Hohlmaße, 163 Getreidemaße und 80 Pfunde [26].

In Frankreich diente im 17. Jahrhundert die Toise du Châtelet in Paris, ein eiserner Normalmaßstab mit zwei Vorsprüngen, als wichtigste Längeneinheit. Ihre Gesamtlänge betrug 1,95 m; sie war in 6 Fuß zu je 12 Zoll zu je 12 Linien eingeteilt. Wegen der Abnutzung dieser Maßverkörperung wurde 1766 die bereits bei Messungen des Erdmeridians in Peru bewährte Toise du Pérou als neue französische Längeneinheit proklamiert. Auf die Toise du Pérou wurde die 1791 von DELAMBRE und MÉCHAIN begonnene Gradmessung auf der Strecke Dünkirchen — Barcelona bezogen, die als Grundlage für die Definition des Meter diente. Die Auswertung dieser Messungen durch zahlreiche europäische Gelehrte ergab, daß das Meter, der 10^7te Teil eines Erdquadranten, 3 Fuß 11,296 Linien betrug. Von der Längeneinheit Meter wurde die Volumeneinheit Liter ($1\,l = 1\,dm^3$) und daraus die Masseeinheit Kilogramm als Masse eines Liter von destilliertem Wasser bei seiner größten Dichte (bei 4 °C) abgeleitet. Als Verkörperungen des Meter und des Kilogramm dienten von FORTIN aus Platinschwamm hergestellte Prototype, ein Endmaß von 25,3 mm × 4 mm Querschnitt und ein Zylinder von je 39 mm Durchmesser und Höhe. Sie wurden im französischen Staatsarchiv aufbewahrt und daher als „mètre des archives" und „kilogramme des archives" bezeichnet. Im populären Sprachgebrauch wurden sie auch „Urmeter" und „Urkilogramm" genannt.

Die neuen Einheiten wurden zwar bereits 1795 in Frankreich gesetzlich eingeführt, setzten sich aber erst nach 1840 durch, als ihre ausschließliche Verwendung vorgeschrieben wurde. In Deutschland wurde nach teilweise schon früherer Benutzung des Meter 1868 durch die Maß- und Gewichtsordnung des Norddeutschen Bundes das metrische System eingeführt.

Zur Förderung und Vervollkommnung des metrischen Systems wurde am 20. Mai 1875 zwischen 17 Staaten die *Internationale Meterkonvention* abgeschlossen, der heute 41 Staaten angehören [27, S. 38]. Vertreter dieser Staaten treten mindestens alle 6 Jahre zur Generalkonferenz für Maß und Gewicht (Conférence Générale des Poids et

Mesures, CGPM) zusammen. Die Tagungen der Generalkonferenz werden vom Internationalen Komitee für Maß und Gewicht (Comité International des Poids et Mesures, CIPM) und seinen beratenden Komitees vorbereitet. Für die laufenden Arbeiten wurde das Internationale Büro für Maß und Gewicht (Bureau International des Poids et Mesures, BIPM) in Sèvres bei Paris eingerichtet.

Die Meterkonvention stellte die Definitionen für Meter und Kilogramm auf eine neue physikalische Basis. Da ein wiederholter Anschluß an die ursprünglich festgelegten Naturmaße schwierig war und die FORTINschen Maßverkörperungen nicht mehr den Anforderungen an Genauigkeit und Reproduzierbarkeit entsprachen, wurde beschlossen, die Einheiten Meter und Kilogramm durch neue internationale Prototype zu definieren, die dem alten Urmeter und Urkilogramm möglichst genau entsprachen. Diese Prototype aus Platiniridium, die in 8.3. und 8.5. genauer beschrieben werden, wurden aus 40 gleichartigen Meterstäben und 43 Kilogrammstücken auf Grund von Messungen im BIPM ausgewählt; die Prototype werden dort in einem Tresor aufbewahrt. Die übrigen Exemplare wurden 1889 an die Mitgliedstaaten der Meterkonvention verteilt oder verblieben als Sicherungsnormale und zur Verwendung bei den laufenden Arbeiten im BIPM.

Mit der weiteren Entwicklung von Physik und Technik wurden von den Generalkonferenzen auch die Einheiten anderer Gebiete, wie Elektrizität, Thermodynamik, Optik und Ionisierende Strahlung behandelt. Im BIPM wurden Laboratorien eingerichtet, in denen Normale für diese Einheiten aus den Mitgliedstaaten untereinander verglichen und andere metrologisch bedeutende Untersuchungen durchgeführt werden.

Als Zeitmaß diente bei allen Kulturvölkern die tägliche Erdumdrehung und der Lauf der Erde um die Sonne. Von der Beobachtung dieser Erscheinungen an besonderen Kultstätten zeugen alte Baudenkmäler in allen Erdteilen.

Die Einteilung des Tages in Stunden wird auf die Babylonier zurückgeführt. Der einfachste Zeitmesser war der Gnomon, ein Stab oder Obelisk, dessen Schattenlänge und -richtung die Zeit angab [28]. Ursprünglich teilte man den Tag von Sonnenaufgang bis -untergang in 12 Stunden, deren Länge damit im Sommer und Winter verschieden war. Diese Art der Zeitmessung findet man noch einige Jahrhunderte n. u. Z. neben der Einteilung von Tag und Nacht in 24 gleiche Stunden. Es ist nicht bekannt, wann die Teilung der Stunde in 60 Minuten eingeführt wurde; die Einteilung der Minute in 60 Sekunden (sekundäre Minuten) wurde jedenfalls von den Astronomen erst im 15. Jahrhundert angewendet. Mit der genauen Definition der Sekunde beschäftigten sich nach den Astronomen, mehrere CGPM. Die Sekunde wurde zunächst als 1/86400 des mittleren Sonnentages definiert, 1956 genauer als der 31556925,9747te Teil des tropischen Jahres für 1900, Januar 0, 12 Uhr Ephemeridenzeit [23]. Zur jetzt gültigen Definition durch die Frequenz des Übergangs zwischen zwei Energieniveaus im Cäsiumatom siehe 3.3.2. und 8.4.1.

2.2. *Größen- und Einheitensysteme*

In jedem Bereich der Physik (z. B. der Mechanik) gibt es eine im Prinzip unbegrenzte Zahl von Größenarten. Zwischen diesen bestehen mathematische Beziehungen (Verknüpfungen) [29]. Zum Beispiel ist

$s = v \cdot t$ (Weg gleich Geschwindigkeit mal Zeit),
$v = a \cdot t$ (Geschwindigkeit gleich Beschleunigung mal Zeit),
$F = m \cdot a$ (Kraft gleich Masse mal Beschleunigung),
$W = F \cdot s$ (Energie gleich Kraft mal Weg),
$p = F \cdot t$ (Impuls gleich Kraft mal Zeit),
$W = P \cdot t$ (Energie gleich Leistung mal Zeit).

Die Anzahl g der unabhängigen Größenarten in einer aus n_G Größenarten bestehenden Gesamtheit ist gleich der

Differenz von n_G und der Anzahl n_V der zwischen diesen Größenarten bestehenden Verknüpfungen, d. h. es ist

$$g = n_G - n_V$$

In der Reihenfolge der angegebenen Beispiele wird im allgemeinen eine neue Größenart durch zwei schon vorher vorgekommene definiert. Durch eine weitere Verknüpfung dieser Art (z. B. $m = \dot{m} \cdot t$, Masse gleich Massestrom mal Zeit) wird die Anzahl der Größenarten und die Anzahl der Verknüpfungen um je 1 erhöht, die Zahl g bleibt also dieselbe. Treten jedoch in einer Verknüpfung zwei neue Größenarten auf (z. B. F und m in der Gleichung $F = m \cdot a$), so wird n_V um 1, n_G aber um 2 erhöht und damit g um 1 vergrößert. In den beiden ersten Gleichungen der Kinematik sind demnach von den 4 Größenarten (s, t, v, a) zwei voneinander unabhängig, in der dritten Gleichung tritt eine neue unabhängige Größenart (F bzw. m) auf, so daß in den folgenden Gleichungen der Mechanik drei unabhängige Größenarten vorkommen.

Ein *Größensystem* (System von Größenarten) besteht aus einer bestimmten Zahl g von *Basisgrößenarten* und einer unbegrenzten Zahl daraus als Potenzprodukt gebildeter *abgeleiteter Größenarten* (vgl. 1.1.); g wird *Grad* des Größensystems genannt [7]. Für die Festlegung der Zahl der Basisgrößenarten ist das Bestreben maßgebend, die Zusammenhänge in einem bestimmten Gebiet der Physik logisch und eindeutig mit möglichst wenig Basisgrößenarten darzustellen. Die Auswahl der Basisgrößenarten erfolgt nach Zweckmäßigkeit und Anschaulichkeit; Bedingung ist lediglich, daß sie voneinander unabhängig sind. So ist es z. B. nicht möglich, ein Größensystem Länge, Zeit, Geschwindigkeit zu bilden, wenn man die Gültigkeit der Gleichung $s = v \cdot t$ voraussetzt. Ein zusätzlicher Proportionalitätsfaktor in dieser Gleichung würde zwar die Unabhängigkeit herstellen, aber die Zahl der Basisgrößenarten unnötig erhöhen.

In der Mechanik kommt man mit 3 Basisgrößenarten aus. Praktische Bedeutung haben hier nur die Größensysteme erhalten, bei denen neben Länge und Zeit als dritte Basisgrößenart die Masse oder die Kraft gewählt wird. Die Masse eines Körpers ist unabhängig von der örtlichen Fallbeschleunigung; die Basisgrößenarten Länge, Zeit und Masse entsprechen den Basiseinheiten Meter, Sekunde und Kilogramm des Internationalen Einheitensystems (SI, s. Abschnitt 3). Die Kraft hat dagegen den Vorzug einer besseren Anschaulichkeit auf Grund der täglichen Erfahrung. Für theoretische Betrachtungen kann es auch nützlich sein, die Energie oder die Wirkung als dritte Basisgrößenart zu verwenden [10].

Erweitert man das Größensystem der Mechanik um Größenarten aus der Elektrodynamik, so kann dies ohne Einführung neuer Basisgrößenarten geschehen, wenn man die Proportionalitätsfaktoren in den Verknüpfungsgleichungen zwischen elektrischen, magnetischen und mechanischen Größen als unbenannte Zahlen festlegt. Man benutzt dann für Mechanik, Elektrizität und Magnetismus ein „Dreiersystem", wie es zunächst auf Grund der historischen Entwicklung der Elektrodynamik aus dem älteren Gebiet der Mechanik in der Physik bevorzugt wurde (s. 2.3.2. und 4.2.1.). Wegen der fehlenden Eindeutigkeit (z. B. gleicher Dimension der Größenarten Länge und Kapazität oder Induktivität) und dem Auftreten gebrochener Exponenten in diesen Systemen führte man später ein oder zwei dieser Proportionalitätsfaktoren selbst als neue Größenarten ein und erhielt damit ein „Vierersystem" bzw. ein „Fünfersystem" (s. 2.3.2. und 4.3.).

Nach [29] besitzt unter gewissen Voraussetzungen die Gesamtheit der Größenarten die mathematischen Eigenschaften einer freien abelschen Gruppe. Jedes Element einer solchen Gruppe läßt sich als Potenzprodukt einer Anzahl von Basiselementen mit ganzzahligen Exponenten eindeutig darstellen. Die Basiselemente entsprechen den Basisgrößenarten eines Größensystems.

Führt man in die Verknüpfungsgleichungen statt der Größenarten bestimmte Größen ein und legt eine der

Zahl g der Basisgrößenarten des Systems entsprechende Zahl dieser Größen als *Basiseinheiten* fest, so erhält man ein *Einheitensystem* vom Grade g. Ein Einheitensystem besteht demnach entsprechend dem Größensystem aus *Basiseinheiten* und *abgeleiteten Einheiten*. Im Prinzip brauchen die Basiseinheiten nicht Einheiten der Basisgrößenarten des betrachteten Größensystems zu sein [7; 10]; so kann man z. B. für das System mit den Basisgrößenarten Länge, Masse, Zeit, Elektrizitätsmenge (l m t Q) ein Einheitensystem mit den Basiseinheiten Meter, Kilogramm, Sekunde, Ampere (m kg s A) verwenden, obwohl das Ampere nicht die Einheit der Elektrizitätsmenge, sondern der elektrischen Stromstärke ist. Andererseits hat man jedoch meist die Basiseinheiten als Einheiten der zugehörigen Basisgrößenarten definiert [1; 2; 8].

Sind die Einheiten eines Einheitensystems durch Einheitengleichungen verknüpft, in denen nur der Zahlenfaktor 1 auftritt, so nennt man diese Einheiten *abgestimmt* oder *kohärent*. Bei Verwendung kohärenter Einheiten sind die Größengleichungen auch als Zahlenwertgleichungen zu benutzen. Das ist nicht mehr möglich, wenn für eine Größe ein *nichtkohärente* Einheit angewendet wird. Diese Einheiten unterscheiden sich von der entsprechenden kohärenten Einheit um einen von 1 verschiedenen Zahlenfaktor. Zu ihnen gehören auch die durch Vorsätze gebildeten dezimalen Vielfachen und Teile der kohärenten Einheiten eines Systems. — Einheiten, die nicht zu dem jeweils betrachteten Einheitensystem gehören, werden *systemfremd* zu diesem System genannt.

Für die Wahl der Basiseinheiten eines Einheitensystems ist ihre Darstellbarkeit, d. h. die Realisierbarkeit der für sie festgelegten Definitionen mit möglichst kleiner Unsicherheit, der wesentlichste Gesichtspunkt; siehe 8.1. und 8.2.

Die Bezeichnung *Maßsystem* wird bisher nicht einheitlich angewendet, sie wird sowohl im Sinne von Größensystem als auch als Synonym für Einheitensystem benutzt. In neuerer Zeit versteht man unter Maßsystem den gesamten Komplex von Größensystem, Einheitensystem und gegebenenfalls einem System der die Einheiten darstellenden Normale (in [10] als „Urmaße" bezeichnet).

2.3. *Die historische Entwicklung der Maßsysteme*

2.3.1. *Maßsysteme der Mechanik*

In der Mechanik wurden im allgemeinen Größensysteme mit den Basisgrößen Länge, Masse, Zeit oder Länge, Kraft, Zeit verwendet. Als zugehörige Einheitensysteme entstanden in den Ländern, die die metrischen Einheiten eingeführt hatten, das in der Physik gebräuchliche *Zentimeter, Gramm, Sekunde-(CGS-)System* und das in der Technik benutzte *Meter, Kilogramm (Kraft), Sekunde-System.* Auf diese wichtigsten „historischen" Einheitensysteme wird in Abschnitt 4 noch näher eingegangen werden. Hier sei nur erwähnt, daß die Verwendung der gleichen Einheitenbezeichnung Kilogramm für die Masse- und die Krafteinheit viel Verwirrung gestiftet hat. Diese Verwirrung entstand dadurch, daß man noch in den ersten Jahrzehnten unseres Jahrhunderts vielfach nicht klar zwischen einer Masse und der im Schwerefeld der Erde auf sie wirkenden Kraft (ihrem „Gewicht") unterschieden hat. Später bezeichnete man die Krafteinheit z. B. mit kg* im Gegensatz zur Masseeinheit kg oder verwendete Indizes zur Unterscheidung der Einheiten. Im Jahre 1939 führte die Physikalisch-Technische Reichsanstalt (PTR) das Kilopond (Kurzzeichen kp) zur Bezeichnung dieser Krafteinheit ein; international wird sie als kilogramm-force (kgf) bezeichnet (vgl. 4.1.). Die Benennung Kilopond hat sich in zunehmendem Maße auch in einigen anderen Ländern durchgesetzt und wurde u. a. 1958 in die „Tafel der gesetzlichen Einheiten" der DDR [30] aufgenommen.

In den anglo-amerikanischen Ländern wurden ebenfalls Bezeichnungen von Masseeinheiten auch als Bezeichnungen für Krafteinheiten verwendet (s. 5.5.). Man unterscheidet die Einheiten jetzt durch den Zusatz „force" oder „weight", benutzt also z. B. pound als Einheit der Masse und pound-force oder pound-weight als Einheit der Kraft.

In Frankreich wurde im Jahre 1919 für Handel und Industrie das MTS-System mit der Masseeinheit Tonne (1 t = 1000 kg) eingeführt und 1948 gesetzlich bestätigt.

2.3.2. *Maßsysteme der Elektrodynamik*

Aus den verschiedenen grundlegenden Gesetzen der Elektrizität und des Magnetismus wurden verschiedene Einheitensysteme abgeleitet, wobei man zunächst versuchte, ohne Einführung einer elektromagnetischen Basiseinheit mit drei bekannten Basiseinheiten aus der Mechanik auszukommen. Die wichtigsten Dreiersysteme, das *elektromagnetische*, das *elektrostatische* und das *symmetrische CGS-System*, werden in 4.2.1. eingehend behandelt. In der technischen Praxis haben sich daneben Vierersysteme mit ein bzw. zwei geeigneten elektrischen Basiseinheiten durchgesetzt. Im folgenden soll einiges über die Entstehung dieser sogenannten „praktischen" elektromagnetischen Einheiten berichtet werden, die heute als SI-Einheiten allgemein Verwendung finden.

Aus den von Biot und Savart im Jahre 1820 formulierten Gesetzen für das Magnetfeld um einen stromdurchflossenen Leiter und für die in einem Magnetfeld auf einen stromdurchflossenen Leiter ausgeübte Kraft leitete Ampère ein Gesetz über die Kraft zwischen zwei stromdurchflossenen Leiterstücken ab. Anhand dieser Gesetzmäßigkeiten wurden von Gauss und Weber die Grundlagen für das elektromagnetische CGS-System mit den Basiseinheiten Zentimeter, Gramm und Sekunde geschaffen. Da die Einheiten dieses Systems teilweise (z. B.

für Spannung und Widerstand) in einer für die praktische Anwendung ungeeigneten Größenordnung lagen, entwickelte MAXWELL das sogenannte *Quadrant-Einheitensystem,* das aus dem elektromagnetischen CGS-System durch Multiplikation der Basiseinheiten mit geeigneten Zehnerpotenzen erhalten wurde. Statt der Längeneinheit Zentimeter verwendete man die Länge des Erd-Meridianquadranten 10^9 cm und statt des Gramm die Masse 10^{-11} g. In diesem System erhielt man für Strom, Spannung und Widerstand Einheiten von praktischer Größe, die auf dem 1. Internationalen Elektrizitätskongreß in Paris im Jahre 1881 eingeführt und mit Ampere, Volt und Ohm bezeichnet wurden [8; 11; 31].

Wegen der experimentellen Schwierigkeiten bei der Darstellung der Einheiten gemäß ihrer Definition sollte in der Praxis das Ohm nach einem Vorschlage von SIEMENS durch eine Quecksilbersäule und das Ampere durch die im Silbervoltameter ausgeschiedene Silbermenge dargestellt werden. Bedeutende Physiker, u. a. F. KOHLRAUSCH und Lord RAYLEIGH, beschäftigten sich in den folgenden Jahren mit der möglichst genauen Bestimmung der Abmessungen der Quecksilbersäule, die dem elektromagnetisch definierten Ohm entsprach, sowie des Silberäquivalents für das elektromagnetische Ampere. Hierzu wurden die verschiedensten Meßverfahren verwendet, für das Ohm u. a. die von WEBER angegebene Methode der Dämpfung eines schwingenden Magneten, für das Ampere die Tangentenbussole, bei der das Drehmoment des Stromes auf eine Magnetnadel mit dem Drehmoment des Erdfeldes verglichen wird, und die Stromwaage (vgl. 8.6.2.1.). Die Meßergebnisse unterscheiden sich voneinander bis zu 0,1 Prozent.

Auf dem Vierten Internationalen Elektriker-Kongreß zu Chikago im Jahre 1893 wurden daraufhin als empirische Einheiten das *„internationale" Ohm* (Ω_{int}) und das *„internationale" Ampere* (A_{int}) durch Quecksilbersäule und Silberabscheidung definiert, jedoch wurden die Zahlenwerte für die Länge der Quecksilbersäule und für die abgeschiedene Silbermenge nur auf 0,1 Prozent festgelegt, so daß die empirischen Einheiten mit den aus dem CGS-System abgeleiteten „absoluten" Einheiten innerhalb der damals erreichbaren Meßunsicherheit übereinstimmten. Nach der 1898 in das Gesetz des Deutschen Reiches übernommenen Definition war das internationale Ampere der unveränderliche Strom, welcher bei dem Durchgange durch eine wässerige Lösung von Silbernitrat in einer Sekunde 0,001118 g niederschlägt, und das internationale Ohm der Widerstand einer Quecksilbersäule von der Temperatur des schmelzenden Eises, deren Länge bei durchweg gleichem, einem Quadratmillimeter gleich zu achtenden Querschnitt 106,3 cm und deren Masse 14,4521 g beträgt.

Allerdings wurde auf dem Kongreß zu Chikago außerdem die EMK (bei 15 °C) des damals gebräuchlichen Zink-Quecksilber-Normalelements nach CLARK [32] auf 1,434 V_{int} und damit auch für die Spannung eine empirische Einheit, das „*internationale*" *Volt*, festgesetzt. Obwohl dies eine Überbestimmung bedeutete, übernahmen England, Frankreich und Amerika im Gegensatz zu Deutschland die drei Festsetzungen für Ohm, Ampere und Volt in ihr Gesetz. Damit ergaben sich Schwierigkeiten, als es sich zeigte, daß der für das Clarkelement angenommene Wert um 0,1 Prozent zu hoch war, wenn die für das Ohm und das Ampere getroffenen Festsetzungen zugrunde gelegt wurden.

Im Jahre 1908 wurden auf einem internationalen Kongreß in London entsprechend der gesteigerten Anforderungen der Technik an die Meßgenauigkeit den Zahlen 106,3 für die Quecksilbereinheit und 0,001118 für das Silbervoltameter noch zwei Nullen angefügt. Damit wurden jedoch vom CGS-System unabhängige, neue elektrische Einheiten geschaffen und für die Elektrodynamik ein Vierersystem mit den Grundeinheiten m, s, A_{int} und Ω_{int} eingeführt. Die Reproduzierung der Einheiten mit einer Genauigkeit von wenigen Hunderttausendsteln stellte jedesmal eine umfangreiche wissenschaftliche Arbeit dar. Besonders erschwert wurden die Messungen des Widerstandes von Quecksilber durch dessen erhebliche Temperaturabhängigkeit (Widerstandsänderung von 0,1 Prozent je Kelvin). Man verwendete daher zur Bewahrung und Weitergabe der Einheiten Normalwiderstände aus Drahtspulen einer geeigneten Legierung und galvanische Normalelemente (s. 8.6.7.). Als Normalelement wird seit der Londoner Konferenz allgemein das sogenannte Internationale Weston-Element (Kadmium-Normalelement) verwendet, für dessen EMK bei 20 °C in Washington 1910 der Nennwert 1,0183 V_{int} angenommen wurde.

In den folgenden Jahren ergaben neue Absolutbestimmungen der elektrischen Einheiten Differenzen gegenüber den internationalen Einheiten, die bei den allgemein erreichten höheren Meßgenauigkeiten nicht mehr zu vernachlässigen waren. Insbesondere machte sich störend bemerkbar, daß zwischen den internationalen (elektrischen) Energie- und Leistungseinheiten (J_{int} und W_{int}) und den entsprechenden absoluten (mechanischen) Einheiten (J und W) eine Differenz von etwa 0,02 Prozent bestand. Das CIPM beschloß daher, die Wiedereinführung von „absoluten" elektrischen Einheiten zu empfehlen, allerdings auf der Basis eines Vierersystems mit einer elektrischen Basiseinheit. Nach einer Verzögerung durch den zweiten Weltkrieg wurde als Termin hierfür der 1. Januar 1948 festgesetzt. Der Beschluß wurde von der 9. CGPM (1948) bestätigt. Aus den Meßergebnissen in verschiedenen metrologischen Staatsinstituten wurden die foglenden Beziehungen zwischen den alten internationalen und den neuen absoluten Einheiten für Strom, Widerstand und Spannung ermittelt:

$$1\ A_{int} = 0{,}99985\ A$$
$$1\ \Omega_{int} = 1{,}00049\ \Omega$$
$$1\ V_{int} = 1{,}00034\ V$$

Zur Unterscheidung von den internationalen Einheiten wurden die *absoluten elektrischen Einheiten* auch mit A_{abs}, Ω_{abs}, V_{abs} usw. bezeichnet.

Während der Gültigkeit der internationalen elektrischen Einheiten rechnete man in der Elektrotechnik im allgemeinen mit einem m s V_{int} A_{int}-System. Nach Einführung der absoluten elektrischen Einheiten kam man mit einer elektrischen Basiseinheit aus, da ja

$$1\ V_{abs} \equiv 1\ V = 1\ W/A = 1\ m^2 \cdot kg \cdot s^{-3} \cdot A^{-1}$$

ist. Ein derartiges System mit drei mechanischen Basiseinheiten und einer elektrischen Basiseinheit wurde zuerst von GIORGI vorgeschlagen und daher vielfach mit *Giorgi-System* bezeichnet.

Mit den Beschlüssen der 9. CGPM und der 10. CGPM über die physikalisch-technischen Basiseinheiten wurde für die Elektrotechnik das m kg s A-System, das sogenannte *MKSA-System*, eingeführt. Dieses Einheitensystem wurde als einziges zulässiges Einheitensystem der Elektrodynamik in Physik und Technik im Jahre 1958 in die Einheitenverordnung der DDR [33; 34] übernommen und bildet einen Teil des SI.

2.3.3. Temperaturskalen

Im Vergleich mit Größenarten wie Länge und Kraft (oder Masse) ist die Größenart Temperatur weit weniger anschaulich. Die menschlichen Sinnesorgane sind nur in sehr begrenztem Umfang in der Lage, verschieden warme (oder „kalte") Gegenstände ihrer Temperatur nach zu ordnen. Und auch sowohl ein einfaches Modell (wie beim elektrischen Strom durch strömendes Wasser) als auch ein einfaches Meßverfahren, das der Temperatur proportionale Anzeigen gibt, fehlen. So bedurfte es einer erheblich längeren Entwicklung, bis der Begriff „Temperatur" geeignet definiert war (s. 8.7.1.); die Entwicklung des Temperaturbegriffs war dabei eng mit der Entwicklung der Temperaturmeßgeräte und -verfahren verbunden.

Die Frage der Einordnung der Größenart Temperatur

in bestehende Größensysteme ist dagegen wenig diskutiert worden. Die Temperatur wurde von der Mehrzahl der Autoren einfach als zusätzliche Basisgrößenart zur Beschreibung der Thermodynamik angesehen, und so ist auch ihre Einheit, das Kelvin, als Basiseinheit im SI festgelegt (vgl. 3.3.5.). Von einigen Autoren, z. B. von Bodea [35] und jetzt wieder von Oberdorfer [10] wird allerdings die Auffassung vertreten, daß wegen der aus der kinetischen Gastheorie folgenden Proportionalität zwischen Temperatur und der mittleren kinetischen Energie der Teilchen die Temperatur besser als abgeleitete Größenart zu behandeln sei. Worthing [36] hat dagegen herausgestellt, daß dies schon deshalb nicht zutreffen könne, weil die Temperatur eine Qualitätsgröße, die Energie dagegen eine Quantitätsgröße ist.

Die Entwicklung der Temperaturmeßgeräte ging von der Erfahrung aus, daß sich gewisse Eigenschaften von Stoffen bei Wärmezufuhr gesetzmäßig ändern. So kannte bereits Heron von Alexandrien (um 120 v. u. Z.) ein auf der Ausdehnung von Luft beruhendes Thermoskop. Um 1660 soll Großherzog Ferdinand II. von Toskana die Herstellung eines Flüssigkeitsthermometers mit Alkoholfüllung veranlaßt haben. Der lange in Amsterdam lebende Danziger Glasbläser Fahrenheit benutzte nach 1714 Quecksilber als Thermometerflüssigkeit. Daraus entwickelte sich das Quecksilber-Glas-Thermometer zu einem Präzisionsgerät, das erst im 20. Jahrhundert von elektrischen Temperaturmeßgeräten (Widerstandsthermometer, Thermoelement) übertroffen wurde.

Sowie man über Temperaturmeßgeräte mit kleiner Reproduzierunsicherheit verfügte, wurde natürlich die Frage der Anfertigung ihrer Skalen akut. Man begann, indem man die Skalen neugefertigter Geräte mit denen bereits vorhandener unmittelbar verglich, suchte aber bald nach leicht darstellbaren Temperatur-Fixpunkten. Nach langer Übergangszeit setzten sich Anfang des 20. Jahrhunderts die von dem schwedischen Mathematiker und Geodäten Celsius bereits 1742 vorgeschlagenen

Fixpunkte (Schmelztemperatur des Eises ≙ 0° und Siedetemperatur des Wassers ≙ 100°) weitgehend durch. Die *Celsius-Skale* hat die heute gültige Internationale Praktische Temperaturskale (IPTS) wesentlich beeinflußt (s. 8.7.3.).

Eine ausführliche Darstellung der Entwicklung der Temperaturmessung und der Temperaturskalen findet man bei [37; 8]. Die dort beschriebene IPTS von 1948 (gebilligt von der 9. CGPM) ist allerdings inzwischen durch die IPTS-68 (s. 8.7.3.) ersetzt worden. — Abschließend sei bemerkt, daß bisher nie von Temperatur-„Einheit", sondern stets von Temperatur-„Skale" gesprochen wurde. Das hängt mit der bereits genannten Tatsache zusammen, daß es kein einfaches Verfahren gibt, gibt, von einer Temperatur oder von einer Temperaturdifferenz Teile oder Vielfache abzuleiten (vgl. 8.1.).

2.3.4. *Einheiten der optischen Strahlung, der Akustik und der ionisierenden Strahlung*

Diese drei Gebiete der neueren Physik haben zwei Gemeinsamkeiten. Zum ersten sind die in ihnen gültigen physikalischen Gesetzmäßigkeiten erst in den letzten zwei Jahrhunderten, also verhältnismäßig spät untersucht worden. Zum anderen wurde von Anfang an versucht, ihre Auswirkungen auf den Menschen durch Zahlenangaben zu beschreiben.

Für die Einordnung in Größen- und Einheitensysteme ergeben sich daraus Konsequenzen. So fällt eine Unterteilung in jeweils zwei Teilgebiete auf, wobei in einem nur rein physikalische Größenarten auftreten, die sich ohne Schwierigkeiten in das bestehende Größensystem $l\ t\ m\ I\ T$ einordnen lassen. Jeweils im anderen Teilgebiet treten dagegen Größenarten auf, die die Einwirkung auf die menschlichen Organe beschreiben sollen, die also physiologische Aspekte enthalten. Schon die Definition zweckmäßiger *„physiologischer“ Größenarten* ist aber ein Problem, das noch keineswegs als gelöst betrachtet werden kann, und die Diskussion über die Einordnung solcher Größenarten in Größensysteme steht offenbar erst am Anfang. Dies ist u. a. auch eine Folge davon, daß einer solchen Einordnung bisher nur wenig Bedeutung zukam, weil die Teilgebiete jeweils fest in sich geschlossen sind und nur wenig Berührungspunkte untereinander und mit anderen Gebieten der Physik haben. Vgl. hierzu [8; 10].

Obwohl das *Licht* für das menschliche Leben von außerordentlicher Bedeutung ist, begannen die Versuche, für die Lichtstärke eine Einheit zu definieren, erst in der Mitte des 18. Jahrhunderts. Zu dieser Zeit hatte man gelernt, Lichtquellen von bemerkenswerter Stärke herzustellen und damit Räume und nächtliche Straßen künstlich zu beleuchten [38], und auch das System der lichttechnischen Größenarten war einigermaßen entwickelt worden (LAMBERT, zitiert nach [38]). Die zunächst benutzten Wachskerzen (Name der Einheit: „Kerze“) ließen natürlich hinsichtlich Reproduzierbarkeit noch manchen Wunsch offen. Erst 1884 gelang eine wesentliche Verbesserung, als HEFNER-ALTENECK eine Lampe konstruierte, die mit Amylazetat betrieben eine Flamme hoher Konstanz lieferte; die Lichtstärke dieser Lampe hieß *Hefnerkerze* (HK); 1 HK = 0,903 cd. In Amerika, England und Frankreich ging man einen anderen Weg; man definierte die *internationale Kerze* (IK) durch die Lichtstärke einer Gruppe von Kohlefadenlampen. Zeitliche Änderungen dieser Einheit infolge gleichlaufender Veränderungen an allen Geräten dieses Gruppennormals waren dabei prinzipiell nicht feststellbar. Erst 1948 wurde als neue Lichtstärkeeinheit die *Candela* eingeführt (vgl. 3.3.6. und 8.8.2.); sie ist heute als Basiseinheit in das SI eingefügt. Diese Einordnung ist bisher kaum einer Kritik unterzogen worden; vom Standpunkt der Größenlehre ist sie jedoch nicht ganz unproblematisch; vgl. 8.8.1. und [10]. — Die Arbeiten zur Schaffung eines Systems von Größenarten und Einheiten für die Photometrie wurden anfangs vom Internationalen Elektrikerkongreß (Chikago 1893), später von der 1910 gegründeten Internationalen Lichtmeßkommission und ab 1913 von der Internationalen Beleuchtungskommission (Commission Internationale de l'Éclairage, CIE) betreut; weitere Einzelheiten s. [38 bis 42].

Noch später als die Untersuchung der mit Licht verbündenen Erscheinungen begann die Untersuchung der Erscheinung *Schall*, nämlich erst Ende des vorigen Jahrhunderts [43 zitiert nach 44]. Vereinbarungen über Maßeinheiten wurden noch später erforderlich, nämlich erst dann, als Schall auf elektroakustischem Wege erzeugt und aufgenommen und so auch gemessen werden konnte. Das war in den zwanziger Jahren unseres Jahrhunderts, wobei sich diese Festlegungen auch nur auf die rein physikalischen Größenarten beschränkten; Einzelheiten siehe z. B. bei [8]. Und erst in den folgenden Jahren lagen genügend Ergebnisse über die physiologische Wirkung des Schalls auf das menschliche Gehör vor, um auch einige physiologische Schallgrößenarten, wie Lautstärkepegel und Lautheit, und ihre Einheiten zu definieren. Die Definitionen befriedigen jedoch noch nicht völlig; vgl. [45]. Schwierigkeiten bei der Einordnung der Einheiten in ein Einheitensystem ergaben sich hier nicht, da alle Größen als Verhältnisgrößen oder logarithmierte Verhältnisgrößen (vgl. 7.3. und 7.4.) definiert wurden. — Die Arbeiten werden im Technischen Komitee (TC) 29 „Elektroakustik" der Internationalen Elektrotechnischen Kommission (IEC), vom TC 43 „Akustik" der Internationalen Organisation für Standardisierung (ISO) sowie von nationalen Gremien getragen.

Auch die Einheiten der *ionisierenden Strahlung* wurden erst in unserem Jahrhundert entwickelt. 1910 wurde vom Radiologischen Kongreß in Brüssel das *Curie* als diejenige „Menge" Radon definiert, die in einem abgeschlossenen Raum mit 1 g Radium im radioaktiven Gleichgewicht steht. Die Definition wurde 1930 auf alle Zerfallsprodukte des Radiums ausgedehnt und 1951 durch die jetzt gültige Definition (s. Tab. 5) ersetzt. *Röntgen* und *Rad* (von „radiation absorbed dose") wurden 1928 erstmals und 1953 verbessert definiert. Die letzte internationale Empfehlung über radiologische Größenarten und Einheiten wurde 1971 von der Internationalen Kommission für radiologische Einheiten und Messungen (International Commission on Radiological Units and Measurements, ICRU) herausgegeben. Die wesentlichen Definitionen betreffen dabei Größenarten, während für die Einheiten nur festgelegt würde, daß für jede Größenart „die entsprechende Einheit eines international anerkannten kohärenten Systems" benutzt werden darf; lediglich Rad, Röntgen und Curie werden als „spezielle Einheiten für spezielle Größen" reserviert und wie in Tab. 5 definiert Es sei betont, daß sich diese Empfehlung auf die rein physikalischen Größenarten beschränkt, so daß sich die entsprechenden Einheiten ohne weiteres in das SI einfügen lassen. Der Übergang zu physiologisch bewerteten Größenarten erfolgt durch die Einführung eines Bewertungs- oder Qualitätsfaktors, z. B. beim Übergang von der Energiedosis (absorbed dose) zum Dosisäquivalent (vgl. 7.1.). — An der Schaffung von Einheiten und Begriffen für die ionisierende Strahlung arbeiteten im Laufe der Zeit eine ganze Reihe von internationalen Kommissionen [10]. Heute wird die wesentlichste Arbeit von der ICRU, die bereits 1925 vom Internationalen Kongreß für Radiologie (International Congress of Radiology) eingesetzt wurde, und von entsprechenden nationalen Ausschüssen geleistet. Beteiligt sind das Beratende Komitee für Normale der ionisierenden Strahlung (Comité Consultatif pour les Étalons de Mesure des Radiations Ionisantes, CCEMRI) als Gremium der Internationalen Meterkonvention sowie die Internationale Union für reine und angewandte Physik (International Union of Pure and Applied Physics, IUPAP) und die Internationale Union für reine und angewandte Chemie (International Union of Pure and Applied Chemistry, IUPAC). Einzelheiten findet man z. B. bei [46 bis 49].

2.3.5. *Erweiterung auf die physikalische Chemie*

Die zunehmende Bedeutung der physikalischen Chemie und der Molekularphysik zwang zur Einbeziehung von Größen und Einheiten auch für diese Gebiete und insbesondere zur Einigung über eine Einheit für ein geeignetes Maß zur Angabe der Menge der eingesetzten Stoffe. Nach der Entdeckung der fundamentalen Gesetze der Chemie hat man zur genauen Angabe der Mengen verschiedener chemischer Elemente und Verbindungen Einheiten verwendet, die eigentlich individuelle Masseeinheiten waren und z. B. die Namen „Grammatom" und „Grammolekül" oder auch „Mol" trugen. Ein Grammatom eines Elements war sein „Atomgewicht" (jetzt richtiger *relative Atommasse* genannt) in Gramm. Die „Atomgewichte" wurden anfangs auf das Atomgewicht des chemischen Elements Sauerstoff bezogen, das auf 16 festgesetzt wurde. Später ordneten die Physiker diesen Wert 16 einem Sauerstoffisotop zu, während die Chemiker den gleichen Wert für das natürliche Element, eine Mischung der Isotope 16, 17 und 18, verwandten. Im Jahre 1960 kam man überein, dem Isotop 12 des Kohlenstoffs den Wert 12 zuzuordnen. Damit erhielt man eine vereinheitlichte Skale der relativen Atommassen.

Da die Masse als Maß für die Menge eines Stoffes in der Chemie, insbesondere in der Reaktionskinetik, vielfach ungeeignet ist, wurde 1957 von der IUPAP beschlossen, die *Stoffmenge* (oder Teilchenmenge, englisch: amount of substance) als zusätzliche Basisgrößenart einzuführen und die Einheit hierfür *Mol* zu nennen [27]. Auf Grund einer Empfehlung des CIPM aus dem Jahre 1967 wurde 1971 das Mol in das SI übernommen (s. 3.3.9. und 8.9.).

3. Das Internationale Einheitensystem (SI) und seine Anwendung

Das Internationale Einheitensystem hat als erstes in Naturwissenschaft und Technik allgemeingültiges Einheitensystem eine hervorragende Bedeutung gewonnen, die mit seiner umfassenden Einführung, d. h. mit der Ablösung bisher noch gebräuchlicher Einheiten in allen Ländern der Welt noch zunehmen wird. Vom Rat für gegenseitige Wirtschaftshilfe der sozialistischen Länder (RGW) wurden Methodische Hinweise herausgegeben, in denen die SI-Einheiten für die wichtigsten physikalischen Größen sowie für spezielle Größen der Atomphysik und der physikalischen Chemie zusammengestellt worden sind [50]. In der DDR ist das SI gesetzliches Einheitensystem [16]. Das SI und die Gründe, die zu seiner besonderen Stellung beigetragen haben, sollen in diesem Abschnitt eingehend behandelt werden.

3.1. Begriff und allgemeine Regeln

Durch die 11. CGPM wurde im Jahre 1960 für das Einheitensystem mit den Basiseinheiten

Meter (m) für die Länge,
Kilogramm (kg) für die Masse[1]),
Sekunde (s) für die Zeit,
Ampere (A) für die elektrische Stromstärke,

[1]) Der Name „Kilogramm" enthält eine gewisse (aus der geschichtlichen Entwicklung begründete) Inkonsequenz: eine Basiseinheit dürfte keinen Namen mit einem SI-Vorsatz haben. Es ist daher vorgeschlagen worden, statt „Kilogramm" den Namen „Bes" für die SI-Basiseinheit der Masse festzulegen. Das Bes ist seit 1953 in italienischen Normen eingeführt [52]; international hat es bisher jedoch keine Anerkennung gefunden.

Kelvin (K) für die (thermodynamische) Temperatur[1])
Candela (cd) für die Lichtstärke[2])

der Name „*Internationales Einheitensystem*" (Système International d'Unités; abgekürzt in allen Sprachen „SI") angenommen. Von der 14. CGPM wurde 1971 als weitere Basiseinheit des SI das Mol (mol) für die Stoffmenge eingeführt. Damit wurde der Anwendungsbereich des SI auf die physikalische Chemie und die Molekularphysik ausgedehnt.

Die Basiseinheiten, die ergänzenden Einheiten und die kohärenten abgeleiteten Einheiten werden als Einheiten des Internationalen Systems, abgekürzt als *SI-Einheiten* bezeichnet. Einheiten, die als dezimale Vielfache und Teile dieser Einheiten mittels der nebenstehenden Vorsätze (*SI-Vorsätze*) gebildet werden, dürfen dagegen nur „Vielfache und Teile der SI-Einheiten" genannt werden.[3])

Als *ergänzende Einheiten des SI* werden die Einheiten Radiant (rad) für den ebenen und Steradiant (sr) für den räumlichen Winkel bezeichnet, für die die Generalkonferenz keine Entscheidung darüber getroffen hat, ob es sich um Basiseinheiten oder um abgeleitete Einheiten handelt (Näheres s. 7.3.). Von den abgeleiteten SI-Einheiten, die als Potenzprodukte mit dem Zahlenfaktor 1 aus den Basiseinheiten kohärent gebildet werden, haben einige wichtige Einheiten selbständige Namen erhalten, die im folgenden zusammengestellt sind.

Die Kurzzeichen für die von Personennamen hergeleiteten Einheiten werden groß, die übrigen Kurzzeichen klein geschrieben.

Zur Bildung von dezimalen Vielfachen und Teilen der SI-Einheiten sind nebenstehende Vorsätze zu verwenden.

---

[1] Laut Beschluß der 13. CGPM (1967), ursprünglich Grad Kelvin (°K).

[2] Candela (lat.: Wachskerze) wird auf der 2. Silbe betont.

[3] Eine Empfehlung des CIPM, unter dem Namen SI neben der Gesamtheit der SI-Einheiten auch die Gesamtheit der nicht kohärenten, durch Vorsätze bezeichneten dezimalen Vielfachen und Teile dieser Einheiten zu verstehen (vgl. [16]), wurde wieder zurückgezogen.

Größenart	Namen der SI-Einheit	Kurz- zeichen	Beziehung zu anderen SI-Einheiten
Frequenz	Hertz	Hz	1 Hz = 1/s
Kraft	Newton[1])	N	1 N = 1 kg · m/s²
Druck	Pascal	Pa	1 Pa = 1 N/m²
Energie	Joule[2])	J	1 J = 1 N · m
Leistung	Watt	W	1 W = 1 J/s
Elektrizitätsmenge	Coulomb	C	1 C = 1 A · s
Elektrische Spannung	Volt	V	1 V = 1 W/A
Elektrische Kapazität	Farad	F	1 F = 1 C/V
Elektrischer Widerstand	Ohm	Ω	1 Ω = 1 V/A
Elektrischer Leitwert	Siemens	S	1 S = 1/Ω
Magnetischer Fluß	Weber	Wb	1 Wb = 1 V · s
Magnetische Flußdichte	Tesla	T	1 T = 1 Wb/m²
Induktivität	Henry	H	1 H = 1 Wb/A
Lichtstrom	Lumen	lm	1 lm = 1 cd · sr
Beleuchtungsstärke	Lux	lx	1 lx = 1 lm/m²
Energiedosis	Gray	Gy	1 Gy = 1 J/kg
Aktivität	Becquerel	Bq	1 Bq = 1/s

[1]) Sprich Newton englisch wie 'nju:tən.
[2]) Sprich Joule französisch wie dʒu:l [53].

SI-Vorsatz	Kurzzeichen	Faktor, mit dem die Einheit multipliziert wird
Exa	E	10^{18}
Peta	P	10^{15}
Tera	T	10^{12}
Giga	G	10^{9}
Mega	M	10^{6}
Kilo	k	10^{3}
Hekto	h	10^{2}
Deka	da	10
Dezi	d	10^{-1}
Zenti	c	10^{-2}
Milli	m	10^{-3}
Mikro	µ	10^{-6}
Nano	n	10^{-9}
Piko	p	10^{-12}
Femto	f	10^{-15}
Atto	a	10^{-18}

Bei der Anwendung der Vorsätze sind eine Reihe von Regeln zu beachten, die in [50; 16] sowie in internationale Empfehlungen [54] aufgenommen worden sind:

1. Die Kombination von Vorsatzkurzzeichen (*Vorsatzzeichen*) und Einheitenkurzzeichen gilt als ein Symbol, das ohne Verwendung von Klammern in eine Potenz erhoben werden kann.

Beispiele: cm^3 bedeutet $(0{,}01\ m)^3$, aber nicht $0{,}01\ m^3$
μs^{-1} bedeutet $(10^{-6}\ s)^{-1}$, aber nicht $10^{-6}\ s^{-1}$
Mm^3 bedeutet $(10^6\ m)^3$, aber nicht $10^6\ m^3$.

2. Zur Bildung von Vielfachen und Teilen einer Einheit mit selbständigem Namen darf jeweils nur ein Vorsatz benutzt werden.

Beispiele:

richtig: Nanometer (nm), Gigawatt (GW), Pikofarad (pF)
falsch: Millimikrometer (mμm), Kilomegawatt (kMW), Mikromikrofarad (μμF).

3. Vorsätze, die einer ganzzahligen Potenz von Tausend (10^{3n}) entsprechen, sind zu bevorzugen. Die Vorsätze Hekto, Deka, Dezi und Zenti sollen nur noch zur Bezeichnung von solchen Vielfachen und Teilen von Einheiten verwendet werden, die bereits üblich sind.

Beispiele:

vorzugsweise: km, mA, GHz, μg, MPa, kt
auch: hl, cl, cm
nicht: cA, hHz, daN.

4. Dezimale Vielfache und Teile von Einheiten ohne selbständigen Namen werden gebildet, indem Vorsätze vor einen oder mehrere der Namen der Einheiten angefügt werden, aus denen die Benennung zusammen-

gesetzt ist. Vorsätze dürfen nicht vor Potenzbezeichnungen angefügt werden, da mit Potenzbezeichnungen gebildete Benennungen von Einheiten nicht als selbständige Namen gelten.

Beispiele:

richtig: Kilometer je Sekunde (km/s)
Ampere je Quadratmillimeter (A/mm^2)
Gramm je Kubikzentimeter (g/cm^3)
Kubikhektometer (hm^3) für 10^6 m^3
falsch: Megakubikmeter (Mm^3) für 10^6 m^3.

5. Dezimale Vielfache und Teile von zusammengesetzten Einheiten (ohne selbständigen Namen) sollen vorzugsweise so gebildet werden, daß nur ein Vorsatz und dieser im Zähler angewendet wird. Hiervon darf nur dann abgewichen werden, wenn besondere Gründe vorliegen, z. B. wenn dadurch die Anschaulichkeit wesentlich erhöht wird.

Beispiele:

vorzugsweise: km/s
auch: A/mm^2, g/cm^3
nicht: mV/mm.

6. Die Kurzzeichen für die Vorsätze zur Bildung von dezimalen Vielfachen und Teilen von Einheiten dürfen nur mit den Kurzzeichen für die Einheiten verbunden werden.

Beispiele:

richtig: km, mA,
falsch: Kilom, kmeter, MilliA, mAmpere, kOhm.

Zur Benennung eines Einheitenproduktes werden die Einheiten in ein Wort zusammengeschrieben (z. B. Newtonmeter) oder durch das Wort „mal" verbunden (z. B. Newton mal Meter). Quotienten werden durch die Bindeworter „je" [16] oder „durch" bezeichnet, wobei mit „je" mehr der physikalische Inhalt, mit „durch" mehr die mathematische Operation zum Ausdruck gebracht wird. Die 2. Potenz einer Einheit wird durch den Vor- oder Nachsatz „Quadrat“ bezeichnet (z. B. Quadratsekunde bzw. Sekundenquadrat).

Die Kurzzeichen für Vorsätze sind mit den Kurzzeichen für die Einheiten ohne Zwischenraum (Leertaste) zusammenzuschreiben. Potenzprodukte aus Einheitenkurzzeichen dürfen mit oder ohne Multiplikationszeichen, unter Verwendung negativer Exponenten oder als Quotienten mit Bruchstrich geschrieben werden. Einheitenkurzzeichen dürfen jedoch nur dann ohne Zwischenraum nebeneinander geschrieben werden, wenn dadurch keine Verwechslungen möglich sind (z. B. Nm, VA; aber $m \cdot s^{-1}$ = Meter je Sekunde, da ms^{-1} = Eins je Millisekunde). — Von der Schreibweise der für die SI-Einheiten und die SI-Vorsätze festgelegten Kurzzeichen darf bei Datenverarbeitungsanlagen mit beschränktem Zeichenvorrat abgewichen werden. Hierfür geeignete Abkürzungen für die Bezeichnung von Einheiten werden in [55; 56] vorgeschlagen.

3.2. *Bedeutung des SI*

Das Internationale Einheitensystem besitzt eine Reihe von Eigenschaften, die es für die Anwendung in Theorie und Praxis besonders geeignet machen:

- Die Einheiten sind universell, besonders in Physik und Technik anwendbar.
- Die Einheiten können mit hinreichender Genauigkeit entsprechend ihren Definitionen oder äquivalenten Beziehungen dargestellt werden.
- Das Einheitensystem ist „absolut“, d. h. daß in ihm alle Kräfte und Energien in der in dem System gültigen mechanischen Kraft- bzw. Energieeinheit ausgedrückt werden.
- Entsprechend der modernen Vorstellung vom Charakter der Elektrodynamik enthält das SI eine eigene elektrische Basiseinheit. Die Wahl eines kohärenten,

dem rationalen Vierer-Größensystem (vgl. 4.2.) angepaßten Einheitensystems hat zur Folge, daß der Geometriefaktor 4π nur dort auftritt, wo er als Folge der Kugelsymmetrie zu erwarten ist.

Die Vorteile des SI und seine Empfehlung durch die 11. CGPM führten dazu, daß dieses Einheitensystem in zunehmendem Maße gesetzlich eingeführt wird. Nach einer Umfrage des BIPM war das SI bereits im Jahre 1965 in 14 Ländern als gesetzliches Einheitensystem angenommen; mit dem Übergang zu metrischen Einheiten ist dieses Einheitensystem inzwischen in den meisten Ländern der Welt eingeführt. Daneben werden zwar in mehr oder weniger großem Umfang noch SI-fremde Einheiten benutzt, vor allem in den anglo-amerikanischen Ländern (zur Einführung des SI vgl. 5.1.). Internationale Bestrebungen haben jedoch zum Ziel, mit nur wenigen Ausnahmen auf alle SI-fremden Einheiten zu verzichten (s. 3.4.). Über die gesetzliche Gültigkeit SI-fremder Einheiten in der DDR [34; 16] und die vom RGW empfohlene Befristung der Gültigkeit [57; 217] gibt Tab. 5 Auskunft. Darüber hinaus sind die unbefristet neben dem SI beizubehaltenden Einheiten (vgl. 3.4.) unter „Bemerkungen" in Tab. 1 aufgeführt.

3.3. Physikalische Größenarten und ihre SI-Einheiten

In diesem Abschnitt werden allgemein verwendete physikalische Größenarten mit den zugehörigen SI-Einheiten (nach [16; 50; 51; 54]) behandelt. Vielfache und Teile sind nur aufgeführt, wenn sie üblich sind, aber nicht zu den nach 3.1., Regel 3 und 5 zu bevorzugenden Vielfachen und Teilen gehören. Hinter den Größenbezeichnungen sind jeweils die für die Ableitung der folgenden Größenarten benutzten Formelzeichen in Klammern aufgeführt. In Tab. 1 sind außerdem weitere Größenarten mit Formelzeichen und SI- Einheiten zusammengestellt. Die Benennungen der Größenarten und die Formelzeichen wurden unter Berücksichtigung von [16; 51; 58; 22; 59; 60; 218] gewählt. SI-Einheiten für Größenarten, die in Tab. 1 nicht aufgeführt sind, sind in analoger Weise wie die Einheiten der Tabelle als Potenzprodukte von Basiseinheiten oder abgeleiteten SI-Einheiten mit selbständigen Namen zu bilden.

Die im folgenden Text und in der Tabelle verwendeten Definitionsgleichungen sind zur Vereinfachung meist nicht in der allgemeinsten Form, vielfach auch ohne Benutzung von Vektoren geschrieben.

3.3.1. Raum

Länge (l, b, h, s)

Die Einheit der Länge, das Meter (m), ist eine Basiseinheit des SI. Im Jahre 1960 hat die 11. CGPM anstelle der alten Definition des Meter durch den Abstand der Mittelstriche der auf dem internationalen Meterprototyp angebrachten Strichgruppen die folgende neue Definition angenommen:

> Das Meter ist gleich 1 650 763,73 Vakuum-Wellenlängen der Strahlung, die dem Übergang zwischen den Niveaus $2p_{10}$ und $5d_5$ des Atoms Krypton 86 entspricht.

Von den dezimalen Teilen des Meter sind auch dm und cm üblich. Die früher gebräuchliche Benennung Mikron mit dem Kurzzeichen μ für die Längeneinheit Mikrometer (μm) ist nach einem Beschluß der 13. CGPM (1967) nicht mehr zugelassen.

Fläche (A)

Die SI-Einheit der Fläche $A = l \cdot b$ ist das Quadratmeter (m^2). Übliche Teile sind auch dm^2 ($= 10^{-2}$ m^2) und cm^2 ($= 10^{-4}$ m^2). Die Abkürzungen qm für m^2 sowie qkm, qdm, qcm und qmm für die endsprechenden Vielfachen und Teile dürfen nicht mehr verwendet werden. Für das Vielfache 10^2 m^2 wird noch der Name Ar (a), für 10^4 m^2 der Name Hektar (ha) verwendet; das Hektar soll nach [57] für die Angabe der Fläche von Flur- und Grundstücken beibehalten werden.

Volumen (V)

Die SI-Einheit des Volumens $V = A \cdot h = l \cdot b \cdot h$ ist das Kubikmeter (m^3). Übliche Teile sind auch dm^3 (= 10^{-3} m^3) und cm^3 (= 10^{-6} m^3). Für das Kubikdezimeter (dm^3) wird auch der Name Liter (l) verwendet (vgl. 6.2.). Die Abkürzungen cbm für m^3 sowie cdm, ccm und cmm für die entsprechenden Teile dürfen nicht mehr verwendet werden.

Ebener Winkel (α, φ) und **Raumwinkel** (Ω)

Die SI-Einheit des ebenen Winkels $\alpha = s/r$ ist der Radiant (rad). Hierbei ist s die Bogenlänge, die auf dem Umfang eines Kreises mit dem Radius r durch die zwei vom Kreismittelpunkt ausgehenden Schenkel des Winkels α eingeschlossen wird.

Die SI-Einheit des Raumwinkels $\Omega = A/r^2$ ist der Steradiant (sr). Hierbei ist A die Fläche, die auf der Oberfläche einer Kugel mit dem Radius r durch die vom Kugelmittelpunkt ausgehende, den Raumwinkel Ω bildende Strahlenschar eingeschlossen wird.

Auf die Frage, ob der ebene und der Raumwinkel als Basisgrößenarten anzusehen und infolgedessen die Einheiten Radiant und Steradiant als zusätzliche Basiseinheiten zu betrachten sind, wird in 7.3. näher eingegangen.

Neben dem Radiant sollen nach [57] auch in Zukunft die SI-fremden Einheiten Grad, Winkelminute und -sekunde, in der Geodäsie auch Gon, (vgl. 6.2. und Tab. 5) für den ebenen Winkel beibehalten werden.

3.3.2. Raum und Zeit

Zeit (t)

Die Einheit der Zeit, die Sekunde (s), ist eine Basiseinheit des SI. Anstelle der alten Definition der „Ephemeridensekunde" (vgl. 2.1.) wurde von der 13. CGPM (1967) die folgende Definition eingeführt:

> Die Sekunde ist die Dauer von 9 192 631 770 Perioden der Strahlung, die dem Übergang zwischen den beiden Hyperfeinstrukturniveaus des Grundzustandes des Atoms Cäsium 133 entspricht.

Als Vielfache sind nach [57] auch in Zukunft die SI-fremden Einheiten Minute (min), Stunde (h) und Tag (d) zugelassen (vgl. 6.2. und Tab. 5).

Frequenz (f)

Die SI-Einheit der Frequenz $f = 1/T$ (T = Periodendauer) ist das Hertz (Hz); 1 Hz = 1 s^{-1}.

Bei der Angabe von Umlauffrequenzen (Drehzahlen) wird statt Hertz vorzugsweise eins je Sekunde (1/s) oder auch Umdrehung je Sekunde (U/s) verwendet. Umdrehung (U) ist hierbei Zähleinheit (vgl. 7.2.).

Für die Kreisfrequenz ($\omega = 2\pi f$) wurde bisher die Einheit 1/s verwendet. Nach neuerer Auffassung hat die Kreisfrequenz (auch Winkelfrequenz genannt) die gleiche Einheit rad/s wie die Winkelgeschwindigkeit [90; 219].

Im anglo-amerikanischen Sprachgebiet werden noch die Benennungen cycle per second (cps) oder cycle (c) für das Hertz und als Einheiten der Umlauffrequenz revolution per second (r/s) und entsprechend revolution per minute (r/min) verwendet [54].

Geschwindigkeit (v), **Winkelgeschwindigkeit** (ω), **Beschleunigung** (a), **Winkelbeschleunigung** (α)

Die Definition dieser Größen sowie die zugehörigen SI-Einheiten sind im folgenden zusammengestellt (vergleiche Tab. 1):

$$v = \frac{ds}{dt}, \qquad [v]_{SI} = 1 \text{ m/s} = 1 \text{ m} \cdot \text{s}^{-1}$$

$$\omega = \frac{d\varphi}{dt}, \qquad [\omega]_{SI} = 1 \text{ rad/s} = 1 \text{ s}^{-1}$$

$$a = \frac{dv}{dt} = \frac{d^2s}{dt^2}, \qquad [a]_{SI} = 1 \text{ m/s}^2 = 1 \text{ m} \cdot \text{s}^{-2}$$

$$\alpha = \frac{d\omega}{dt} = \frac{d^2\varphi}{dt^2}, \qquad [\alpha]_{SI} = 1 \text{ rad/s}^2 = 1 \text{ s}^{-2}.$$

Für die Beschleunigung 1 cm/s² wird in der Geophysik noch der Name Gal (Kurzzeichen Gal) verwendet.

3.3.3. Mechanik

Masse (m)

Die Einheit der Masse, das Kilogramm (kg), ist eine Basiseinheit des SI. Sie wurde bereits von der 1. und 3. CGPM (1899 bzw. 1901) definiert:

> Das Kilogramm ist die Masse des internationalen Kilogrammprototyps.

Dezimale Vielfache und Teile werden vom tausendsten Teil des Kilogramms, dem Gramm (g), gebildet. Für 1 Mg $= 10^3$ kg wird im allgemeinen die Benennung Tonne (t) verwendet. In Österreich, Polen, Ungarn und in der Tschechoslowakei ist auch das Dekagramm gebräuchlich.

Im täglichen Leben wird die Größe Masse vielfach als „Gewicht" bezeichnet. Andererseits wird Gewicht auch als Kraft (Produkt aus Masse und örtlicher Fallbeschleunigung) definiert. Da also das Wort Gewicht in verschiedenen Bedeutungen verwendet wird, sollte man seine Benutzung in Physik und Technik möglichst ganz vermeiden [62]. Zur eindeutigen Bezeichnung der im Schwerefeld der Erde auf eine Masse wirkenden Kraft wird in [63;

64, S. 11] das Wort „Gewichtskraft“ empfohlen. Bei Verwendung von SI-Einheiten ist die Größe in Newton (s. u.) anzugeben. — Zur Charakterisierung der Leistungsfähigkeit eines Transportgerätes (Fahrzeug, Kran usw.) im Verkehrswesen wird die Angabe der Lade- bzw. Tragfähigkeit in Masseeinheiten empfohlen [63; 65; 66].

Dichte (ϱ)

Die SI-Einheit der Dichte $\varrho = m/V$ ist das Kilogramm je Kubikmeter; $1\ \mathrm{kg/m^3} = 1\ \mathrm{m^{-3} \cdot kg}$. Ein übliches Vielfaches ist $1\ \mathrm{kg/dm^3} = 1\ \mathrm{kg/l} = 1\ \mathrm{g/cm^3} = 1\ \mathrm{Mg/m^3} = 1\ \mathrm{t/m^3}$.

Die früher vielfach anstelle der Dichte benutzte Größe „Wichte“ oder „spezifisches Gewicht“ (Gewicht durch Volumen) sollte man nicht mehr verwenden. Zwar ist der Zahlenwert der Wichte in der SI-fremden Einheit $\mathrm{kp/m^3}$ gleich dem Zahlenwert der Dichte in $\mathrm{kg/m^3}$ (vgl. 4.1.); bei Verwendung von SI-Einheiten müßte die Wichte jedoch in $\mathrm{N/m^3}$ angegeben werden, wobei man den 9,80665fachen Zahlenwert erhielte.

Kraft (F), **Kraftmoment** (M)

Die SI-Einheit der Kraft $F = m \cdot a$ ist das Newton (N); $1\ \mathrm{N} = 1\ \mathrm{m \cdot kg \cdot s^{-2}}$. Die Tendenz, das Vielfache daN bevorzugt zu benutzen, weil sich diese Einheit nur um etwa 2% von der bisher verwendeten systemfremden Einheit kp unterscheidet, ist in letzter Zeit aufgegeben worden [54]; stattdessen werden N und kN verwendet.

Die SI-Einheit des Kraftmoments $M = F \cdot l = m \cdot a \cdot l$ ist das Newtonmeter (Nm); $1\ \mathrm{Nm} = 1\ \mathrm{N \cdot m} \mathrel{\hat{=}} 1\ \mathrm{m^2}$ mal $\mathrm{kg \cdot s^{-2}}$.

Druck (p), **Spannung** (σ)

Die SI-Einheit von Druck und Spannung $p = F/A$ ist das von der 14. CGPM (1971) eingeführte Pascal (Pa); $1\ \mathrm{Pa} = 1\ \mathrm{N/m^2} = 1\ \mathrm{m^{-1} \cdot kg \cdot s^{-2}}$ [27; 50; 51; 216; 220]. Zur Verwendung in der Praxis werden die Vielfachen und Teile GPa, MPa (= N/mm^2), kPa, mPa und μPa vorgeschlagen [54]. Für das Vielfache 10^5 Pa wird der Name Bar (Kurzzeichen bar) verwendet; außerdem sind noch zahlreiche weitere SI-fremde Druckeinheiten für eine Übergangszeit in Gebrauch (vgl. 6.2. und Tab. 5).

Dynamische Viskosität (η) **und kinematische Viskosität** (ν)

Die dynamische Viskosität eines laminar strömenden homogenen, isotropen Stoffes, in dem zwischen zwei ebenen parallelen Schichten mit den Geschwindigkeiten v_1 und v_2 und dem Abstand h in der Schichtfläche die Schubspannung F/A herrscht, ist

$$\eta = \frac{F \cdot h}{A(v_2 - v_1)}$$

Die SI-Einheit der dynamischen Viskosität (η) ist die Pascalsekunde (Pa · s; vgl. [27; 50; 216; 217]; 1 Pa · s = 1 $m^{-1} \cdot kg \cdot s^{-1}$. Üblich ist der 1000ste Teil (mPa · s); für diese Einheit wird noch der Name Zentipoise (cP) verwendet (vgl. 4.2.1. und Tab. 5).

Die SI-Einheit der kinematischen Viskosität $\nu = \eta/\varrho$ (ϱ = Dichte des Stoffes) ist das Quadratmeter je Sekunde (m^2/s); $1\ m^2/s = \frac{1\ Pa \cdot s}{1\ kg/m^3} = 1\ m^2 \cdot s^{-1}$. Üblich ist der 1000000ste Teil (mm^2/s); für diese Einheit wird noch der Name Zentistokes (cSt) verwendet (vgl. 4.2.1. und Tab. 5).

Arbeit, Energie (W) **und Leistung** (P)

Die SI-Einheit der mechanischen Arbeit $W = \int F\, ds$ ist das Joule (J); 1 J = 1 N · m = 1 $m^2 \cdot kg \cdot s^{-2}$. Diese Einheit wird auch Newtonmeter oder Wattsekunde genannt; 1 J = 1 N · m = 1 Nm = 1 W · s = 1 Ws. Daneben werden SI-fremde Einheiten, in der Energiewirtschaft die Wattstunde (Wh), in der Atom- und Kernphysik das Elektronenvolt (eV), sowie ihre Vielfachen und Teile verwendet (vgl. Tab. 1 bzw. 6.3. und Tab. 5).

Die SI-Einheit der Leistung $P = W/t$ ist das Watt (W); 1 W = 1 J/s = 1 $m^2 \cdot kg \cdot s^{-3}$.

3.3.4. Elektrizität und Magnetismus

Elektrische Stromstärke (I)

Die Einheit der Stromstärke, das Ampere (A), ist eine Basiseinheit des SI. Sie wurde im Jahre 1948 von der 9. CGPM als sogenanntes „absolutes" Ampere (anstelle des bis dahin verwendeten „internationalen" Ampere; vgl. 2.3.2) mit der folgenden Definition eingeführt:

> Das Ampere ist die Stärke des zeitlich unveränderlichen elektrischen Stromes durch zwei geradlinige, parallele, unendlich lange Leiter der relativen Permeabilität 1 und von vernachlässigbarem Querschnitt, die den Abstand 1 m haben und zwischen denen die durch den Strom elektrodynamisch hervorgerufene Kraft im leeren Raum je 1 m Länge der Doppelleitung $2 \cdot 10^{-7}$ N beträgt.

Der Definition des Ampere liegt die Gleichung für die Kraft F zugrunde, mit der 2 parallele, von den Strömen I_1 und I_2 durchflossene Leiter der Länge l im Abstand r aufeinander einwirken:

$$F = \frac{\mu_0}{2\pi} \frac{I_1 \cdot I_2 \cdot l}{r}$$

Die oben genannte Definition des Ampere bedeutet dabei, daß in dieser Gleichung der Wert der magnetischen Feldkonstanten (Induktionskonstanten) durch Definition zu $\mu_0 = 4\pi \cdot 10^{-7}$ N $\cdot$ A^{-2} = 1,256637 $\cdot$ 10^{-6} N $\cdot$ A^{-2} festgesetzt wird. (Der Zahlenwert $4\pi \cdot 10^{-7}$ gilt daher exakt.)

Die Definition des Ampere erfolgt also — auch wenn dies durch eine Wortdefinition etwas verschleiert wird — durch die Festlegung des Wertes einer für die Elektrodynamik charakteristischen Konstanten. Eine solche Festlegung ist nach den Ausführungen über Größen-

und Einheitensysteme in 2.2. zulässig. Diese Art der Definition einer Basiseinheit hat aber zur Folge, daß die so definierte Basiseinheit (hier das Ampere) nicht — wie die mechanischen Basiseinheiten m, s, kg — unabhängig von anderen Basiseinheiten definiert ist. Das ergibt Konsequenzen, auf die in 8.6. eingegangen wird.

Elektrizitätsmenge, elektrische Ladung (Q)

Die SI-Einheit der Elektrizitätsmenge $Q = \int I \, dt$ ist das Coulomb (C); 1 C = 1 s · A. Diese Einheit wird auch Amperesekunde (A · s oder As) genannt. — Die in Akkumulatoren speicherbare Elektrizitätsmenge, ihre „Kapazität", wird im allgemeinen in der SI-fremden Einheit Amperestunde (Ah) angegeben.

Elektrische Flußdichte, elektrische Verschiebung (D), elektrischer Verschiebungsfluß (Ψ)

Die SI-Einheit der elektrischen Flußdichte (Verschiebung) $D = Q/A$ ist das Coulomb je Quadratmeter (C/m^2); $1\ C/m^2 = 1\ m^{-2} \cdot s \cdot A$. Dementsprechend ist die Einheit für den Verschiebungsfluß $\Psi = (Q/A) \cdot A$ das Coulomb; $1\ C = 1\ (C/m^2) \cdot m^2 = 1\ s \cdot A$. — Neben den durch Vorsatz zum C gebildeten Vielfachen und Teilen des C/m^2 wird auch das C/cm^2 verwendet.

Elektrische Leistung (P)

Die SI-Einheit der elektrischen Leistung, das Watt (W), ist mit der Einheit der mechanischen Leistung (vgl. 3.3.3.) identisch. Zur Angabe der Scheinleistung (S) darf die elektrische Leistungseinheit jedoch auch Voltampere (VA oder V · A), zur Angabe der Blindleistung (Q) auch Var (var) benannt werden; Voltampere und Var sind Sondereinheiten (vgl. 7.1.).

Elektrische Spannung (U), elektrische Feldstärke (E)

Die SI-Einheit der elektrischen Spannung $U = P/I$ ist das Volt (V); $1\ V = 1\ W/A = 1\ m^2 \cdot kg \cdot s^{-3} \cdot A^{-1}$. Das

Volt ist auch Einheit des elektrischen Potentials (φ) und der elektromotorischen Kraft (EMK).

Die Einheit der Feldstärke $E = \mathrm{d}\varphi/\mathrm{d}l$ ist das Volt je Meter (V/m); $1\ \mathrm{V/m} = 1\ \mathrm{m} \cdot \mathrm{kg} \cdot \mathrm{s}^{-3} \cdot \mathrm{A}^{-1}$. Neben den durch Vorsatz zum V gebildeten Vielfachen und Teilen wird auch V/mm und V/cm verwendet.

Elektrischer Widerstand (R), **spezifischer elektrischer Widerstand** (ϱ)

Die SI-Einheit des elektrischen Widerstandes $R = U/I$ ist das Ohm (Ω); $1\ \Omega = 1\ \mathrm{V/A} = 1\ \mathrm{m}^2 \cdot \mathrm{kg} \cdot \mathrm{s}^{-3} \cdot \mathrm{A}^{-2}$. Das Ohm ist auch die Einheit des Scheinwiderstandes (Z) und des Blindwiderstandes (X).

Die Einheit des spezifischen Widerstandes $\varrho = R \cdot A/l$ ist das Ohmmeter ($\Omega \cdot \mathrm{m}$ oder $\Omega\mathrm{m}$); $1\ \Omega \cdot \mathrm{m} = 1\ \mathrm{m}^3 \cdot \mathrm{kg}$ mal $\mathrm{s}^{-3} \cdot \mathrm{A}^{-2}$. Von den mit Vorsätzen gebildeten Vielfachen und Teilen ist das $\mu\Omega \cdot \mathrm{m}$ ($= \Omega \cdot \mathrm{mm}^2/\mathrm{m}$), der Widerstand eines Drahtes von $1\ \mathrm{mm}^2$ Querschnitt und 1 m Länge, wegen seiner Anschaulichkeit besonders gebräuchlich. Daneben wird noch das $\Omega \cdot \mathrm{cm}$, der Widerstand eines Würfels mit der Kantenlänge 1 cm benutzt.

Elektrischer Leitwert (G), **elektrische Leitfähigkeit** (γ)

Die SI-Einheit des elektrischen Leitwerts $G = 1/R$ ist das Siemens (S); $1\ \mathrm{S} = 1/\Omega = 1\ \mathrm{m}^{-2} \cdot \mathrm{kg}^{-1} \cdot \mathrm{s}^3 \cdot \mathrm{A}^2$. Das Siemens ist auch die Einheit des Scheinleitwerts (Y) und des Blindleitwertes (B). In den anglo-amerikanischen Ländern wird anstelle von Siemens bzw. S noch die Bezeichnung mho für $1/\Omega$ verwendet.

Die Einheit der elektrischen Leitfähigkeit $\gamma = 1/\varrho = l/R \cdot A$ ist das Siemens je Meter (S/m); $1\ \mathrm{S/m} = 1/\Omega \cdot \mathrm{m} = 1\ \mathrm{m}^{-3} \cdot \mathrm{kg}^{-1} \cdot \mathrm{s}^3 \cdot \mathrm{A}^2$.

Elektrische Kapazität (C), **Permittivität, Dielektrizitätskonstante** (ε)

Die SI-Einheit der elektrischen Kapazität $C = Q/U$ ist das Farad (F); $1\ \mathrm{F} = 1\ \mathrm{C/V} = 1\ \mathrm{s}/\Omega = 1\ \mathrm{m}^{-2} \cdot \mathrm{kg}^{-1}$ mal $\mathrm{s}^4 \cdot \mathrm{A}^2$.

Die Einheit der Permittivität (Dielektrizitätskonstante) $\varepsilon = D/E$ ist das Farad je Meter (F/m); 1 F/m $= 1\ \mathrm{C/V \cdot m} = 1\ \mathrm{m^{-3} \cdot kg^{-1} \cdot s^4 \cdot A^2}$. Da die Dielektrizitätszahl ε_r dimensionslos ist, gilt die für ε angegebene Einheit auch für $\varepsilon_0 = \varepsilon/\varepsilon_r$. Der Wert der elektrischen Feldkonstante (Influenzkonstante) ε_0 ergibt sich aus der Beziehung $\varepsilon_0 \mu_0 c^2 = 1$, dem Wert von μ_0 (vgl. die Ausführungen zu „Elektrische Stromstärke") und dem experimentell bestimmten Wert der Vakuumlichtgeschwindigkeit c ($c = 2{,}997925 \cdot 10^8$ m/s) zu $\varepsilon_0 = 1/(4\pi \cdot 10^{-7}\ \{c\}^2_{\mathrm{SI}})$ F/m $= 1/(4\pi \cdot 10^{-7} \cdot 2{,}997925^2 \cdot 10^{16})$ F/m $= 8{,}85419$ mal 10^{-12} F/m [1]).

Magnetischer Fluß (Φ), magnetische Flußdichte (B)

Die SI-Einheit des magnetischen Flusses Φ (definiert durch $U = -\mathrm{d}\Phi/\mathrm{d}t$) ist das Weber (Wb); 1 Wb $= 1\ \mathrm{V \cdot s} = 1\ \mathrm{m^2 \cdot kg \cdot s^{-2} \cdot A^{-1}}$. Die Einheit des magnetischen Flusses wird auch Voltsekunde (V · s oder Vs) genannt.

Die Einheit der magnetischen Flußdichte (Induktion) B (definiert durch $\Phi = \int B\,\mathrm{d}A$) ist das Tesla (T); $1\ \mathrm{T} = 1\ \mathrm{Wb/m^2} = 1\ \mathrm{kg \cdot s^{-2} \cdot A^{-1}}$. Die Einheit der magnetischen Flußdichte wird auch Weber je Quadratmeter ($\mathrm{Wb/m^2}$) genannt.

Magnetische Feldstärke (H), magnetische Spannung (V)

Die SI-Einheit der magnetischen Feldstärke H (definiert durch das Linienintegral der Feldstärke um einen vom Strom I durchflossenen Draht $\oint H\,\mathrm{d}s = I$) ist das Ampere je Meter (A/m); $1\ \mathrm{A/m} = 1\ \mathrm{m^{-1} \cdot A}$. Übliche Vielfache sind auch A/mm = kA/m und A/cm.

Die Einheit der magnetischen Spannung $V = \int H\,\mathrm{d}s$ ist das Ampere (A); 1 A = 1 (A/m) · m = 1 A. Ampere

---

[1]) Neueste empfohlene Werte [68]: $c = 299792458$ m/s mit einer Standardabweichung von 1,2 m/s; $\varepsilon_0 = (885418782 \pm 7) \cdot 10^{-20}$ F/m.

ist also im SI sowohl Benennung für die Einheit der elektrischen Stromstärke als auch für die Einheit der magnetischen Spannung. Zur Unterscheidung wird für das „magnetische“ Ampere auch die Benennung „Amperewindung“ (vgl. 7.2.) verwendet, die jedoch im SI nicht vorgesehen und nicht gesetzlich zulässig ist.

Induktivität (L), **Permeabilität** (μ)

Die SI-Einheit der Induktivität $L = \Phi/I$ ist das Henry (H); 1 H = 1 Wb/A = 1 Ω · s = 1 $m^2 \cdot kg \cdot s^{-2}$ mal A^{-2}.

Die Einheit der Permeabilität $\mu = B/H$ ist das Henry je Meter (H/m). 1 H/m = 1 Wb/A · m = 1 m · kg · s^{-2} mal A^{-2} = 1 N · A^{-2}. Da die Permeabilitätszahl μ_r dimensionslos ist, gilt die für μ angegebene Einheit auch für $\mu_0 = \mu/\mu_r$ (Wert siehe Ausführungen zu „Elektrische Stromstärke“).

3.3.5. Wärme

Temperatur (T)

Die Einheit der (thermodynamischen) Temperatur, das Kelvin (K), ist eine Basiseinheit des SI. Sie wurde von der 13. CGPM im Jahre 1967 folgendermaßen definiert (die Einklammerung des Wortes „thermodynamischen“ wurde bei der Übernahme in die Einheitentafel der DDR [16] aus methodischen Gründen vorgenommen, vgl. 8.7.3.):

Das Kelvin ist der 273,16te Teil der (thermodynamischen) Temperatur des Tripelpunktes von Wasser.

Das Kelvin ist nicht nur Einheit der Temperatur, sondern — in Angleichung an den bei anderen Größen schon immer üblichen Gebrauch — auch Einheit der Temperaturdifferenz (Temperaturintervall, Temperaturänderung, Toleranz). Die Bildung dezimaler Vielfacher und Teile mit SI-Vorsätzen (z. B. mK) ist zulässig.

Die Differenz aus einer Temperatur und der Temperatur $T_0 = 273{,}15$ K wird als Celsius-Temperatur t bezeichnet: $t = T - T_0$ Bei Angabe von Celsius-Temperaturen wird die Benennung Kelvin (K) durch Grad Celsius (°C) ersetzt (vgl. 7.1.).

Beispiele:

Angabe einer Temperatur mit Toleranz	$T = 293\ \text{K} \pm 2\ \text{K} = (293 \pm 2)\ \text{K}$
Angabe einer Celsius-Temperatur mit Toleranz	$t = 20\ °\text{C} \pm 2\ \text{K} = (20 \pm 2)\ °\text{C}$
Angabe einer Temperaturdifferenz	$\Delta T = \Delta t = 2\ \text{K}$

Hierbei soll für die Angabe von Temperaturen oder Celsius-Temperaturen mit Toleranz die jeweils zuerst angegebene Schreibweise bevorzugt werden, da sie der bisher üblichen Schreibweise ... ± 2 grd (s. unten und [69]) am besten entspricht.

Bis 1967 wurde anstelle von Kelvin die Benennung Grad Kelvin (°K) als Einheit der Temperatur und Grad mit dem Kurzzeichen grd (in den meisten Ländern stattdessen degree, Kurzzeichen deg) als Einheit der Temperaturdifferenz verwendet. Im Gegensatz zum Kelvin werden die Einheiten °K, °C und grd nicht mit Vorsätzen verbunden. Die alten Benennungen sind für eine Übergangszeit noch zulässig.

Die thermodynamische Temperaturskale wird für die Belange der praktischen Temperaturmessung durch die von der CGPM festgelegte Internationale Praktische Temperaturskale ersetzt (s. 8.7.3.).

Die Einheit des Temperaturkoeffizienten einer physikalischen Größe ist 1/K. Bis auf weiteres ist außerdem 1/°C und 1/grd noch zugelassen [16].

Wärmemenge (W, Q)

Die SI-Einheit der Wärmemenge (Innere Energie, Enthalpie, freie Energie, Phasenumwandlungswärme, chemische Reaktionswärme), das Joule (J), ist mit der Einheit der mechanischen Arbeit (vgl. 3.3.3.) identisch.

Wärmekapazität (C), **spezifische Wärmekapazität** (c), **Entropie** (S), **spezifische Entropie** (s)

Die SI-Einheit der Wärmekapazität $C = Q/\Delta T$ ist das Joule je Kelvin (J/K); $1\ \text{J/K} = 1\ \text{m}^2 \cdot \text{kg} \cdot \text{s}^{-2} \cdot \text{K}^{-1}$.
Die Einheit der spezifischen Wärmekapazität $c = C/m$ ist das Joule je Kilogramm mal Kelvin (J/kg · K); $1\ \text{J/kg} \cdot \text{K} = 1\ \text{m}^2 \cdot \text{s}^{-2} \cdot \text{K}^{-1}$.
In den gleichen Einheiten J/K und J/kg · K werden die Größen Entropie $S = Q/T$ bzw. spezifische Entropie $s = S/m$ angegeben.

Wärmeleitfähigkeit (λ), **Temperaturleitfähigkeit** (a)

Die SI-Einheit der Wärmeleitfähigkeit $\lambda = Q/l \cdot \Delta T$ ist das Watt je Meter mal Kelvin. $1\ \text{W/m} \cdot \text{K} = 1\ \text{m}$ mal $\text{kg} \cdot \text{s}^{-3} \cdot \text{K}^{-1}$. Die Einheit der Temperaturleitfähigkeit $a = \lambda/\varrho \cdot c_p$ (ϱ = Dichte, c_p = spezifische Wärmekapazität bei konstantem Druck) ist das Quadratmeter je Sekunde. $1\ \text{m}^2/\text{s} = 1\ (\text{W/m} \cdot \text{K})/(\text{kg/m}^3) \cdot (\text{J/kg} \cdot \text{K}) = 1\ \text{m}^2 \cdot \text{s}^{-1}$.

3.3.6. Optische Strahlung

Lichtstärke (I, I_v)

Die Einheit der Lichtstärke, die Candela (cd), ist eine Basiseinheit des SI. Ihre Definition wurde 1967 von der 13. CGPM folgendermaßen neu formuliert:

Die Candela ist die Lichtstärke, die ein schwarzer Körper der Fläche $\frac{1}{600\,000}\ \text{m}^2$ bei der Erstarrungstemperatur des Platins beim Druck $101\,325\ \text{N/m}^2$ senkrecht zu seiner Oberfläche ausstrahlt.

Abgeleitete Einheiten der Optik

Die SI-Einheit der Leuchtdichte $L_v = I_v/A$ ist die Candela je Quadratmeter (cd/m²); für diese Einheit wird in einigen Ländern auch die (von der CGPM nicht bestätigte) Benennung Nit (nt) benutzt. Die Einheit des Lichtstromes $\Phi_v = I_v \cdot \Omega$, den eine punktartige Lichtquelle der Lichtstärke L_v in den Raumwinkel Ω aussendet, ist das Lumen (lm); 1 lm = 1 cd · sr (vgl. 3.3.1.). Trifft der Lichtstrom Φ_v auf eine Fläche A, so ist die Beleuchtungsstärke $E_v = \Phi_v/A$ mit der Einheit Lux (lx); 1 lx = 1 lm/m² = 1 m⁻² · cd · sr.

Für die energetischen Größen der optischen und der verwandten elektromagnetischen Strahlung werden das Joule, das Watt (vgl. 3.3.3.) und die von ihnen abgeleiteten Einheiten verwendet. Die Einheit der Strahlungsenergie Q_e ist das Joule, die Einheit des Strahlungsflusses Φ_e das Watt, die Einheit der Strahlstärke I_e das Watt je Steradiant usw. (vgl. Tab. 1).

3.3.7. *Akustik*

Die Größen der Akustik entsprechen weitgehend den oben bereits erwähnten Größen der Kinetik und Mechanik; z. B. entspricht die Schallschnelle v der Geschwindigkeit mit der SI-Einheit m/s, der Schalldruck p dem statischen Druck mit der Einheit Pa und die Schalleistung P der Leistung mit der Einheit W. Von den verschiedenen Impedanzgrößen sei hier die spezifische Schallimpedanz $Z_s = p/v$ mit der Einheit Pa · s/m erwähnt. Weitere Größen mit den zugehörigen SI-Einheiten sind in Tab. 1 aufgeführt. Zu den Einheiten der in der Akustik gebräuchlichen logarithmierten Verhältnisgrößen vgl. 7.4.

3.3.8. *Ionisierende Strahlung*

Auf dem Gebiet der ionisierenden Strahlung werden die Größen für den Teilchenfluß, die Teilchenfluenz $\Phi = dN/dA$ (N = Teilchenzahl) und ihre Ableitung nach der Zeit, die Teilchenflußdichte $d\Phi/dt$, in den SI-Einheiten $1/m^2$ bzw. $1/m^2 \cdot s$ gemessen. Entsprechend ergeben sich für die Energiefluenz $F = dW/dA$ und die Energieflußdichte dF/dt die Einheiten J/m^2 und W/m^2. Unter „ionisierender Strahlung“ ist hier sowohl direkt ionisierende Strahlung als auch indirekt ionisierende Strahlung zu verstehen. Unter „Teilchen einer ionisierenden Strahlung“ sind hier sowohl direkt ionisierende Teilchen (Elektronen, Protonen, Deuteronen, α-Teilchen usw.) als auch indirekt ionisierende Teilchen (Neutronen, Photonen usw.) zu verstehen.

Die Größen Exposition X und Expositionsleistung dX/dt zur Kennzeichnung der durch die Strahlung in der Materie erzeugten elektrischen Ladung werden in den Einheiten C/kg bzw. A/kg gemessen, die Größen Kerma K und Kermaleistung dK/dt zur Kennzeichnung der in der Materie freigesetzten massebezogenen Energie bzw. Leistung in den Einheiten J/kg bzw. W/kg und die Größen Energiedosis D und Energiedosisleistung dD/dt zur Kennzeichnung der der Materie zugeführten, massebezogenen Energie bzw. Leistung in den Einheiten Gray (Gy) = J/kg bzw. Gy/s = W/kg [216].

Die SI-Einheit der Aktivität $A = dN/dt$, wo N die Anzahl der sich umwandelnden Atomkerne eines radioaktiven Nuklids bedeutet, ist das Becquerell (Bq) = 1/s [216]. Die Namen Gray und Becquerel wurden von der 15. CGPM (1975) eingeführt.

Für verschiedene Größen der ionisierenden Strahlung werden außerdem noch SI-fremde Einheiten mit eigenem Namen verwendet (vgl. 2.3.4. und Tab. 5).

3.3.9. Physikalische Chemie und Molekularphysik

Stoffmenge (n, ν)

Die Einheit der Stoffmenge, das Mol (mol), ist eine Basiseinheit des SI. Sie wurde im Jahre 1971 von der 14. CGPM mit der folgenden Definition eingeführt [27]:

1. Das Mol ist die Stoffmenge eines Systems, das aus so vielen elementaren Teilchen besteht, wie Atome in 0,012 kg des Kohlenstoffs 12 enthalten sind.

2. Bei Verwendung des Mol muß die Art der elementaren Teilchen angegeben werden; es können Atome, Moleküle, Ionen, Elektronen, andere Teilchen oder spezielle Gruppierungen solcher Teilchen sein.

Mit Vorsätzen werden dezimale Vielfache und Teile gebildet, insbesondere die Einheit Kilomol (kmol). — Für die abgeleiteten Größen bzw. Einheiten können hier nur einige Beispiele aufgeführt werden (weitere Größen und Einheiten in Tab. 1 und [50]). Für die stoffmengenbezogene Masse (molare Masse) ist die SI-Einheit das Kilogramm je Mol (kg/mol), für das stoffmengenbezogene Volumen (molare Volumen) das Kubikmeter je Mol (m^3/mol). Die Stoffmengenkonzentration (Molarität) hat die Einheit mol/m^3. Die Einheit für die stoffmengenbezogene Gaskonstante (molare Gaskonstante) ist $J/(mol \cdot K)$.

3.4. Zur Umstellung auf die SI-Einheiten

Vom CIPM wurde eine Einteilung der SI-fremden Einheiten vorgenommen in Einheiten, die neben dem SI zeitlich unbegrenzt, befristet oder bereits jetzt nicht mehr verwendet werden sollten. Daneben wird eine Reihe von Einheiten für Spezialgebiete zugelassen [27]. Entsprechend sieht die RGW-Standardisierungsempfehlung RS 3472-74 [57] vor, daß vom 1. 1. 1980 ab in den Ländern des RGW außer den SI-Einheiten nur noch die Einheiten Minute, Stunde, Tag für die Zeit, Grad, Minute, Sekunde für den ebenen Winkel, Liter für das Volumen, Tonne für die Masse und Grad Celsius für die Celsius-Temperatur verwendet werden sollten. Außerdem ist die Verwendung einiger SI-fremder Einheiten für Spezialgebiete vorgesehen (vgl. Tab. 5). Die Kombination dieser Einheiten mit SI-Einheiten ist zulässig. Für neue Normativdokumente des RGW und nationale Standards sind nach [57] ab 1. 1. 1976 nur noch die SI-Einheiten und die genannten Einheiten zur Anwendung empfohlen.

Auch für die Länder, in denen das SI bereits benutzt wird, erfordert der Übergang zu seiner umfassenden Anwendung, d. h. der weitgehende Verzicht auf bisher übliche SI-fremde Einheiten, umfangreiche Maßnahmen. Besonders einschneidend wird sich der Ersatz der Einheit Kilopond durch das Newton, der Kalorie durch das Joule, sowie der zahlreichen Druckeinheiten durch das Pascal in der Praxis auswirken. In der UdSSR wurde der Übergang durch einen neuen GOST-Entwurf für die Einheiten [70] vorbereitet, der der RGW-Empfehlung [57] weitgehend entspricht. In der ČSSR und in der UVR sind entsprechende Regelungen bereits verbindlich, in weiteren Mitgliedsländern der RGW in Vorbereitung. In der DDR wird die Übernahme der genannten Standardisierungsempfehlung in das nationale Standardwerk vom ASWM gemäß den volkswirtschaftlichen Notwendigkeiten und Möglichkeiten betrieben. Zu diesem Zweck wurde eine Arbeitsgruppe aus Vertretern des ASMW, von Ministerien und zentralen Staatsorganen gebildet [71; 217]. Entsprechende Änderungen der VO [34] und die Ablösung der AO [16] durch einen DDR-Standard [216] werden vorbereitet. Um den wirtschaftlichen Aufwand möglichst gering zu halten und Schwierigkeiten zu vermeiden, werden die Maßnahmen mit den RGW-Ländern, insbesondere mit der UdSSR, abgestimmt.

Für die erfolgreiche Durchführung der erforderlichen Maßnahmen ist die aktive Mitarbeit breiter Kreise der Werktätigen in den Bereichen und Einrichtungen notwendig. Informationen in der Fachpresse, in populärwissenschaftlichen Zeitschriften sowie in Presse, Rundfunk und Fernsehen werden ihr Verständnis für die Vorteile des SI und die Zweckmäßigkeit seiner weiteren schrittweisen Einführung bis zur umfassenden Anwendung wecken.

4. Die wichtigsten bisher gebräuchlichen Einheitensysteme

Nach der Einführung des SI haben andere *metrische Einheitensysteme* — d. h. Systeme, deren Einheiten ebenfalls von Meter und Kilogramm hergeleitet werden — weitgehend ihre Bedeutung verloren. Da jedoch in der Literatur bis zu den letzten Jahren weitere Systeme verwendet worden sind, soll auf die wichtigsten im folgenden näher eingegangen werden.

4.1. Das technische Maßsystem

Im *technischen Maßsystem* der Mechanik, das auf den Basisgrößen Länge, Kraft, Zeit beruht, dienten im allgemeinen das Meter, das Kilopond und die Sekunde als Basiseinheiten. Dem Kilopond (kp) sind im folgenden gemäß 2.3.1. die Kraft-Einheiten kg* und kgf gleichzusetzen. Man kann das Kilopond (unabhängig von der Krafteinheit Newton des SI) definieren als die Kraft, die das internationale Kilogrammprototyp im Schwerefeld der Erde an einem Orte, wo die Fallbeschleunigung den Normwert $g_n = 9{,}806\,65\ \mathrm{m/s^2}$ hat, senkrecht auf seine Unterlage ausübt. Die Einheit der Masse ist im technischen Maßsystem abgeleitete Einheit; sie wurde als technische Masseeinheit (Kurzzeichen TME, ME oder techma) oder Kilohyl (khyl) bezeichnet. 1 khyl = 1 kp mal $\mathrm{s^2/m}$ = 9,806 65 kg.

Da die technische Masseeinheit also 9,806 65mal so groß ist wie die SI-Einheit, sind die Zahlenwerte aller Größen, die die Masse oder die Kraft als Faktor im Zähler enthalten, zur Umrechnung vom technischen Maßsystem in das SI mit 9,806 65 zu multiplizieren. Dies gilt z. B. für Masse, Dichte, Kraft, Druck, Kraftmoment, Energie, Leistung und dynamische Viskosität. Ist die Masse im

Nenner enthalten, wie z. B. beim spezifischen Volumen ($v = V/m$), so ist durch den o. g. Zahlenwert zu dividieren. Bei der Umrechnung ist allerdings zu beachten, daß unter derselben Größenbezeichnung vielfach zwei verschiedene, im technischen Maßsystem auf das Gewicht (Kraft), im SI auf die Masse bezogene Größen verstanden werden; in diesem Falle sind die Zahlenwerte der analogen Größen in den beiden Systemen gleich. Dasselbe gilt für alle Größen, in denen Masse bzw. Kraft nicht als Faktoren enthalten sind.

4.2. Die CGS-Systeme

4.2.1. CGS-Systeme mit 3 Basiseinheiten

Für das Größensystem der Mechanik mit den Basisgrößen Länge, Masse, Zeit konnte ohne weiteres ein kohärentes Einheitensystem mit den Basiseinheiten Zentimeter (cm), Gramm (g), Sekunde (s) (CGS-System) verwendet werden. Selbständige Namen haben in diesem System die folgenden Einheiten erhalten:

1 cm/s² = 1 Gal (Kurzzeichen Gal) = Einheit der Beschleunigung in der Geophysik,

1 g · cm/s² = 1 Dyn (Kurzzeichen dyn) = Einheit der Kraft,

1 g · cm²/s² = 1 Erg (Kurzzeichen erg) = Einheit der Energie,

1 dyn · s/cm² = 1 Poise (Kurzzeichen P) = Einheit der dynamischen Viskosität,

1 cm²/s = 1 Stokes (Kurzzeichen St) = Einheit der kinematischen Viskosität.

In der Elektrodynamik führte das Bestreben, ohne eine besondere elektrische Basiseinheit auszukommen, zur Einführung verschiedener Dreiersysteme mit den Basiseinheiten cm, g und s (vgl. 2.3.2.). Die Vielfalt in der Schreibweise der Gleichungen der Elektrodynamik ergab sich hierbei jedoch nicht nur aus der Verschiedenheit der Einheiten in den verschiedenen Systemen, sondern auch aus den Unterschieden der sogenannten rationalen und nichtrationalen Darstellung.

Bei der *rationalen* Schreibweise der Größengleichungen treten die Faktoren 4π bzw. 2π ausschließlich in solchen Fällen auf, in denen man sie von der Geometrie der Situation her erwarten kann, d. h. bei Zylinder- oder Kugelsymmetrie. Bei der *nichtrationalen* Schreibweise treten dagegen diese Faktoren oft an Stellen auf, an denen man sie nicht erwartet. Daraus ergeben sich rational bzw. nichtrational definierte Größen, die sich durch entsprechende Zahlenfaktoren unterscheiden können. Auf die Möglichkeit, an Stelle der Größen die Einheiten rational oder nichtrational zu definieren, kann an dieser Stelle nicht eingegangen werden. Vgl. hierzu [8; 10].

Der Zusammenhang zwischen den das materieerfüllte elektrische bzw. magnetische Feld beschreibenden Vektoren wird allgemein durch die folgenden Gleichungen dargestellt:

$$\frac{\boldsymbol{D}}{\nu_e} = \varepsilon_0 \frac{\boldsymbol{E}}{\chi} + \frac{\boldsymbol{P}}{\lambda} \tag{4.1}$$

$$\frac{\boldsymbol{B}}{\nu_m} = \mu_0 \frac{\boldsymbol{H}}{\chi} + \frac{\boldsymbol{J}}{\lambda} \tag{4.2}$$

Die Bedeutung der Formelzeichen für die 6 Feldvektoren in diesen Gleichungen ergibt sich aus 3.3.4. bzw. Tab. 1. Sie bezeichnen die in einem beliebigen System rational definierten Größen. Die Wahl von ε_0 und μ_0 bestimmt das System. Bei der rationalen Schreibweise sind sämtliche Koeffizienten im Nenner der Gleichungen $\nu_e, \nu_m, \chi, \lambda = 1$ zu setzen. Bei der nichtrationalen oder teilrationalen Schreibweise werden dagegen diese Koeffizienten alle oder teilweise gleich 4π gesetzt. Nach MAXWELL werden nur χ und $\nu_m = 4\pi$, dagegen ν_e und $\lambda = 1$ gewählt. Am gebräuchlichsten ist in der Literatur die Schreibweise nach GAUSS mit χ, ν_e, $\nu_m = 4\pi$ und $\lambda = 1$. Nach SCHAEFER werden alle vier Koeffizienten gleich 4π gesetzt.

Die CGS-Systeme der Elektrodynamik werden im allgemeinen mit einer der nichtrationalen, das MKSA-System mit der rationalen Schreibweise verknüpft (vgl. 3.2.). Bei den CGS-Systemen unterscheidet man zwischen dem elektrostatischen System mit den elektrostatischen CGS-Einheiten (esE), dem elektromagnetischen System mit den elektromagnetischen CGS-Einheiten (emE) und dem Gaußschen oder symmetrischen System, in dem die elektrischen Einheiten den elektrostatischen und die magnetischen den elektromagnetischen Einheiten der beiden anderen Systeme entsprechen. Zur Kennzeichnung der Größen in diesen 3 Systemen werden in diesem Abschnitt im folgenden die Indizes, s, m und g verwendet, während die Größen im SI ohne Index geschrieben werden. Es bedeuten also x, $[x]$ und $\{x\}$ Größe, Einheit und Zahlenwert im SI, x_k, $[x_k]$ und $\{x_k\}$ mit k = s, m und g Größe, Einheit und Zahlenwert in den 3 CGS-Systemen. — Den Berechnungen im Text und in Tab. 2 und 3 wurde die nichtrationale Schreibweise der Größengleichungen nach GAUSS (s. o.) zugrunde gelegt.

Beim (nichtrationalen) elektrostatischen System geht man von der Definition der elektrischen Ladung Q_s durch die (hier skalar geschriebene) Gleichung

$$F = \frac{Q_{s1} \cdot Q_{s2}}{\varepsilon_{0s}\, r^2} \tag{4.3}$$

für die Kraft zwischen zwei im Vakuum im Abstand r befindliche punktförmige Ladungen aus und legt dabei $\varepsilon_{0s} = 1$ fest. Setzt man für die Kraft F die Einheit $\text{dyn} = \text{cm} \cdot \text{g} \cdot \text{s}^{-2}$ und für den Abstand r die Einheit cm ein, so ergibt sich für die Ladung Q_s die elektrostatische CGS-Einheit (esE): $[Q_s] = \sqrt{\text{dyn} \cdot \text{cm}^2} = \text{cm}^{3/2} \cdot \text{g}^{1/2} \cdot \text{s}^{-1}$.

Entsprechend definiert man im (nichtrationalen) elektromagnetischen System die magnetische Polstärke p_m durch die Gleichung

$$F = \frac{p_{m1} \cdot p_{m2}}{\mu_{0m}\, r^2} \tag{4.4}$$

für die Kraft zwischen zwei im Vakuum im Abstand r befindlichen „Magnetpolen“ mit der Festlegung $\mu_{0m} = 1$. Setzt man für die Kraft F die Einheit dyn $=$ cm $\cdot$ g $\cdot$ s^{-2} und für den Abstand r die Einheit cm ein, so ergibt sich für die Polstärke p_m die elektromagnetische CGS-Einheit (emE): $[p_m] = \sqrt{\text{dyn} \cdot \text{cm}^2} = \text{cm}^{3/2} \cdot \text{g}^{1/2} \cdot \text{s}^{-1}$. Die magnetische Polstärke hat also im elektromagnetischen CGS-System die gleiche Dimension wie die Ladung im elektrostatischen System.

Die Verknüpfungen zwischen den Größen in den verschiedenen nichtrationalen Dreiersystemen und im rationalen Vierersystem sowie die Beziehungen zwischen ihren Zahlenwerten bei Messung in den verschiedenen CGS- und den SI-Einheiten lassen sich aus den Definitionsgleichungen der Größen herleiten. Da die Kraft als mechanische Größe unabhängig von der Wahl des Systems gleich bleibt, gilt z. B.

$$F = \frac{Q_s^2}{r^2} = \frac{1}{4\,\pi\,\varepsilon_0} \cdot \frac{Q^2}{r^2} \tag{4.5}$$

Hier steht links die Definitionsgleichung für die Ladung Q_s im nichtrationalen elektrostatischen Dreiersystem nach Gl. (4.3), rechts für die entsprechende Ladung Q im rationalen Vierersystem. Daraus folgt die Verknüpfungsrelation

$$Q_s = Q/\sqrt{4\,\pi\,\varepsilon_0} \tag{4.6}$$

Setzt man hier für die Größen gemäß 1.1. die Produkte von Zahlenwert und CGS- bzw. SI-Einheit ein, so erhält man

$$\{Q_s\}\,[Q_s] = \frac{\{Q\}\,[Q]}{\sqrt{4\,\pi\,\varepsilon_0}} \tag{4.7}$$

Da $[Q_s] = \mathrm{cm}^{3/2}\cdot\mathrm{g}^{1/2}\cdot\mathrm{s}^{-1}$ (s. oben),

$[Q] \;= \mathrm{C} = \mathrm{A}\cdot\mathrm{s}$ und

$\varepsilon_0 \;= 1/(4\pi\cdot 10^{-7}\,\{c\}^2)\ \mathrm{m}^{-3}\cdot\mathrm{kg}^{-1}\cdot\mathrm{s}^4\cdot\mathrm{A}^2$ (s. 3.3.4.)

ist, wird

$$\{Q_s\}\,(10^{-2}\,\mathrm{m})^{3/2}\cdot(10^{-3}\,\mathrm{kg})^{1/2}\cdot\mathrm{s}^{-1} = \frac{\{Q\}\ \mathrm{A}\cdot\mathrm{s}}{\sqrt{10^7\,\{c\}^{-2}\,\mathrm{m}^{-3}\cdot\mathrm{kg}^{-1}\cdot\mathrm{s}^4\cdot\mathrm{A}^2}}$$

und hieraus

$$\{Q_s\}\cdot 10^{-1}\,\{c\}^{-1} = \{Q\} \tag{4.8}$$

Der Zahlenwert der elektrischen Ladung im nichtrationalen Dreiersystem, gemessen in elektrostatischen CGS-Einheiten (esE), ist also mit dem Faktor $10^{-1}\,\{c\}^{-1} = 0{,}1/(2{,}997925\cdot 10^8) = 3{,}335640\cdot 10^{-10}$ zu multiplizieren, damit man den Zahlenwert der Ladung im rationalen Vierersystem, gemessen in SI-Einheiten erhält.

Man darf jedoch mit dem so ermittelten Zahlenfaktor keine Gleichung zwischen der CGS-Einheit und der entsprechenden SI-Einheit aufstellen, da sich die Einheiten der beiden Systeme in ihrer Größenart und Dimension unterscheiden. Anstelle des vielfach fälschlich verwendeten Gleichheitszeichens darf zur Darstellung der Beziehung zwischen diesen Einheiten nur das „Entspricht"-Zeichen ($\triangleq$) benutzt werden. In dem gegebenen Beispiel entspricht der nichtrationalen Dreiergröße Q_s die rationale Vierergröße Q, d. h.

$$Q_s = \{Q_s\}\,[Q_s] \triangleq Q = \{Q\}\,[Q]$$

Daraus folgt für die Einheiten:

$$1\,[Q_s] = 1\ \text{esE der elektrischen Ladung} = 1\ \mathrm{cm}^{3/2}\cdot\mathrm{g}^{1/2}\cdot\mathrm{s}^{-1}$$

$$\triangleq 10^{-1}\,\{c\}^{-1}\,[Q] = 3{,}335640\cdot 10^{-10}\ \mathrm{C} \tag{4.9}$$

Die für weitere elektrische und magnetische Größen hergeleiteten Verknüpfungsrelationen zwischen den Größen im elektrostatischen, elektromagnetischen bzw. symmetrischen nichtrationalen Dreiersystem und den entsprechenden Größen im rationalen Vierersystem sind in Tab. 2 zusammengestellt. Tab. 3 enthält die CGS-Einheiten elektrischer und magnetischer Größen und die Umrechnungsfaktoren zur Berechnung des Zahlenwerts bei Angabe in SI-Einheiten aus den Zahlenwerten der entsprechenden, in CGS-Einheiten gemessenen Größen. Für die emE der magnetischen Feldstärke, der magnetischen Induktion, des magnetischen Flusses und der magnetischen Spannung hat man die besonderen Namen Oerstedt (Oe), Gauß (Gs), Maxwell (Mx) und Gilbert (Gb) eingeführt. Die CGS-Einheiten elektrischer und magnetischer Größen sind in der DDR seit 1958 nicht mehr gesetzlich [30; 16]; Regelung im RGW [57] s. Tab. 5.

Tab. 2 und 3 können auch zur Ermittlung von Verknüpfungsrelationen, Einheiten und Umrechnungsfaktoren für Größen benutzt werden, die sich von den Tabellengrößen durch eine in allen Systemen gültige Größengleichung ableiten lassen. Hierfür werden im folgenden 2 Beispiele angeführt:

1. Die Permittivität (Dielektrizitätskonstante) ist der Quotient aus der elektrischen Verschiebung und der Feldstärke. Im Vakuum gilt:

   $\varepsilon_{0s} = D_s/E_s$, $\varepsilon_{0m} = D_m/E_m$, $\varepsilon_0 = D/E$. Ferner ist $\varepsilon_{0g} = \varepsilon_{0s}$.

   Nach Tab. 2 ist danach

   $$\varepsilon_0 = \frac{D_s \sqrt{\varepsilon_0/4\pi}}{E_s/\sqrt{4\pi\varepsilon_0}} = \varepsilon_{0s} \cdot \varepsilon_0 \quad \text{und damit} \quad \varepsilon_{0s} = 1,$$

   wie es ja für das elektrostatische System in Gl. (4.3) festgesetzt war. Ferner ist nach Tab. 2

   $$\varepsilon_0 = \frac{D_m/\sqrt{4\pi\mu_0}}{E_m/\sqrt{4\pi/\mu_0}} = \varepsilon_{0m}/\mu_0$$

Mit $\mu_0 = 1/\varepsilon_0 c^2$ (nach der in 3.3.4. unter „Permittivität" angegebenen Beziehung $\varepsilon_0\mu_0 c^2 = 1$) wird

$$\varepsilon_0 = \varepsilon_{0m} \cdot \varepsilon_0 c^2 \text{ und damit } \varepsilon_{0m} = 1/c^2.$$

Die CGS-Einheit für ε_{0s} ergibt sich aus Tab. 3 als Quotient der esE von Verschiebung und Feldstärke erwartungsgemäß zu 1, der Umrechnungsfaktor $\{\varepsilon_0\}/\{\varepsilon_{0s}\}$ als Quotient der entsprechenden Umrechnungsfaktoren zu $10^7/4\pi\{c\}^2$ (Zahlenwert von ε_0 im SI, s. 3.3.4.). Entsprechend ergibt sich die CGS-Einheit für ε_{0m} als Quotient der emE von Verschiebung und Feldstärke zu $\text{cm}^{-2} \cdot \text{s}^2$, der Umrechnungsfaktor $\{\varepsilon_0\}/\{\varepsilon_{0m}\}$ zu $10^{11}/4\pi$.

Analog kann man für die Permeabilität als Quotient aus magnetischer Flußdichte und Feldstärke berechnen:

$$\mu_{0m} = \mu_{0g} = 1,\ \mu_{0s} = 1/c^2,\ [\mu_{0m}] = 1,\ [\mu_{0s}] = \text{cm}^{-2} \cdot \text{s}^2,$$

$$\{\mu_0\}/\{\mu_{0m}\} = 4\,\pi \cdot 10^{-7} \text{ (Zahlenwert von } \mu_0 \text{ im SI, s. 3.3.4.)},$$

$$\{\mu_0\}/\{\mu_{0s}\} = 4\,\pi \cdot 10^{-3}\{c\}^2.$$

2. Die magnetische Suszeptibilität (Formelzeichen $\varkappa$ im SI) ist der Quotient aus der magnetischen Polarisation und der Flußdichte im Vakuum. Nach Tab. 2 berechnet man:

$$\varkappa = \frac{J}{B_0} = \frac{J_s \cdot \sqrt{4\,\pi/\varepsilon_0}}{B_{0s}/\sqrt{4\,\pi\,\varepsilon_0}} = \varkappa_s \cdot 4\,\pi$$

$$\varkappa = \frac{J_m \cdot \sqrt{4\,\pi\,\mu_0}}{B_{0m} \cdot \sqrt{\mu_0/4\,\pi}} = \varkappa_m \cdot 4\,\pi = \varkappa_g \cdot 4\,\pi$$

Die Einheit ist in allen Systemen 1, der Umrechnungsfaktor ist daher $\{\varkappa\}/\{\varkappa_s\} = \{\varkappa\}/\{\varkappa_m\} = 4\,\pi$.

Verknüpfungsrelationen, Einheiten und Umrechnungsfaktoren können mittels Tab. 2 und 3 auch ermittelt werden, wenn die aus elektrischen und magnetischen Größen abgeleitete Größe in allen Systemen gleich ist. Dies sei am Beispiel des Poynting-Vektors gezeigt, der als mechanische Größe unabhängig von den in den

verschiedenen Systemen unterschiedlichen Definitionen der elektromagnetischen Größen definiert ist:
$\boldsymbol{S}_s = \boldsymbol{S}_m = \boldsymbol{S}_g = \boldsymbol{S}$. Man findet z. B. in einem älteren Physik-Lehrbuch [72] die Gleichung:

$$\boldsymbol{S}_g = \frac{c}{4\pi} (\boldsymbol{E}_g \times \boldsymbol{H}_g).$$

Nach Tab. 2 ist $\boldsymbol{E}_g = \boldsymbol{E} \cdot \sqrt{4\pi\varepsilon_0}$ und $\boldsymbol{H}_g = \boldsymbol{H} \cdot \sqrt{4\pi\mu_0}$, d. h.

$$\boldsymbol{S}_g = \frac{c}{4\pi} \cdot 4\pi \sqrt{\varepsilon_0 \mu_0} \cdot (\boldsymbol{E} \times \boldsymbol{H}).$$

Da $\sqrt{\varepsilon_0\mu_0} = 1/c$ (vgl. 3.3.4.) ist, folgt also für den Poynting-Vektor im rationalen Vierersystem die Gleichung:

$$\boldsymbol{S} = \boldsymbol{E} \times \boldsymbol{H}$$

Die CGS-Einheit für $\boldsymbol{S}_g$ ergibt sich aus $[c]_{CGS} = \text{cm} \cdot \text{s}^{-1}$, $[\boldsymbol{E}_g] = [\boldsymbol{E}_s] = \text{cm}^{-1/2} \cdot \text{g}^{1/2} \cdot \text{s}^{-1}$ und $[\boldsymbol{H}_g] = [\boldsymbol{H}_m] = \text{cm}^{-1/2}$ mal $\text{g}^{1/2} \cdot \text{s}^{-1}$ (s. Tab. 3) zu $[\boldsymbol{S}_g] = \text{g} \cdot \text{s}^{-3}$. Der Umrechnungsfaktor $\{S\}/\{S_g\}$ ergibt sich mittels Tab. 3 zu $10^{-4}\{c\} \cdot (10^3/4\pi)$ mal $4\pi/\{c\}_{CGS} = 10^{-3}$. Da $\boldsymbol{S} = \{S\}[S] = \{S_g\}[S_g] = \boldsymbol{S}_g$, erhält man ihn einfacher direkt aus der Gleichung

$$\frac{\{S\}}{\{S_g\}} = \frac{[S]_g}{[S]} = \frac{\text{g} \cdot \text{s}^{-3}}{\text{W/m}^2} = \frac{\text{g} \cdot \text{s}^{-3}}{\text{kg} \cdot \text{s}^{-3}} = 10^{-3}.$$

4.2.2. *Erweiterte CGS-Systeme*

Anhand der Zusammenstellung von Einheiten in Tab. 3 erkennt man zwei erhebliche Nachteile der CGS-Systeme mit 3 Basiseinheiten: Erstens treten in den meisten elektrischen und magnetischen Einheiten die Basiseinheiten mit gebrochenem Exponenten auf, und zweitens sind einige Einheiten (z. B. Zentimeter als esE für die Kapazität und als emE für die Induktivität) gleich benannt wie Einheiten mechanischer, physikalisch völlig andersartiger Größen.

Um demgegenüber die Vorteile eines Vierersystems mit der Beibehaltung gewohnter Zahlenwerte zu verbinden, wurden zwei auf vier Basiseinheiten aufgebaute „erweiterte“ oder „verallgemeinerte“ CGS-Systeme eingeführt, denen im Jahre 1951 die IUPAP ihre Zustimmung erteilte [58].

Das System mit den Basiseinheiten Zentimeter, Gramm, Sekunde und 1 esE entsprechender elektrischer Ladung ist eine Verallgemeinerung des elektrostatischen CGS-Systems. Die mit *Franklin* (Fr) benannte Ladungseinheit ist als die Ladung definiert, die auf eine gleich große Ladung im Abstand von 1 cm im Vakuum eine Kraft von 1 dyn ausübt. Demgemäß ist $1\ \mathrm{Fr} = 10/\{c\}_{CGS}\ \mathrm{C} = 10/(2{,}997925 \cdot 10^{10})\ \mathrm{C} = 3{,}335640 \cdot 10^{-10}\ \mathrm{C}$.

Das System mit den Basiseinheiten Zentimeter, Gramm, Sekunde und 1 emE entsprechender Stromstärke ist eine Verallgemeinerung des elektromagnetischen CGS-Systems. Die mit *Biot* (Bi) benannte Stromstärkeeinheit ist entsprechend der Definition des Ampere im SI (vgl. 3.3.4.) durch die Anziehungskraft zwischen zwei parallelen, im Abstand von 1 cm angeordneten vom Strom 1 Bi durchflossenen Leitern definiert, die je 1 cm Leiterlänge 2 dyn beträgt. Gemäß dieser Definition ist 1 Bi = 10 A.

Die beiden Einheitensysteme werden als cm g s Fr-System und als cm g s Bi-System bezeichnet. Durch die oben angegebene Definition des Franklin und des Biot wurde erreicht, daß die Größen der nichtrationalen Vierersysteme, ausgedrückt in den Einheiten der verallgemeinerten CGS-Systeme, denselben Zahlenwert haben wie die entsprechenden Größen der nichtrationalen Dreiersysteme, wenn diese in den entsprechenden CGS-Einheiten ausgedrückt werden. Den in Tab. 3 angeführten CGS-Einheiten mit eigenem Namen entsprechen im verallgemeinerten System Einheiten, für die man gleiche Namen, aber z. T. andere Kurzzeichen benutzt [58]. Im Gegensatz zu den bei CGS-Einheiten auftretenden Schwierigkeiten lassen sich zwischen den Einheiten der verallgemeinerten Systeme und den entsprechenden SI-Einheiten stets Gleichungen aufstellen. So ist z. B.

1 Oerstedt (Oe) = $(1/4\pi)$ Bi/cm = $(10^3/4\pi)$ A/m
1 Gauß (G) = 1 dyn/Bi · cm = 10^{-4} T
1 Maxwell (M) = 1 erg/Bi = 10^{-8} Wb.

Obwohl die Einheiten der erweiterten CGS-Systeme noch in eine im Jahre 1965 herausgegebene ISO-Empfehlung [73] aufgenommen worden sind, ist ihre Verwendung als eine Übergangslösung zu betrachten. Die internationale Entwicklung sieht für die Zukunft die ausschließliche Verwendung des SI in der Elektrodynamik vor. Ebenso wie die CGS-Einheiten der Dreiersysteme sind die Einheiten der erweiterten CGS-Systeme, also auch die Einheiten Fr, Bi, Oe, G und M, in der DDR gesetzlich nicht zugelassen.

4.3. Fünfersysteme der Elektrodynamik

Verschiedentlich wurde vorgeschlagen, für die Elektrodynamik zusätzlich zu den drei mechanischen und einer elektrischen noch eine magnetische Basisgrößenart einzuführen [8; 74]. Diese Erweiterung des Vierersystems zum Fünfersystem wird insbesondere von FLEISCHMANN [75] befürwortet. Dabei wird geltend gemacht, daß z. B. die im Draht vorhandene elektrische Stromstärke I und die auf allen den Draht außen umfassenden geschlossenen Linien vorhandene magnetische Spannung V zwar einander streng proportional sind, jedoch als verschiedene Größenarten behandelt werden müßten. I und V sind also zwei Größenarten, die entweder als gleich oder als verschieden angesehen werden können, d. h. es gilt $I = V$ (im Vierersystem) oder $I = \gamma V_*$ (im Fünfersystem). Ein weiteres Paar solcher Größenarten sind der elektrische Spannungsstoß $U\,\mathrm{d}t$ und der magnetische Fluß $\mathrm{d}\Phi$, d. h. $U\,\mathrm{d}t = -\mathrm{d}\Phi$ (im Vierersystem) oder $U\,\mathrm{d}t = -\frac{1}{\gamma}\,\mathrm{d}\Phi_*$ (im Fünfersystem).

Entsprechend lauten das Durchflutungsgesetz

$$V = \oint H\,\mathrm{d}s = I \quad \text{oder} \quad \gamma V_* = \gamma \oint H_*\,\mathrm{d}s = I$$

und das Induktionsgesetz

$$U = \oint E \, \mathrm{d}s = -\frac{\mathrm{d}\Phi}{\mathrm{d}t} \quad \text{oder} \quad \gamma U = \gamma \oint E \, \mathrm{d}s = -\frac{\mathrm{d}\Phi_*}{\mathrm{d}t}$$

Zwischen den elektrischen und den magnetischen Größen tritt also im Fünfersystem als Proportionalitätsfaktor eine Größe γ, die *elektromagnetische Verkettung*, auf; als Definitionsgleichung kann jede der vorgenannten Gleichungen dienen. Statt μ_0 steht im Fünfersystem μ_{0*} und es gilt $\varepsilon_0 \mu_{0*} c^2 = \gamma^2$.

Um Änderungen der Zahlenwerte gegenüber Angaben im MKSA-System (also auch im SI) zu vermeiden, wählt man die Einheit der zusätzlichen Grundgröße stets so, daß der Zahlenwert von γ gleich Eins wird. Als Grundgröße selbst werden entweder der magnetische Fluß Φ_* oder die magnetische Spannung V_* gewählt; die entsprechenden Grundeinheiten sind dann das Weber (Wb) bzw. das „magnetische Ampere" (A_m).

Im m kg s A Wb-System ergeben sich für die wichtigsten abgeleiteten magnetischen Einheiten folgende Definitionsgleichungen:

Magnetische Feldstärke:

$$1 \, A_m/m = 1 \, N/Wb = 1 \, m \cdot kg \cdot s^{-2} \cdot Wb^{-1}$$

Magnetische Spannung:

$$1 \, A_m = 1 \, J/Wb = 1 \, m^2 \cdot kg \cdot s^{-2} \cdot Wb^{-1}$$

Magnetische Flußdichte:

$$1 \, T = 1 \, Wb/m^2 = 1 \, m^{-2} \cdot Wb$$

Induktivität:

$$1 \, H = 1 \, Wb/A_m = 1 \, Wb^2/J = 1 \, m^{-2} \cdot kg^{-1} \cdot s^2 \cdot Wb^2.$$

Wenn auch ein zweckmäßig eingeführtes Fünfersystem in der Elektrodynamik aus erkenntnistheoretischen Gründen Vorzüge besitzt, so bringt andererseits die Einführung einer weiteren Basiseinheit Komplikationen mit sich, die eine Durchsetzung dieses Systems in der Praxis verhindert haben.

5. Anglo-amerikanische Einheiten

5.1. Allgemeines

Die SI-Einheiten haben auch die anglo-amerikanischen Einheiten in vielen Gebieten bereits verdrängt. Noch werden diese aber in der Welt neben den metrischen Einheiten am häufigsten benutzt. Insbesondere ist die im deutschen Sprachgebrauch Zoll genannte Längeneinheit inch (Kurzzeichen in oder ″; 1 in = 25,4 mm) auch in zahlreiche internationale Standardisierungsempfehlungen eingegangen. So beträgt danach ein Rastermaß für gedruckte Schaltungen 2,54 mm = 1/10 Zoll (vgl. 7.5.). Die Abmessungen der Rohrleitungen für Gas- und Wasseranlagen sind nach wie vor nach Zoll gestaffelt. Man hat in solchen Fällen im allgemeinen die Abmessungen beibehalten, gibt diese aber statt in Zoll in Millimeter an.

Während man den Übergang vom inch und yard zum Meter und vom anglo-amerikanischen pound („Pfund“) zum Kilogramm einschließlich der damit verbundenen Ablösung der zahlreichen weiteren mechanischen, nichtmetrischen Einheiten in den USA auf freiwilliger Basis durchführen läßt und erst im Jahre 1975 durch eine gesetzliche Maßnahme [221] koordinierte, hat man sich in Großbritannien insbesondere aus Gründen des Außenhandels zu diesem Schritt bereits vor einigen Jahren entschlossen. Nach einem Programm des Britischen Standard-Instituts sollte die Umstellung stufenweise im wesentlichen in der Zeit von 1970 bis 1975 erfolgen. Die wichtigsten Standards sollten bis Ende 1970 revidiert werden. Bei der Maschinenbauindustrie rechnete man damit, daß die Umstellung bis 1975 zu $^3/_4$ vollzogen ist. Die Bauindustrie und andere Industriezweige sollten bereits bis 1972 zum SI übergehen. Der Schwerpunkt der Ausbildung sollte bereits ab 1970 auf die neuen Einheiten gelegt werden, die übrigens in der wissenschaftlichen Literatur auch in den USA schon seit einigen Jahren weitgehende Anwendung finden [76; 77]. Für das allgemeine Literaturstudium wird jedoch die Kenntnis der anglo-amerikanischen Einheiten noch lange Zeit erforderlich sein. Im folgenden werden daher Angaben über die Entwicklung der wichtigsten Einheiten und über ihre Beziehungen zu den SI-Einheiten gemacht.

Fast ausnahmslos werden die ausgeschriebenen Einheitenbezeichnungen in den anglo-amerikanischen Ländern klein geschrieben. Für die Kurzzeichen der SI-Einheiten gilt die international festgelegte Schreibweise; die Kurzzeichen der besonderen anglo-amerikanischen Einheiten schreibt man klein, im allgemeinen jetzt ohne Punkt und ohne Pluralendung [78; 79]. Bei Einheiten mit gleichen Namen, aber verschiedenen Werten in Großbritannien und den USA wird zur Unterscheidung (UK) für United Kingdom und (US) für USA beigefügt. Bei älteren Angaben sind die großbritannischen Einheiten häufig durch den Vorsatz „imperial" gekennzeichnet. Bei der Angabe von Zahlenwerten ist zu beachten, daß als Dezimalzeichen der Punkt gilt; Dezimalbrüche werden auch ohne 0 geschrieben (z. B. .45 = 0,45). Das Komma wird manchmal zur Abteilung von Dreiergruppen der Ziffern vor dem Dezimalzeichen anstelle eines Leerraums verwendet. Teile von Einheiten werden vielfach als Brüche angegeben (z. B. $^1/_4$ in). Zur Angabe dezimaler Vielfacher und Teile finden gelegentlich auch die SI-Vorsätze (s. 3.1.) Anwendung (z. B. µin = 10^{-6} in). „billion" bedeutet in den USA 10^9 und nicht 10^{12}.

5.2. *Längen- und Flächeneinheiten*

Die Basiseinheit der Länge im anglo-amerikanischen Maßsystem ist das yard (Kurzzeichen yd). Die ursprünglichen Endmaße zu seiner Verkörperung aus der Zeit Elisabeths I. wurden 1824 durch ein Strichmaß ersetzt. 1845 wurde das Imperial Standard Yard aus einer Reihe gleichartiger Stäbe ausgewählt, die aus einer Bronzelegierung gegossen waren. Ähnlich wie an den Meterstäben (vgl. 8.3.) sind in Vertiefungen in Höhe der neutralen Faser (auf eingelassenen Goldblättchen) jeweils einige Striche eingraviert. Der Abstand der mittleren Strichmarken bei der Temperatur 62 °F (vgl. 5.5.) wurde für das Vereinigte Königreich (Großbritannien und Irland) als imperial yard festgelegt. Das Verhältnis zum Meter wurde für das inch, den 36ten Teil des yard, erstmalig im Jahre 1878 gesetzlich fixiert. Für den Handel wurde bis vor einigen Jahren eine genauere Umrechnungsbeziehung aus dem Jahre 1898 verwendet, wonach 1 in = 25,399978 mm betrug. Für wissenschaftliche Zwecke verwendete man dagegen die durch einen Meteranschluß 1922 ermittelte Beziehung 1 in = 25,399956 mm. Von der British Standard Institution wurde 1930 für industrielle Zwecke die Relation 1 in = 25,4 mm (genau) bzw. 1 yd = 0,9144 m angenommen [8]; sie wurde jedoch erst 1963 als universell anzuwendende Beziehung gesetzlich eingeführt [80]. Die wichtigsten Längeneinheiten neben yard und inch sind foot (1 ft = 12 in) und mile (1 mile = 1760 yd).

In den USA wurde bereits im Jahre 1866 das metrische System als gesetzliches System für Maß und Gewicht festgesetzt. Nach der sogenannten „Mendenhall Order“ vom Jahre 1893 ist für die USA von den internationalen Prototypen für Meter und Kilogramm auszugehen; die in den USA üblichen Einheiten für Länge und Masse sind davon abzuleiten. Für das yard wurde die Beziehung 1 yd (US) = (3600/3937) m aufgestellt [8], die von der amerikanischen Land- und Küstenvermessung noch heute verwendet wird ($^1/_3$ dieser Einheit wird als US Survey foot bezeichnet [80]). — 1959 wurden gleichzeitig mit Australien, Kanada, Neuseeland, Südafrika und dem Vereinigten Königreich in den USA Standards angenommen, wonach die Beziehung

$$1 \text{ in} = 25{,}4 \text{ mm}$$

gilt [78]; im gleichen Jahr wurde diese Definition in den USA auch gesetzlich festgelegt.

Mit der Vereinheitlichung des yard stimmen jetzt in den USA und Großbritannien auch die übrigen, in Tab. 4a aufgeführten Längeneinheiten überein. Eine Ausnahme bildet die Seemeile (nautical mile). Während die USA im Jahre 1954 die Internationale Seemeile übernahmen (1 International Nautical Mile = 1 INM = 1852 m), hat Großbritannien die Definition der nautical mile durch die Beziehung 1 n mile = 6080 ft (d. h. 1853,184 m bei Verwendung der neuen Festsetzung von 1 in = 25,4 mm) beibehalten.

Die meisten gebräuchlichen Flächeneinheiten sind die Quadrate der Längeneinheiten. Sie werden durch das Kurzzeichen der Längeneinheit mit dem Exponenten 2 bezeichnet (z. B. in^2, ft^2), aber auch vielfach durch Vorsatz des Zeichens sq (sq in, sq ft). Die Flächeneinheiten und ihre Werte in metrischen Einheiten sind in Tab. 4b aufgeführt.

5.3. *Volumeneinheiten*

Volumeneinheiten werden entsprechend den Flächeneinheiten als Kuben der Längeneinheiten mit dem Exponenten 3 bzw. durch Vorsatz des Zeichens cu gebildet (z. B. in^3 bzw. cu in). Daneben sind jedoch noch eine ganze Reihe in Großbritannien und den USA verschiedene, teilweise nur für Flüssigkeiten oder nur für trockene Stoffe angewandte Einheiten gebräuchlich.

In Großbritannien wurde 1878 das imperial gallon gesetzlich eingeführt, und zwar als das Volumen, das Wasser von der Masse 10 imp. pounds bei 62 °F unter weiteren bestimmten Bedingungen einnimmt. Auch heute noch ist nach der gesetzlichen Festlegung von 1963 die Einheit 1 gallon = 1 gal (UK) = 1 UKgal = 4,54609 dm^3 Ausgangseinheit des Fassungsvermögens von Behältern für Flüssigkeiten und trockene Stoffe [79; 80].

In den USA ist dagegen 1 gallon = 1 gal (US) = = 231 in³ = 3,785412 cm³ und wird nur zur Messung von Flüssigkeiten benutzt. Die Ausgangseinheit für das Volumen trockener Stoffe ist 1 bushel = 1 bu (US) = 2150,42 in³ = 35,23907 dm³ [78].

Weitere Volumeneinheiten sind in Tab. 4c aufgeführt.

5.4. *Masseeinheiten*

Als Basiseinheit der Masse diente in Großbritannien ursprünglich das Troy Pound; seit 1855 wird jedoch das Imperial Standard Avoirdupois Pound gesetzlich verwendet. Das Prototyp für diese Einheit wurde zusammen mit 4 Kopien bereits 1844 aus Platin in Zylinderform gegossen. Die Beziehung zum Kilogramm wurde 1898 amtlich festgelegt; danach war 1 pound = 0,45359243 kg. Für wissenschaftliche Zwecke wurde jedoch nach 1933 die durch neuere Anschlüsse an das Kilogramm ermittelte Beziehung: 1 pound = 0,453592338 kg benutzt.

In den USA wurde die Masseeinheit pound seit 1893 auf das Kilogramm zurückgeführt (vgl. 5.2.), mit der Umrechnungsbeziehung: 1 pound = 0,4535924277 kg. — 1959 wurden ebenso wie für das yard in Australien, Kanada, Neuseeland, Südafrika, Großbritannien und den USA gemeinsame Standards eingeführt, wonach

1 avoirdupois pound (lb avdp) = 0,45359237 kg

ist [78; 79].

Neben dem avoirdupois-System werden in den angloamerikanischen Ländern im Edelstein- und Edelmetallhandel noch die troy-Einheiten und im Apothekenwesen die apothecaries'-Einheiten verwendet. Dabei ist 1 troy pound = 1 apothecaries' pound = 0,37324177 kg. Für alle 3 Systeme sind die Einheiten mit eigenem Namen in Tab. 4d zusammengestellt.

5.5. *Sonstige Einheiten*

Als gebräuchlichste Einheiten der *Geschwindigkeit* seien hier genannt:

$$1\ \text{ft/s} = 0{,}3048\ \text{m/s}$$

$$1\ \text{mile/h} = 1{,}609\,344\ \text{km/h} = 0{,}447\,04\ \text{m/s}.$$

In der Seefahrt wird ferner die Einheit knot (kn) entsprechend dem deutschen „Knoten" verwendet (vgl. 5.2. und 6.2.):

$$1\ \text{knot international} = 1\ \text{INM/h} = 1852\ \text{m/h} = 0{,}514\,444\ \text{m/s}$$

$$1\ \text{kn (UK)} = 1\ \text{n mile/h} = 1853{,}184\ \text{m/h} = 0{,}514\,773\ \text{m/s}$$

Die *Dichte* kann in den folgenden Einheiten angegeben werden:

$$1\ \text{lb/in}^3 = 2{,}767\,99 \cdot 10^4\ \text{kg/m}^3$$

$$1\ \text{lb/ft}^3 = 16{,}0185\ \text{kg/m}^3$$

$$1\ \text{lb/UKgal} = 99{,}7763\ \text{kg/m}^3.$$

Als technische Einheit der *Kraft* wird, wie bereits in 2.3.1. erwähnt, in Großbritannien das pound-force (lbf), in den USA das pound-weight (lb wt) verwendet. Man erhält diese Krafteinheit als Produkt der Masseeinheit mit der Normfallbeschleunigung g_n, d. h.

$$1\ \text{lbf} = 1\ \text{lb wt} = 1\ \text{lb} \cdot 9{,}806\,65\ \text{m/s}^2 = 4{,}448\,22\ \text{N}$$

Im ft lb s-System kohärente Krafteinheit ist dagegen das poundal (pdl). Es ist

$$1\ \text{pdl} = 1\ \text{lb} \cdot \text{ft/s}^2 = 0{,}138\,255\ \text{N}$$

Einheit des *Drucks* ist das pound-force per square inch (Kurzzeichen lbf/in² oder auch psi, mit den Sondereinheitenzeichen psig, psia und psid für Über- oder Unterdruck, (absoluten) Druck bzw. Differenzdruck; vgl. 7.1.).

$$1\ \mathrm{lbf/in^2} = 6{,}89476\ \mathrm{kPa}$$

Als Einheiten der *Energie* werden aus der Längeneinheit foot und den o. a. Krafteinheiten die Einheiten

$$1\ \mathrm{ft\ lbf} = 1{,}35582\ \mathrm{J} \qquad \text{und}$$

$$1\ \mathrm{ft\ pdl} = 0{,}0421401\ \mathrm{J}$$

gebildet. Auf dem Gebiet der Wärme wird die Kalorie (Internationale Tafelkalorie, 1 cal = 4,1868 J, vgl. auch 6.2.) verwendet. Daneben ist die British thermal unit (Btu) zugelassen, die ursprünglich als die Wärmemenge festgelegt war, die 1 lb Wasser um 1 deg F (s. u.) erwärmt. Für diese Einheit gilt die Beziehung

$$1\ \mathrm{Btu} = 1{,}05506\ \mathrm{kJ}$$

Das 10^5fache dieser Einheit wird als therm bezeichnet, d. h.

$$1\ \mathrm{therm} = 10^5\ \mathrm{Btu} = 105{,}506\ \mathrm{MJ}.$$

Als Einheit der *Leistung* gilt noch

$$1\ \text{horse-power (hp)} = 745{,}700\ \mathrm{W}$$

entsprechend der deutschen Pferdestärke (vgl. 6.2.). Hieraus wird auch die Arbeitseinheit horse-power-hour (1 hp h = 2,684 MJ) gebildet.

Anstelle der Celsius-*Temperaturskale* (englisch „centigrade") wird in den anglo-amerikanischen Ländern noch weitgehend die Fahrenheit-Skale benutzt. FAHRENHEIT (1714) bezeichnete zunächst die Temperatur einer Kältemischung aus Salmiak und Eis mit 0°, die normale Körpertemperatur des Menschen mit 100°. Später legte er in einer durch das Quecksilberthermometer realisierten

Skale den Schmelzpunkt des Eises und den Siedepunkt des Wassers als Fixpunkte fest, denen er in Übereinstimmung mit seiner ursprünglichen Skale die Werte 32° und 212° zuordnete. Der Einheit Kelvin für die (thermodynamische) Temperatur T entspricht im angelsächsischen Sprachgebiet der Grad Rankine (°R, auch °Rank); analog zur thermodynamischen Celsius-Skale hat man eine thermodynamische Fahrenheit-Skale eingeführt, deren Skalenmaß mit dem der Rankine-Skale übereinstimmt. Temperaturdifferenzen werden auch durch deg R bzw. deg F bezeichnet. Demnach gelten die folgenden Beziehungen:

$$180 \text{ deg F} = 180 \text{ deg R} = 100 \text{ K} = 100 \text{ grd}$$

$$1 \text{ deg F} = 1 \text{ deg R} = 5/9 \text{ K} = 0{,}55556 \text{ K}$$

$$n\,°\text{R} \triangleq 5/9\, n \text{ K}$$

$$n\,°\text{F} \triangleq 5/9\,(n - 32)\ °\text{C}.$$

Für den absoluten Nullpunkt gilt

$$0 \text{ K} \triangleq 0°\text{R} \triangleq -273{,}15\,°\text{C} \triangleq -459{,}67\,°\text{F},$$

für den Eispunkt

$$273{,}15 \text{ K} \triangleq 491{,}67\,°\text{R} \triangleq 0\,°\text{C} \triangleq 32\,°\text{F}.$$

In der Photometrie werden als Einheiten der *Leuchtdichte* das lambert (la) und das foot lambert (ft la) benutzt:

$$1 \text{ la} = (1/\pi) \cdot 10^4 \text{ cd/m}^2 = 0{,}318310 \cdot 10^4 \text{ cd/m}^2$$

$$1 \text{ ft la} = (1/\pi) \text{ cd/ft}^2 = 3{,}42626 \text{ cd/m}^2$$

Für die *Beleuchtungsstärke* wird entsprechend die Einheit footcandle verwendet:

$$1 \text{ footcandle} = 1 \text{ lm/ft}^2 = 10{,}76391 \text{ lx}.$$

Für die aufgeführten Größen werden außer den genannten Einheiten weitere Einheiten verwendet, die aus den Vielfachen und Teilen ihrer Faktoren nach Tab. 4 gebildet sind. Die Beziehung zu den SI-Einheiten läßt sich ohne weiteres aus den Umrechnungsbeziehungen für die Faktoren berechnen. So ist z. B. die Druckeinheit 1 ounce-force per square yard gleich

$$1\ \mathrm{ozf/yd^2} = 0{,}0283495\ \mathrm{kg} \cdot 9{,}80665\ \mathrm{m} \cdot \mathrm{s^{-2}}/0{,}836127\ \mathrm{m^2}$$

$$= 0{,}332502\ \mathrm{Pa}.$$

Ebenso werden für andere, hier nicht aufgeführte Größen Einheiten aus den oben und in den Tabellen angegebenen Einheiten abgeleitet. Eine Einheit für die Wärmeleitfähigkeit ist z. B.

$$1\ \mathrm{Btu/ft \cdot h \cdot {}^\circ F} = 1055{,}06\ \mathrm{J}/0{,}3048\ \mathrm{m} \cdot 3600\ \mathrm{s}$$

$$\cdot\, 0{,}55556\ \mathrm{K} = 1{,}730740\ \mathrm{W/m \cdot K}.$$

Tafeln mit den Faktoren für die Umrechnung verschiedener anglo-amerikanischer Einheiten in andere und in SI-Einheiten findet man u. a. in [81; 8; 23; 82; 83].

6. Systemfreie Einheiten

6.1. Entstehung und Zweck

Unter dem Begriff *systemfreie Einheit* sollen in diesem Abschnitt solche Einheiten zusammengefaßt werden, die zu allen bisher besprochenen Einheitensystemen systemfremd sind (vgl. 2.2.).

Solche Einheiten entstanden zunächst aus speziellen, für die jeweilige Praxis günstigen Meßverfahren, wobei es nur darauf ankam, vergleichbare Werte für Größen der betrachteten Art zu erzielen, ohne daß der theoretische Zusammenhang dieser Größenart mit anderen Größenarten von Interesse war. Als später die entsprechende kohärente Einheit eines Einheitensystems (insbesondere des SI) definiert und genügend genau darstellbar war, bestimmte man experimentell das Verhältnis von systemfremder und kohärenter Einheit und vereinbarte, den so ermittelten Umrechnungsfaktor als genaue Zahl anzusehen und damit die systemfremde Einheit neu zu definieren (Beispiele: Torr, Kalorie).

War die entsprechende Einheit des kohärenten Systems bisher nicht mit der gleichen Genauigkeit darstellbar wie die systemfremde Einheit, so konnte das eben beschriebene Verfahren zur Neudefinition nicht angewandt werden, und die selbständige, alte Definition der systemfremden Einheit mußte beibehalten werden. Solche systemfremden, aus speziellen Meßverfahren abgeleitete Einheiten wurden gelegentlich sogar nachträglich bewußt neben den entsprechenden kohärenten Einheiten eingeführt. Sie dienen dem Zweck, in einfacher Form Ergebnisse solcher Meßverfahren darzustellen, die zwar den Vergleich gewisser Größen einer Art mit guter Genauigkeit gestatten, den Vergleich dieser Größen mit der kohärenten Einheit aber nur mit wesentlich schlechterer Genauigkeit zulassen (Beispiele: Ångström und Liter in der Vergangenheit; atomare Masseeinheit und Elektronenvolt noch jetzt). — Selbstverständlich lassen sich auch hierbei die Umrechnungsfaktoren zwischen systemfremden und kohärenten Einheiten experimentell bestimmen; sie sind jedoch stets mit einer verhältnismäßig großen Unsicherheit behaftet. Wird dies bei einer Größenart in Zukunft durch Verbesserung der Meßverfahren (womit auch eine Neudefinition der SI-Einheit verbunden sein kann) einmal nicht mehr der Fall sein, ist zu erwarten, daß dann eine Neudefinition dieser systemfremden Einheit durch den Umrechnungsfaktor zur SI-Einheit vereinbart wird.

Zu den systemfreien Einheiten müssen auch alle Einheiten von Größenarten gerechnet werden, die durch die bisher besprochenen Systeme und insbesondere durch das SI nicht erfaßt werden (Beispiel: Mol bis in die jüngste Vergangenheit). Eine Umrechnung in SI-Einheiten ist in solchen Fällen nicht möglich. Die Situation ändert sich erst, wenn die Größenart in das dem SI zugrunde liegende Größensystem zusätzlich aufgenommen wird.

Systemfreie Einheiten, die noch gesetzlich sind, wurden in Tab. 5 zusammengestellt.

6.2. Durch Umrechnungsfaktoren definierte Einheiten

Als Beispiel soll die Druckeinheit Torr besprochen werden. Die ersten Druckmeßgeräte beruhen bekanntlich darauf, daß Gleichgewicht zwischen dem zu messenden Druck und dem Schweredruck in einer senkrechten Flüssigkeitssäule (Quecksilber) hergestellt wird, wobei für das Meßverfahren sehr günstig ist, daß sich die Länge der Quecksilbersäule von selbst so einstellt, daß dieses Gleichgewicht herrscht. Somit wählte man die Länge dieser Quecksilbersäule als Maß für den Druck und gab den Druck in der Einheit „Millimeter Quecksilbersäule" (mm Hg) an. Bei erhöhten Anforderungen an die Meßgenauigkeit bemerkte man natürlich, daß diese „Einheit" mm Hg nicht unabhängig von Einflußgrößen war, nämlich von der Dichte und damit von der Temperatur des Quecksilbers sowie von der Fallbeschleunigung und damit vom Aufstellungsort. Das führte zur Vereinbarung von „Normbedingungen". Legt man die Dichte des Quecksilbers zu 13,5951 g/cm^3 (Wert bei 0 °C) und die Fallbeschleunigung zu 9,80665 m/s^2 fest, so erhält man eine Einheit, die man heute *Torr* (Torr) oder *„konventionelle Millimeter-Quecksilbersäule"* (mm Hg) nennt, die man jetzt aber, da man die Einheit des Drucks mit Kolbenmanometern definitionsgemäß als Quotient aus Kraft und Fläche ebenso genau darstellen kann, durch die

Festsetzung des Umrechnungsfaktors zur SI-Druckeinheit Pascal (Pa), definiert (s. Tab. 5). Dieser Umrechnungsfaktor gilt wie alle durch Definition festgelegten Umrechnungsfaktoren genau, auch wenn er in diesem Fall durch einen Quotienten zweier ganzer Zahlen festgelegt ist. Diese etwas umständliche Art der Festlegung ergab sich aus dem begründeten Wunsch, den Umrechnungsfaktor 760 (genau) zwischen *physikalischer Atmosphäre* (atm) und Torr beizubehalten und als Umrechnungsfaktor zwischen physikalischer Atmosphäre und der SI-Einheit Pascal eine ganze Zahl — oder einen endlichen Dezimalbruch — festzulegen. Natürlich wurde dieser Umrechnungsfaktor so gewählt, daß die neue Definition innerhalb der damals erreichbaren Meßunsicherheit mit der bis dahin gültigen Definition durch Quecksilberdichte und Fallbeschleunigung übereinstimmt.

Ganz analog sind die Einheiten *Millimeter Wassersäule* (mm WS) und *Meter Wassersäule* (m WS) entstanden. Da die Dichte von Wasser fast 1000 kg/m³ ist, ließ sich hier als Umrechnungsfaktor von mm WS zum Kilopond je Quadratmeter (kp/m²) der Zahlenwert 1 (genau) festlegen, woraus sich für den Umrechnungsfaktor zum Pascal der gleiche Wert ergibt wie bei der Umrechnung von Kilopond in Newton.

Dagegen ist das *Bar* (bar) nur scheinbar eine systemfreie Einheit, es gehört zum CGS-System. Sein ursprünglicher Name war „Megabarye" (1 Barye = 1 dyn/cm²; Internationaler Physiker-Kongreß 1900; s. [8]). Millibar (mbar) ist die in der Meteorologie übliche Einheit, Mikrobar (μbar) wird in der Akustik benutzt, Bar und Kilopond je Quadratzentimeter (kp/cm²) unterscheiden sich nur um 2%. Aus diesen Gründen besteht verschiedentlich die Tendenz, bei der Einführung des SI in die Praxis die Einheiten bar, mbar und μbar — anstelle der SI-Einheit Pa und ihrer Vielfachen MPa und kPa — bevorzugt anzuwenden [67, S. 19:3; 84; 85] oder diese Einheiten wenigstens zur Anwendung zuzulassen [54; 86]; dieser Gebrauch widerspricht jedoch den Empfehlungen des CIPM [27, S. 15] und sollte daher überprüft werden; Regelung im RGW [57] s. Tab. 5.

Die *Kalorie* (cal) entwickelte sich aus dem Meßverfahren für (Wärme-)Energien. Sie war definiert als die Wärmemenge, die 1 g Wasser zugeführt werden muß, wenn seine Temperatur um 1 K (= 1 grd) zunehmen soll.

Die Festlegung wurde später auf die Temperaturzunahme von 14,5 °C auf 15,5 °C bei normalem Atmosphärendruck präzisiert ($cal_{15°}$); 1 $cal_{15°}$ = 4,1855 (1 ± 0,0002) J. Zur Anwendung dieser Einheit bei anderen Temperaturen und Drücken ist die Kenntnis der Abhängigkeit der spezifischen Wärme des Wassers von diesen Größen erforderlich; dies begrenzt die Genauigkeit erheblich. Die 1877 vorgeschlagene „mittlere Kalorie" – 100 $\overline{\mathrm{cal}}$ erwärmen 1 g Wasser von 0 auf 100 °C; 1 $\overline{\mathrm{cal}}$ = 4,1897 (1 ± 0,0002) J – besitzt den gleichen Mangel. Man definierte die Kalorie daher bald durch Umrechnungsfaktoren, vornehmlich zu elektrischen Energieeinheiten:

– „Internationale Tafelkalorie" von 1929:

$$8{,}6 \cdot 10^5\ \mathrm{cal}_{\mathrm{IT}(1929)} = 1\ \mathrm{kW_{int}h}$$

$$1\ \mathrm{cal}_{\mathrm{IT}(1929)} = (4{,}18684 \pm 0{,}00004)\ \mathrm{J}$$

– „thermochemische Kalorie" vor 1948:

$$1\ \mathrm{cal_{thermochem}} = 4{,}1833\ \mathrm{J_{int}}\ (\mathrm{NBS})$$

$$1\ \mathrm{cal_{thermochem}} = 4{,}18399\ (1 \pm 0{,}00002)\ \mathrm{J}$$

– „thermochemische Kalorie" nach 1948:

$$1\ \mathrm{cal_{thermochem}} = 4{,}184\ \mathrm{J}$$

– Kalorie „cal*":

$$R_0 = 1{,}9860\ \mathrm{cal^*/K^{-1}\ mol_{Ch}^{-1}};\ 1\ \mathrm{cal^*} = 4{,}1863\ (1 \pm 0{,}0003)\ \mathrm{J}$$

(mol_{Ch} bedeutet dabei, daß auf das Sauerstoff-Isotopengemisch bezogen wird; vgl. 2.3.5.)

Heute gilt als Kalorie (cal) die „Internationale Tafelkalorie" von 1956 ($cal_{IT(1956)}$), die durch den Umrechnungsfaktor zum Joule definiert ist

$$1\ \text{cal} = 1\ \text{cal}_{\text{IT}(1956)} = 4{,}1868\ \text{J}$$

Weitere Einzelheiten findet man z. B. bei [8]. — In wenigen Fällen haben mit der Kalorie gebildete, abgeleitete Einheiten eigene Namen erhalten; so wird in der Astrophysik und Meteorologie noch die Einheit *Langley* (1 ly = 1 cal/cm^2) angewendet.

Die *Winkel*einheiten *rechter Winkel* (∟), *Grad* (°), *Minute* (′) und *Sekunde* (″) verdanken ihr Entstehen der Tatsache, daß es leichter möglich ist, den Umfang eines Kreises ($\triangleq$ Vollwinkel = 2π rad = 360°) in gleiche Teile zu teilen, als das Verhältnis von Bogenlänge zu Radius zu messen. Den Mangel der nicht-dezimalen Unterteilung sollte die Einführung von *Neugrad* oder *Gon* (^{g}), *Neuminute* (^{c}) und *Neusekunde* (^{cc}) beheben. In neuerer Zeit wird für das Gon auch das Kurzzeichen gon benutzt, das mit SI-Vorsätzen benutzt werden darf (z. B. mgon). In dieser Form soll das Gon für das Spezialgebiet Geodäsie auch in Zukunft beibehalten werden.

Die Längeneinheit *Seemeile* (sm) steht in engem Zusammenhang mit der Entwicklung der Navigation. Sie wurde als Länge der Strecke definiert, die einer (Winkel-) Minute auf einem Erdmeridian entspricht. Heute ist sie durch den Umrechnungsfaktor zum Meter definiert (s. Tab. 5). — Die Geschwindigkeitseinheit *Knoten* (1 kn = 1 sm/h) hat sogar ihren Namen von dem Meßverfahren: in der Logleine waren in gleichen Abständen Knoten angebracht; die Anzahl der Knoten, die in einer halben Minute durch die Hand laufen, ergibt den Zahlenwert der Geschwindigkeit.

Die Leistungseinheit *Pferdestärke* (PS), die mit der Entwicklung der ersten Kraftmaschinen im Anfang des vorigen Jahrhunderts in Gebrauch kam, scheint ziemlich bald durch Umrechnungsfaktoren zu anderen Leistungseinheiten (zuletzt 1 PS = 75 kp · m/s) definiert worden zu sein. So anschaulich sie ist, bei der unterschiedlichen Konstitution der Pferde dürfte ihre Reproduzierbarkeit nach der wortgemäßen Definition von Anfang an Wünsche offen gelassen haben; im übrigen ist die tatsächliche Durchschnittsleistung eines Pferdes kleiner als 1 PS.

Die Definition der Zeiteinheiten geht seit alters her auf die Beobachtung der Erdrotation (Tag) und des Erdumlaufs um die Sonne (Jahr) zurück; erst in jüngster Zeit hat man festgestellt, daß diese Bewegungen doch nicht so gleichförmig ablaufen, wie man dies für die Definition einer Zeiteinheit heute benötigt (vgl. 8.4.). Die *Sekunde* (s) wird daher heute durch eine atomare Konstante definiert, die eingebürgerten Vielfachen *Minute* (min), *Stunde* (h) und *Tag* (d) durch Umrechnungsfaktoren zur Sekunde. Bei sehr genauer Betrachtungsweise ist aber bereits die Definition des Tages problematisch, da als Tag auch die Zeitspanne von 0.00 Uhr eines Tages (im gewöhnlichen Sinn) bis zu 0.00 Uhr des folgenden Tages verstanden wird und diese Zeitspanne in Einzelfällen um 1 s ($\approx 1 \cdot 10^{-5}$ d) länger sein kann als 1 d (s. 8.4.). Bei physikalischen Messungen und Rechnungen soll daher nur die SI-Einheit s angewendet werden. min, h und d sind zwar zulässig, sollen aber auf begründete Fälle beschränkt bleiben, insbesondere auf Angaben, bei denen dadurch die Anschaulichkeit erhöht wird (Beispiele: kWh in der Energiewirtschaft; km/h für Geschwindigkeit und (km/h)/s = km/h · s für Beschleunigung bei Verkehrsmitteln). Im täglichen Leben werden weitere Zeiteinheiten wie Woche (Wo.), Monat (Mon.) und Jahr (a, J.) benutzt. Diese Einheiten sollen nicht im physikalischen-technischen Bereich angewendet werden; für statistische Angaben sind sie zulässig [98]. Es gelten folgende Beziehungen: 1 Wo. = 7d; 1 Mon. = 28 bis 31d; 1a = 365 oder 366d.

In der Astronomie versteht man unter „Jahr" die Zeitdauer eines Umlaufs der Erde um ihre Bahn; dabei muß unterschieden werden:

siderisches Jahr (a_{sid}):

Zeitraum zwischen zwei aufeinanderfolgenden Zeitpunkten, in denen die Verbindungslinie Erde—Sonne (im Bezugssystem der Fixsterne) die gleiche Richtung hat — oder vom Beobachter auf der Erde aus gesehen: Zeitraum zwischen zwei aufeinanderfolgenden gleichen Stellungen der Sonne (gegenüber den Fixsternen); $1\,a_{sid} \approx 365$ d 6 h 9 min 9 s.

tropisches Jahr (a_{tr}):

Zeitraum zwischen zwei aufeinanderfolgenden Zeitpunkten, in denen die Projektion der Erdachse auf die Ebene der Erdbahn mit der Verbindungslinie Erde—Sonne den gleichen Winkel bildet — Zeitraum zwischen zwei Durchgängen der Sonne durch den mittleren Frühlingspunkt; $1 a_{tr} \approx 365$ d 5 h 48 min 46 s.

anomalistisches Jahr (a_{anom}):

Zeitraum zwischen zwei aufeinanderfolgenden Periheldurchgängen; $1 a_{anom} \approx 365$ d 6 h 13 min 53 s.

Das tropische Jahr ist wegen der Präzessionsbewegung der Erdachse kürzer als das siderische Jahr, das anomalistische Jahr ist infolge der Wanderung der Apsidenlinie länger; genauere Werte und weitere Einzelheiten siehe z. B. bei [8].

Aus der Praxis der Astronomen stammt auch der Gebrauch der Einheiten Stunde (^{h}), Minute (^{m}) und Sekunde (^{s}) als Winkeleinheiten [87, S. 16; 88, S. 39; 89, S. 49 und 1028]. Mit der Festlegung, daß einer Erdumdrehung 24 „Stunden" entsprechen sollen, gilt

$$1^h = 15^\circ$$

$$1^m = 15'$$

$$1^s = 15''.$$

Es entsprechen also einer „Zeitwinkel-Sekunde" 15 Winkelsekunden usw. Der Gebrauch dieser Einheiten ist bequem, weil für jeden Stern gilt

$$\text{Stundenwinkel} = \text{Sternzeit} - \text{Rektaszension}$$

und die Sternzeit früher wirklich als Zeit aufgefaßt und mit entsprechend eingestellten Uhren gemessen wurde.

Heute definiert man die Sternzeit als Stundenwinkel des Frühlingspunktes und gibt sie in Tabellen als Funktion der Zeit (z. B. der MEZ vgl. 8.4.2.) an; als Einheiten für diese Winkelangaben benutzt man aber noch immer die alten „Zeit"-Einheiten.

Das *Liter* (l) sollte ursprünglich gleich 1 dm³ sein. Als sich jedoch herausgestellt hatte, daß 1 kg reines, luftfreies Wasser im Zustand größter Dichte (d. h. bei etwa 3,98 °C) unter dem Druck von 760 Torr nicht 1 dm³, sondern ein etwas größeres Volumen einnimmt, wurde diesem so definierten Volumen die Bezeichnung Liter gegeben. Aus Messungen wurde ermittelt:

$$1\,\mathrm{l} = (1{,}000028 \pm 0{,}000003)\,\mathrm{dm}^3$$

Erst nachdem Dichtemessungen mit geometrisch ausgemessenen (also in m³ angebbaren) Volumina fast ebenso genau ausgeführt werden konnten wie mit hydrostatischen oder pyknometrischen (also auf Liter bezogenen, d. h. relativen) Methoden, wurde die Definition durch Beschluß der 12. CGPM in

$$1\,\mathrm{l} = 1\,\mathrm{dm}^3\ \text{(genau)}$$

geändert und empfohlen, die Einheit Liter bei genauen Angaben (d. h. etwa bei Angaben mit einer relativen Unsicherheit $< 5 \cdot 10^{-5}$) nicht anzuwenden, damit keine Unklarheiten entstehen können, ob Liter nach der alten oder nach der neuen Definition gemeint ist.

Die Längeneinheit Ångström (Å) gehört dem jetzigen Stande nach auch in diese Gruppe, da sie jetzt durch ihren Umrechnungsfaktor zum Meter definiert ist. Da sich an ihr die Entwicklung von einer anfangs selbständig definierten zu einer durch Umrechnungsfaktor definierten Einheit besonders gut zeigen läßt, wird sie jedoch erst in 6.3. besprochen.

Zu den hier zu besprechenden Einheiten kann man in gewissem Sinn schließlich auch alle aus der Geschichte des Messens bekannt gewordenen Einheiten (vgl. 2.1.)

rechnen, beispielsweise also die gesetzlich nicht mehr zulässigen Einheiten Pfund (1 ℔ = 500 g) und Zentner (1 Ztr. = 100 ℔), von dem zur Anpassung an das Kilogramm die Einheit Doppelzentner (1 dz = 100 kg) gebildet wurde, die jetzt als Dezitonne (dt) bezeichnet wird. (Es ist zu beachten, daß in einigen Ländern, z. B. in der UdSSR und in Österreich, unter „Zentner" (q) die Masse von 100 kg verstanden wird.)

6.3. *Einheiten als Ausdruck für Relativmessungen*

Als typischer Vertreter dieser Gruppe sei die Längeneinheit *Ångström* (Å) besprochen, auch wenn man sie nach der seit einigen Jahren gültigen Definition zu den in 6.2. besprochenen Einheiten zählen muß: Mit Hilfe von Interferenzapparaturen war es schon verhältnismäßig zeitig möglich, das Verhältnis der Wellenlängen zweier Spektrallinien sehr genau (auf etwa $\pm 10^{-8}$) zu bestimmen. Die Unsicherheit in der Darstellung des Meters (definiert durch ein Prototyp in Form eines Strichmaßes; vgl. 8.3.) betrug dagegen mehr als 10^{-7}. Es wurde daher vereinbart, die Wellenlänge einer geeigneten Spektrallinie (rote Cadmiumlinie $6\,^1D_2 - 6\,^1P_1$) als Bezugsgröße festzulegen und alle anderen Wellenlängen damit zu vergleichen. Man erhielt so genaue Werte für die Verhältnisgröße „Wellenlänge der gemessenen Linie durch Wellenlänge der roten Cadmiumlinie" und hätte durch diese Verhältnisgröße und ihre Werte jede Spektrallinie kennzeichnen können. Aus praktischen Gründen wollte man aber Zahlenwerte haben, bei denen die zugehörige Einheit einer Zehnerpotenz des Meters entspricht. So wurde der Bezugswellenlänge nicht der Wert 1, sondern der Wert 6438,4696 Å (genau) zugeordnet, wobei der Zahlenwert entsprechend vorliegenden Meßergebnissen so gewählt wurde, daß innerhalb der erreichten Meßunsicherheit (etwa $5 \cdot 10^{-7}$) $1\,Å = 1 \cdot 10^{-10}$ m galt. Die Werte einer Wellenlänge konnten also in Å auf $\pm 10^{-8}$

angegeben werden, eine Angabe des gleichen Wertes in m wäre nur auf $\pm 5 \cdot 10^{-7}$ möglich gewesen. Mit dem Übergang zur neuen Definition des Meter durch die gelbgrüne Spektrallinie des Kryptons $2p_{10} - 5d_5$ ist die Genauigkeit der Vergleichsmessungen zwischen Meter (dargestellt durch Wellenlänge der Kryptonlinie) und anderen Wellenlängen nur noch eine Frage der zur Verfügung stehenden Meßanordnung; der Vergleich einer Wellenlänge mit der Cadmiumlinie kann daher nicht genauer erfolgen als der Vergleich mit der Einheit Meter, definiert durch die Kryptonlinie; prinzipiell ist er wegen strukturbedingter Unschärfe und Asymmetrie der Cadmiumlinie sogar ungenauer. Die unabhängige Definition des Ångström konnte daher aufgegeben und durch die Definition mittels Umrechnungsfaktors zum Meter ersetzt werden. Dieser Faktor beträgt $1 \cdot 10^{-10}$ (genau), was durch entsprechende Wahl des Zahlenwertes in der neuen Meterdefinition erreicht wurde.

Die Gründe, die zu den anderen Einheiten dieser Gruppe geführt haben, sind im Prinzip die gleichen. Folgende Einheiten seien genannt (die angegebene Unsicherheit gilt für $P = 95\%$; vgl. 8.1.):

— die Siegbahnsche *X-Einheit* (XE)

definiert durch die Festlegung, daß die Gitterkonstante von Kalkspat bei 18 °C den Wert 3029,45 XE hat. Damit sollte 1 XE = 10^{-13} m werden; neuere Messungen haben jedoch ergeben [8]:

$$1 \text{ XE} = (1{,}00202 \pm 0{,}00003) \cdot 10^{-13} \text{ m}$$

— die *atomare Masseeinheit* (u)

definiert als der 12te Teil der Masse eines Atoms des Nuklids ^{12}C; zur Zeit gilt [68]:

$$1 \text{ u} = (1{,}6605655 \pm 0{,}0000086) \cdot 10^{-27} \text{ kg}$$

— das *Elektronenvolt* oder *Elektronvolt* (eV)

definiert als die Energie, die ein Elektron beim Durchlaufen einer Potentialdifferenz von 1 V im Vakuum gewinnt; zur Zeit gilt [68]:

$$1\ \mathrm{eV} = (1{,}6021892 \pm 0{,}0000046) \cdot 10^{-19}\ \mathrm{J}$$

— die *astronomische Einheit* (AE; A. U.; u. a.; a. e. д.)

definiert als der Radius der kreisförmigen, ungestörten Sonnenumlaufbahn eines Körpers von vernachlässigbar kleiner Masse, dessen siderische Winkelgeschwindigkeit $\frac{0{,}017202098950}{86400} \frac{\mathrm{rad}}{\mathrm{s}}$ beträgt; der von der Internationalen Astronomischen Union (Union Astronomique Internationale, UAI) angenommene Wert [27, S. 14] ist

$$1\ \mathrm{AE} = 1{,}49600 \cdot 10^{11}\ \mathrm{m}$$

— das *Parsec* (pc)

definiert als diejenige Entfernung, von der aus eine astronomische Einheit unter dem Winkel von 1″ erscheint; es gilt [27, S. 14]

$$1\ \mathrm{pc} \approx 206265\ \mathrm{AE} = 3{,}0857 \cdot 10^{16}\ \mathrm{m}$$

— das *Lichtjahr* (ly; l.y.; lj; a. l.)

definiert als die Strecke, die das Licht im leeren Raum in 1 a_{tr} zurücklegt; zur Zeit gilt [8]:

$$1\ \mathrm{ly} = (0{,}946051 \pm 0{,}000009) \cdot 10^{16}\ \mathrm{m}$$

In weiterem Sinn kann man zu den hier besprochenen systemfreien Einheiten auch solche „Einheiten" rechnen wie den Grad Engler (°E), die Redwood-Sekunde und die Saybolt-Sekunde für die kinematische Viskosität sowie die Härte-„Einheiten" HB, HRC, HV und andere. Hierbei handelt es sich um Kennzeichen für Zahlenwerte von Merkmalen, die keine Größen (im Sinne von 1.1.) sind. Die „Einheiten" oder Skalen solcher Merkmale werden erst durch das Meßverfahren selbst definiert. Meist werden hierfür die Werte von Größen benutzt, die als Maß für das betrachtete Merkmal gelten. (Beispiele: Ausflußzeit aus dem Viskosimeter als Maß für die Zähigkeit [91]; Quotient aus Druckkraft und Fläche des erzeugten Eindrucks als Maß für die Härte [92]. — Vorschläge für die dabei im Rahmen des SI anzuwendenden Einheiten s. [93].) Umrechnungsfaktoren zu SI-Einheiten lassen sich naturgemäß nicht angeben. Allenfalls lassen sich die Merkmale und ihre Werte auf Größen und deren Werte abbilden, wobei diese Abbildung wegen nicht erfaßbarer Einflüsse meist ungenau ist. Sie läßt sich auch oft nicht durch eine geschlossene Funktion, sondern nur durch Tabellen oder Diagramme bewerkstelligen.

7. Sondereinheiten, Zähleinheiten und andere

7.1. Sondereinheiten

Als Sondereinheiten sollen im folgenden in Anlehnung an [11] solche Einheiten bezeichnet werden, in deren Namen oder Kurzzeichen Hinweise über einen speziellen Sachbezug der Größe oder — bei „gebundenen Größen" (s. 1.3.) — über den Ausgangspunkt der Messung enthalten sind (Größen mit zusätzlichen Festlegungen [17]). Allen diesen Einheiten ist eins gemein: *Sondereinheiten sind grundsätzlich entbehrlich!* Daher sind diese Einheiten bis auf wenige Ausnahmen nicht in die Reihe der international empfohlenen Einheiten aufgenommen worden [54] und auch gesetzlich nicht zulässig [34]. Diese Entscheidung ist aus Gründen der Logik sehr richtig, denn einen speziellen Sachbezug der Größe soll man deren Namen oder Formelzeichen entnehmen können und dabei nicht auf Namen oder Kurzzeichen der Einheit angewiesen sein.

Als Beispiel für Einheiten von Größen mit speziellem Sachbezug seien Voltampere (VA) und Var (var) — von voltampère réactif — zur Unterscheidung der elektrischen Scheinleistung S bzw. der elektrischen Blindleistung Q von der elektrischen Wirkleistung P (Einheit: Watt) genannt. Es gilt $S^2 = P^2 + Q^2$. Daher sind VA, var und W Einheiten derselben Größenart; sie sind dem Betrage nach gleich. Voltampere und Var sind so eingebürgert, daß sie als gesetzliche Einheiten zugelassen sind [16]. Die Bezeichnung Blindwatt (bW) für Var ist nicht mehr zulässig.

Sondereinheit bei der Angabe der Brechkraft von optischen Systemen ist die Dioptrie (dpt); 1 dpt = 1/m.

In der Forst- und Holzwirtschaft werden als Sondereinheiten bei Volumenangaben für Langholz (berechnet aus Stammlänge und Stammdurchmesser) das Festmeter (Fm) und bei Volumenangaben für Schichtholz (berechnet aus den Abmessungen der Stapel) das Schichtfestmeter (SFm) oder noch das Raummeter (Rm) verwendet. Es gilt: 1 Fm = 1 m³ Holz; 1 SFm = 1 m³ Holz + a m³ Luftzwischenraum, wobei a Werte etwa zwischen 0,3 und 2 annehmen kann [215]; 1 Rm = 1 m³ (Holz + Luftzwischenraum). Fm und SFm gelten nicht als physikalischtechnische Einheiten und werden daher nicht von [16], jedoch von [98] erfaßt (vgl. S. 109).

Sondereinheit zur Angabe von Werten der Äquivalentdosis ist das Rem (rem); 1 rem = 1 rd = $1 \cdot 10^{-2}$ J/kg. Rem gilt im RGW nicht als physikalisch-technische Einheit und wird daher durch [50] und in der DDR entsprechend durch [16] nicht erfaßt.

Ein Beispiel für die Sondereinheit einer gebundenen Größe ist der Grad Celsius (°C) zur Unterscheidung der Celsius-Temperatur t von der (thermodynamischen) Temperatur T (vgl. 1.3. und 3.3.5.). Die Anwendung der Sondereinheit Grad Celsius (°C) bei der Angabe von Celsius-Temperaturen wird vom Gesetzgeber nicht nur zugelassen, sondern sogar gefordert; bei der Angabe von Temperaturdifferenzen soll °C nicht mehr benutzt werden.

Weitere zulässige Sondereinheitenzeichen sind die hochgestellten Kurzzeichen der Zeiteinheiten bei der Angabe von Uhrzeiten (Zeitpunkten), z. B. $8^h\,53^{min}\,0^s$ MEZ [94] oder Angaben in der Form 8.32 Uhr, wobei auf die örtlich gültige Zeitskala bezogen, bei uns also der eben angegebene Zeitpunkt gemeint ist.

In allen anderen (und möglichst auch in den vorgenannten) Fällen ist der Gebrauch von Sondereinheiten und deren Kurzzeichen zu vermeiden und auf den speziellen Sachbezug durch geeignete Wahl des Formelzeichens der Größe, durch Anwendung eines Index' am Formelzeichen, durch entsprechende Benennung der Größe oder in anderer geeigneter Form hinzuweisen.

Beispiele sind:

$$U_{eff} = 38\ \text{V} \quad \text{statt falsch} \quad U = 38\ \text{V}_{eff}$$

$$p_{ü} = 4{,}5\ \text{at} \quad \text{statt falsch} \quad p = 4{,}5\ \text{atü}$$

$$V_n = 130\ \text{m}^3 \quad \text{statt falsch} \quad V = 130\ \text{Nm}^3$$

V_n bedeutet dabei das Volumen im Normzustand, Nm^3 das Kurzzeichen für die nicht mehr zulässige Sondereinheit „Normkubikmeter"; vgl. [95]. — Entsprechend sind auch die Köpfe von Tabellen zu gestalten. In der Zeile für die Größe muß also z. B. „Volumen im Normzustand", „Normvolumen", „Volumen (NZ)", „Volumen i. N." oder „V_n" stehen; falsch ist dagegen „Volumen". Entsprechend soll in der Zeile für die Einheit nur „m^3" angegeben sein, nicht jedoch „Nm^3", „m^3 (NZ)" oder „m^3 i. N.".

Ein weiteres Beispiel ist die Angabe von Motorleistungen. Statt der bisher üblichen Sondereinheiten DIN-PS und SAE-PS (auch PS-DIN bzw. PS-SAE geschrieben) ist die Einheit PS, oder noch besser die Einheit kW, zu benutzen und im Text anzugeben, ob die Leistung nach TGL 8346 [96] oder nach den amerikanischen SAE-Standards ermittelt wurde (s. z. B. [89, S. 1117]). Für genaue Angaben ist nach TGL 8346 zwischen Dauerleistung, überlastbar (P_eI), Dauerleistung, nicht überlastbar (P_eII), Überleistung (P_eÜ) und Höchstleistung (P_eH) zu unterscheiden.

Insbesondere müssen Sondereinheiten in Gleichungen vermieden werden. Hier bietet nur der Gebrauch von (einfachen oder indizierten) Formelzeichen der Größen in Verbindung mit den allgemeinen Einheiten die Gewähr, daß Irrtümer und Fehler weitgehend eingeschränkt werden [17; 18].

Nur wenn der Hinweis auf den Sachbezug der Größe nicht oder nur unter erheblichen Schwierigkeiten in einer der oben genannten Weisen angebracht werden kann, ist gegen eine Kennzeichnung neben dem Kurzzeichen der Einheit nichts einzuwenden. Solche Fälle liegen insbesondere vor, wenn an der betreffenden Stelle weder der Name noch das Formelzeichen der Größe genannt wird und auch keine sinnvolle Möglichkeit besteht, dies noch einzufügen.

Beispiele sind:

„Dampfzustand: 150 at (abs); 500°C" als Angabe auf dem Typenschild eines Dampfkessels [97], wo die ungekürzte Angabe „Dampfzustand: absoluter Druck 150 at; Temperatur 500°C" zu viel Platz beanspruchen würde.

„Die Jahresproduktion beträgt 300000 m³ i. N. Wasserstoff." als Text in einem Wirtschaftsbericht; denn die formal richtige Formulierung „Das Normvolumen des in einem Jahr produzierten Wasserstoffs beträgt 300000 m³." ist wesentlich umständlicher: vgl. [95].

„VGs und VWs" in Texten der elektrotechnischen Fachliteratur: dabei bedeutet Gs „Gleichstrom" und Ws „Wechselstrom", wobei der Effektivwert der entsprechenden Größe, hier also der Spannung, gemeint ist.

Abschließend sei noch auf zwei Arten von Einheiten hingewiesen, die Sondereinheiten sind oder ihnen nahestehen:

— Einheiten wie Umdrehung (U) und Amperewindung (Aw), bei denen es sich um Zähleinheiten oder damit zusammengesetzte Einheiten handelt (s. 7.2.).

— Statistische Maßeinheiten wie lfd. m; Bahn-km; Luft-km; Straßen-km; Spinn-km; Festmeter (Fm); Schichtfestmeter (SFm); m² Bruttogeschoßfläche; hl Weingeist; t Wasserverdrängung (tdw; von „dead-weight"); Brutto-Registertonne und Netto-Registertonne (BRT bzw. NRT; 1 RT = 2,832 m³; vgl. reg to in Tab. 4); Gramm-Fein (gf); kg Base; t Reingerbstoff; t K_2O; t Dampf. Weitere Beispiele siehe z. B. bei [98; 65; 99]. Hier handelt es sich um Sondereinheiten, die solche spezielle, meist der Statistik dienende Sachbezüge enthalten, daß wir sie nicht zu den physikalisch-technischen Einheiten zählen und daher hier nicht allgemein behandeln.

7.2. Zähleinheiten

Obwohl der Praktiker bei der Anwendung von Zähleinheiten nur bei einigen, wenigen Fragen Schwierigkeiten hat, gehen bei der theoretischen Behandlung die Auffassungen auch hier so weit auseinander, daß die Autoren sich eine eigene Meinung bilden mußten.

Der Begriff *Zählgröße* wird von Reichardt [9] in folgender Weise erklärt: Zählgrößen sind Größen, die durch Zählen gemessen werden (oder gemessen werden könnten), sie dienen zur quantitativen Kennzeichnung einer Menge. „Zählen" faßt er dabei als besondere Art des Messens auf, es besteht in der Bestimmung der Anzahl von Zähleinheiten, die in einer bestimmten Menge enthalten sind. Beispiele für Objekte einer Zählung sind:

— Körper, die räumlich oder zeitlich voneinander unterscheidbar sind (z. B. Kugeln, α-Teilchen, Autos),

— Stücke, die nicht ohne Zerstörung des Objektes voneinander entfernt oder nur indirekt gezählt werden können (z. B. die Zähne einer Kreissäge, die Nukleonen eines Atomkerns, die Elektronen einer Atomhülle),

— gequantelte Eigenschaften von Objekten (z. B. die

Freiheitsgrade eines schwingungsfähigen Systems, die Energieniveaus einer Atomhülle),

— zeitlich aufeinander folgende Ereignisse (z. B. Messungen, Ablesungen, Umläufe, Schwingungen).

Der Begriff Zählgröße ist eingeführt worden, weil sie wirklich als Größe im Sinne von 1.1. aufgefaßt werden soll. Daraus folgt, daß auch Zählgrößen in der Form

$$\text{Größe} = \text{Zahlenwert} \times \text{Einheit}$$

dargestellt werden können:

$$z = \{z\}\,[z] \tag{7.1}$$

Bei der Betrachtung der *Einheiten von Zählgrößen* weichen wir von [9] ab. Wir sehen in dem Merkmal, das als Zählgröße bezeichnet wird, die Eigenschaft, als Element einer bestimmten Menge aufzutreten. Da es dabei vollkommen gleichgültig ist, um welche physikalischen Objekte es sich handelt und in wieviel anderen Merkmalen (Größe, Masse, Form, Zeitverlauf) sie sich unterscheiden, wenn sie nur die eine Eigenschaft aufweisen, das für die betrachtete Menge charakteristische Merkmal zu besitzen, sehen wir es als berechtigt an, nur von einer Größenart „Zählgröße" zu sprechen (aber natürlich von vielen verschiedenen Größen dieser Art). Einheiten dieser Größenart sind alle Mengen, die eine vereinbarte Anzahl von Elementen enthalten; vorzugsweise ist diese Anzahl 1. Diese Einheit heißt in deutscher Sprache *Stück*; es ist jedoch allgemein üblich, sie als unbenannte Zahl (arithmetische Zähleinheit) aufzufassen und mit „1" zu bezeichnen.

Es entsteht nun natürlich die Frage, warum die so einfache, unbenannte Zahl 1 in doch recht umständlicher Weise als „Einheit der Größenart Zählgröße" eingeführt wurde. Doch erweist sich dies sofort als zweckmäßig, wenn man bemerkt, daß es auch andere Einheiten der

Zählgröße gibt, wie

$$1\,\text{Paar} = 2$$
$$1\,\text{Dutzend} = 12$$
$$1\,\text{Mandel} = 15$$
$$1\,\text{Schock} = 60$$
$$1\,\text{Gros} = 144$$

Bei einem Wechsel der Einheit $[z]$ ändert sich der Zahlenwert $\{z\}$ in Gl. (7.1) entsprechend. Die Größe z dagegen ist gegen einen Wechsel der Einheit invariant.

Die Größenart Zählgröße hat zwei Eigenschaften, durch die sie sich von allen anderen Größenarten merklich abhebt: Erstens ist der Sachbezug (vgl. 7.1.), in dem sie benutzt wird, weitaus vielfältiger und zweitens ist er wesentlich stärker. Das hat zur Folge, daß (außer in der Mathematik) nur sachbezogene Zählgrößen auftreten. (Von manchen Autoren werden daher die einzelnen sachbezogenen Zählgrößen als von verschiedener Art angesehen.) Entsprechend häufig ist der Wunsch, den speziellen Sachbezug im Namen oder Zeichen der Einheit anzugeben. Es gibt also (um in der Terminologie von 7. 1. zu bleiben) viel mehr „Sondereinheiten", so viele, daß diese Einheiten meist nicht als „Sondereinheiten zur Einheit der Zählgröße" bezeichnet werden, sondern als *Zähleinheiten*, wobei der Hinweis, daß es sachbezogene Zähleinheiten sind, oft unterbleibt. Beispiele, deren Reihe sich beliebig fortsetzen ließe, sind:

Apfel	für die Zählgröße Apfelmenge
Einwohner	für die Zählgröße Einwohnerschaft
Windung (w)	für die Zählgröße Windungszahl
Umdrehung (U)	für die Zählgröße Umdrehungszahl.

Alle diese Sondereinheiten sind sachbezogene Ausdrücke für die Zähleinheit 1.

In Anlehnung an Reichardt [9] wird empfohlen, als Namen für Zählgrößen selbständige Worte (wie Einwohnerschaft, Lagerbestand, Ausbeute) oder Zusammensetzungen mit dem Wortteil „-zahl" (wie Drehzahl, Windungszahl, Personenzahl) anzuwenden. Auch Wortverbindungen mit dem Wortteil „-menge" sind brauchbar, doch ist hierbei zu beachten, daß nach den letzten internationalen Festlegungen die „Stoffmenge" keine Zählgröße, sondern eine zusätzliche Grundgrößenart des SI ist (vgl. 3.3.9.). — Für Zählgrößen nicht angewendet werden soll dagegen das Wort „Anzahl". Dieses Wort und Wortverbindungen mit ihm sollen vielmehr für $\{z\}$, also als Synonym für „Zahlenwert einer Zählgröße", vorbehalten bleiben, wobei im allgemeinen als zugehörige Zähleinheit 1 benutzt wird.

Mit Zählgrößen kann man wie mit anderen Größen rechnen. Insbesondere kann man mit ihnen neue abgeleitete Größenarten definieren. Die Beispiele entnehmen wir [9], geben aber entsprechend der hier dargestellten Betrachtungsweise stets Einheit und Sondereinheit an:

Größe	Einheit	Sondereinheit
Drehzahl, Umlauffrequenz	1/min	U/min
Windungsbelag	1/cm	w/cm
Schrittgeschwindigkeit	1/s	bit/s
magnetische Spannung	A	Aw
magnetische Feldstärke	A/m	Aw/m
magnetischer Widerstand	A/Wb	Aw/Wb
Zuschauerdichte $= \frac{\text{Zuschauer}}{\text{Fläche}}$	1/m²	Personen/m²
Elektronenflußdichte $= \frac{\text{Elektronenzahl}}{\text{Querschnitt} \cdot \text{Zeitdauer}}$	1/m² · s	Elektronen/m² · s
Klassenbelegung $= \frac{\text{Schülerzahl}}{\text{Klassenzahl}}$	1	Schüler/Klasse

Einige Einheiten solcher mit sachbezogenen Größen der Art Zählgröße gebildeten abgeleiteten Größen haben selbständige Namen, z. B.:

1 Hz = 1/s für periodische Vorgänge,

1 Baud = 1/s für Zweierschritte (1 Baud = 1 bit/s; vgl. 7.4.4.)

In unserer Betrachtungsweise ist also Hertz eine Sondereinheit zur Einheit s^{-1}, die nur für die Frequenz von periodischen Vorgängen angewendet werden darf — und dafür sogar im SI enthalten ist —, nicht aber z. B. für die Aktivität (Frequenz eines nicht-periodischen Vorgangs). Entsprechend ist Amperewindung eine Sondereinheit zu Ampere für die magnetische Spannung, nicht aber für die elektrische Stromstärke; Amperewindung und Zusammensetzungen damit sind allerdings keine SI-Einheiten und gesetzlich nicht zulässig.

Für Gleichungen gilt in Anwendung des in 7.1. für Sondereinheiten allgemein Gesagten: Sachbezogene *Zähleinheiten* (auch wenn sie gesetzlich zulässig sind) sind *in Gleichungen* konsequent zu *vermeiden.* Stattdessen sind entsprechend gekennzeichnete Formelzeichen und in Verbindung damit die Einheit 1 anzuwenden.

Einer besonderen Betrachtung bedürfen „zählgrößenbezogene" Größen (vgl. 1.3.). Da hier ohnedies Größe und entsprechende zählgrößenbezogene Größe die gleiche Einheit haben (die Einheit der Zählgröße ist 1), bringt die Anwendung von Größen „je Zähleinheit" nicht die in 1.3. genannten Nachteile und ist zu empfehlen, da sich hierdurch zählgrößenbezogene Größen vermeiden lassen. Zum Beispiel gibt man statt „Masse durch Anzahl der Tiere" (Masse-Anzahl-Quotient) in kg/1 = kg besser die Masse je Tier" in kg an; multipliziert man mittlere Masse je Tier × Anzahl der Tiere, so erhält man richtig die Gesamtmasse der Tiere in kg.

7.3. *Einheiten für Verhältnisgrößen, Winkeleinheiten*

Wie in 1.3. bereits angedeutet, ist die Diskussion über die Verhältnisgrößen und ihre Einheiten, die *Verhältniseinheiten*, noch nicht abgeschlossen. Nahezu einheitlich ist die Auffassung, daß es sich wirklich um Größen handelt [5; 19; 100 bis 104]. Unterschiedlich sind dagegen die Anschauungen über die Frage, ob und wie weit man den Einheiten von Verhältnisgrößen eigene Namen und eigene Kurzzeichen zuteilen soll.

Geht man nämlich von der Definition der Verhältnisgröße als Quotient zweier gleichartiger Größen aus, so folgt, daß sich jede Verhältniseinheit durch eine unbenannte Zahl, die in einem Einheitensystem kohärente Verhältniseinheit durch die Zahl 1 darstellen läßt, wobei diese Darstellung der für jede Einheit möglichen Darstellung als Potenzprodukt der Basiseinheiten entspricht (vgl. 1.1.). — Falsch wäre es allerdings, aus der Gleichheit der Potenzprodukt-Darstellung auf die Gleichartigkeit der Größen zu schließen. Größen, deren Einheit in einem Einheitensystem durch das gleiche Potenzprodukt der Basiseinheiten dargestellt werden können, stimmen lediglich in ihrer Dimension im zugehörigen Größensystem überein (vgl. 1.1.). Das gilt natürlich auch, wenn für eine Größe $X = \frac{x}{x}$ im Potenzprodukt alle Exponenten gleich Null sind, also $\dim X = 1$ ist, oder — was dem entspricht — wenn sich für die Darstellung der kohärenten Einheit als Potenzprodukt der Basiseinheiten die unbenannte Zahl 1, auch **1** geschrieben [90], ergibt.

Dem steht — wie dies in 7.1. und 7.2. bereits ausgeführt wurde — vielfach der Wunsch gegenüber, bereits aus der Benennung der Einheit die zugehörige Größenart eindeutig erkennen zu können, wobei insbesondere auf die Vermeidung von Fehlern in Datenverarbeitungsanlagen und auf die Möglichkeit zur Kontrolle der Richtigkeit von hergeleiteten Gleichungen (Dimensionskontrolle: Einheitenpotenzprodukt und Dimension sind umkehrbar eindeutig aufeinander abbildbar; vgl. 1.1.) hingewiesen wird [105; 106]. Daher wurde z. B. vorgeschlagen, die Verhältniseinheiten durch das mit dem Exponenten Null versehene Kurzzeichen der Einheit der im Zähler (und im Nenner) stehenden Größe zu kennzeichnen (Beispiel: W^0 für die Einheit des Wirkungsgrades) [9].

Die hier angeschnittene Problematik beschränkt sich durchaus nicht auf Verhältniseinheiten. Die Forderung nach eindeutiger Kennzeichnung jeder Größenart durch ihre Einheit wird von einigen Autoren allgemein erhoben [105; 106; 107]; als Weg hierzu wird die Hinzunahme weiterer Basiseinheiten genannt, wobei stets ein Kompromiß mit dem Streben nach einer möglichst kleinen Anzahl von Basiseinheiten (vgl. 2.2.) zu schließen ist. Eine allgemein anerkannte Lösung für die Problematik steht noch aus. Es gibt sogar andererseits den Vorschlag, für alle SI-Einheiten eine einzige Bezeichnung und ein einziges Kurzzeichen einzuführen und die Kennzeichnung der Größenarten allein durch deren Benennungen und die entsprechenden Formelzeichen vorzunehmen. Hier werden offenbar die Gedankengänge zur Vermeidung von Sondereinheiten (s. 7.1.) verallgemeinert. Der Vorschlag muß aber vorerst wohl daran scheitern, daß — im Gegensatz zur Situation bei den Einheitennamen und -kurzzeichen — für Größenarten keine allgemein anerkannten eindeutigen Benennungen und entsprechende Formelzeichen weltweit vereinbart sind.

Eine ähnliche Problematik besteht für die Einheiten von ebenem Winkel und Raumwinkel, Radiant (rad) und Steradiant (sr). Für die Anwendung von rad wie eine Basiseinheit spricht unter anderem, daß dann in der Mechanik eindeutig zwischen Translations- und Rotationsgrößen unterschieden werden kann; z. B. wird die SI-Einheit des Drehmoments $N \cdot m \cdot rad^{-1}$, während die Einheit der Arbeit $N \cdot m = J$ bleibt (s. z. B. [108, dort 25 Zitate; 109; 106; 105]). — Die Anwendung einer bisher als abgeleitet betrachteten Größenart als zusätzliche Basisgrößenart bedingt aber die Einführung einer zusätzlichen abgeleiteten Größenart (vgl. 2.2.), hier z. B. eines Koeffizienten k_α, und damit die Veränderung einer ganzen Reihe von bisher üblichen Größengleichungen, die etwas komplizierter werden. Auch gelten die Reihenentwicklungen für $\sin x$, $\cos x$ usw. in der bisherigen Form nur, wenn x das Verhältnis von Kreisbogenlänge b zu Radius r bedeutet: $x = b/r$. Diese Komplizierungen und zudem die Fehlermöglichkeiten, die sich beim Übergang von den bisher üblichen zu den neuen Größengleichungen ergeben, sind die wesentlichen Argumente der Autoren, die rad wie eine abgeleitete Einheit anwenden [110; 111; 112].

Selbst die CGPM hat — wie in 3.1. bereits gesagt — bisher nicht entschieden, ob rad und sr als Basiseinheiten oder als abgeleitete Einheiten — und damit als Verhältniseinheiten — aufgefaßt werden sollen. Auch im folgenden ist eine Entscheidung dieser Frage nicht beabsichtigt. Stattdessen sei darauf hingewiesen, daß die Einheit rad — falls sie als abgeleitete Einheit aufgefaßt wird — im SI kohärent ist, was zur Folge hat, daß sich wenigstens die Zahlenwerte nicht ändern, wenn man vom Einheitensystem m—s—kg—A—K—mol—cd zum Einheitensystem m—rad—s—kg—A—K—mol—cd übergeht, d. h. wenn man rad wie eine zusätzliche Basiseinheit behandelt.

Das soll am Beispiel von Drehzahl und Winkelgeschwindigkeit, das gelegentlich zu Mißverständnissen Anlaß gegeben hat, im einzelnen gezeigt werden: Betrachten wir eine gleichförmige Drehbewegung, bei der in jeder Sekunde n Umdrehungen erfolgen. Dann ist die Umlauffrequenz (Drehzahl) $f_u = n\,s^{-1}$ oder, was dasselbe ist, $f_u = n$ U/s. (Wir erinnern dabei daran, daß Umdrehung als Zähleinheit eingeführt wurde; s. 7.2.) Soll für die betrachtete Drehbewegung die Winkelgeschwindigkeit ω berechnet werden, so ist davon auszugehen, daß eine Umdrehung dem Durchlaufen eines Winkels $\varphi_V = 2\pi$ rad entspricht[1]). Es gilt also die Beziehung $1\,U \mathrel{\hat{=}} \varphi_V = 2\pi$ rad. In einer Sekunde erfolgen einerseits n Umdrehungen, andererseits wird der Winkel 2π rad n-mal durchlaufen. Es gilt daher

$$\omega = 2\,\pi\,n\,\frac{\text{rad}}{\text{s}} = \frac{1}{k_\alpha}\,2\,\pi\,f_u \qquad (7.2)$$

[1]) Der Winkel 2π rad wird nicht nur hier als (zum SI nicht kohärente) Einheit benutzt. Diese Einheit heißt Vollwinkel; es ist jedoch für sie bisher kein Einheiten-Kurzzeichen festgelegt. Vorgeschlagen wurde pla (von plenus angulus) [113]. Um Entscheidungen nicht vorzugreifen, wurde von dem Kurzzeichen pla hier und im folgenden kein Gebrauch gemacht und stattdessen das Formelzeichen φ_V wie ein Einheitenkurzzeichen angewendet.

oder $$k_\alpha \, \omega = 2\,\pi\,f_u \tag{7.3}$$

mit $$k_\alpha \triangleq 1\ \mathrm{rad}^{-1}$$

Hierbei wird rad wie eine Basiseinheit behandelt.

Entscheidet man sich andererseits, rad als abgeleitete Einheit aufzufassen, also rad durch 1 zu ersetzen, so erhält man statt (7.3) die Größengleichung

$$\omega = 2\,\pi\,f_u \tag{7.4}$$

Auch diese Gleichung ist invariant gegen Einheitenwechsel; um das nachzuweisen, wandeln wir sie in eine zugeschnittene Größengleichung um, wobei $[\omega] = \mathrm{rad/s}$ und $[f_u] = \mathrm{U/s}$ benutzt werden sollen:

$$\frac{\omega}{\mathrm{rad/s}} = 2\pi\,\frac{f_u}{\mathrm{U/s}} \tag{7.5}$$

oder, da U = 1 ist und rad = 1 gesetzt werden kann,

$$\frac{\omega}{1/\mathrm{s}} = 2\pi\,\frac{f_u}{1/\mathrm{s}} \tag{7.6}$$

Hätten wir stattdessen $[\omega] = \varphi_V/\mathrm{s}$ benutzt, so hätte sich ergeben

$$\frac{\omega}{\varphi_V/\mathrm{s}} = \frac{f_u}{\mathrm{U/s}} \tag{7.7}$$

d. h., daß die Zahlenwerte $\{\omega\}$ und $\{f_u\}$ in diesem Fall gleich sind, wie es ja auch sein muß. Trotzdem wäre es richtig geblieben, denn mit $\varphi_V = 2\pi$ und U = 1 ergibt sich wieder Gl. (7.4). – Fehlerhaft wird die Überlegung nur dann, wenn man nicht zwischen U (als Zähleinheit) und φ_V (als Winkeleinheit) unterscheidet und so statt des $\triangleq$-Zeichens ein =-Zeichen setzt (falsch: $\mathrm{U} = \varphi_V$); dann ergibt sich natürlich das falsche Ergebnis $\mathrm{U} = 2\pi$, das mit der Definition von U als Zähleinheit (U = 1) im Widerspruch steht.

Daß bei der Berechnung der Umlaufgeschwindigkeit v aus der Winkelgeschwindigkeit ω keine Schwierigkeiten auftreten, wenn man den Winkel als abgeleitete Größenart betrachtet, also rad = 1 setzt, ist dagegen nicht neu. Die anzuwendende Größengleichung lautet

$$v = \omega \cdot r \tag{7.8}$$

wo r den Radius der Umlaufbahn bedeutet. Sie ist wirklich eine Größengleichung; mißt man v in m/s, r in m, $\omega = \{\omega\}\,[\omega]$ z. B.

in $[\omega] = °/\mathrm{s}$, so bleibt sie richtig, denn es gilt $1° = \frac{2\pi}{360}$. Die entsprechende Zahlenwertgleichung lautet also

$$\{v\} = \frac{2\pi}{360}\{\omega\} \cdot \{r\} \tag{7.9}$$

Analoge Betrachtungen gelten für den Raumwinkel Ω. Betrachtet man nämlich den Steradiant konsequent als abgeleitete Einheit, gilt also sr = 1, so folgt, daß im SI die Einheit des Lichtstromes Φ_v, das Lumen (lm), und die Einheit der Lichtstärke I_v, die Candela (cd), durch das gleiche Potenzprodukt ($m^0\, s^0\, kg^0\, A^0\, K^0\, mol^0\, cd^1$) dargestellt werden, denn beide Größen sind durch die Gleichung

$$\Phi_v = I_v \cdot \Omega \tag{7.10}$$

verknüpft. Der Schluß, daß daraus zu folgern sei, Lumen und Candela seien gleich, ist natürlich falsch, aber er liegt offenbar so nahe, daß man nach Wegen sucht, zu verschiedenen Potenzprodukten zu kommen. Dies gelingt, wenn man (im vorliegenden Fall, also auf dem Gebiet der optischen Strahlung) Ω wie eine Basisgröße behandelt; für die Candela ergibt sich dann das Potenzprodukt ($m^0\, s^0\, kg^0\, A^0\, K^0\, mol^0\, cd^1\, sr^0$), für das Lumen der davon verschiedene Ausdruck ($m^0\, s^0\, kg^0\, A^0\, K^0\, mol^0\, cd^1\, sr^1$). Das ist wieder nichts anderes als ein — wenn auch auf ein Teilgebiet begrenzter — Übergang in ein anderes Größensystem; in der gegenwärtigen Praxis der Photometrie wird nur dieses erweiterte Größen- und Einheitensystem benutzt und erst in den wenigen Fällen, wo das Gebiet der Photometrie verlassen wird, wird sr = 1 eingesetzt und damit in das SI zurückgegangen. Ähnliches gilt für die Strahlungsphysik im optischen Bereich [42].

Die Ausdrücke Prozent (%), Promille (‰) und partes per millionem (ppm) werden entweder als Verhältniseinheiten [50; 216] oder als äquivalent mit den unbenannten Zahlen $\frac{1}{100}$, $\frac{1}{1000}$ bzw. $\frac{1}{1000000}$ [114] aufgefaßt. Sie werden häufig durch zusätzliche Angaben erweitert und erhalten dann auf jeden Fall Verhältniseinheiten-Charakter (Beispiel: Vol.-% oder % (Vol.) für eine Einheit der Verhältnisgröße Volumengehalt oder Volumenverhältnis).

Zur Messung von Tonintervallen in der Musik wird im allgemeinen statt des Frequenzverhältnisses der beiden Töne dessen Zweierlogarithmus benutzt. Als Einheit dient die Oktave (lb 2 für das Frequenzverhältnis 2:1, vgl. 7.4.2.). Die große Terz (Frequenzverhältnis 5:4) entspricht etwa $^1/_3$ Oktave. Allerdings haben die Tonintervalle in verschiedenen Tonskalen nicht genau den gleichen Wert. Einzelheiten findet man bei [8; 45].

7.4. *Einheiten für logarithmierte Verhältnisgrößen*

7.4.1. *Dezibel und Neper*

In der Elektrotechnik und Akustik verwendet man eine Reihe von logarithmierten Verhältnisgrößen (vgl. 1.3.). Zur Kennzeichnung dieser Größen fügt man dem Zahlenwert des Logarithmus eine Einheit [50; 216] zu, und zwar Bel (Kurzzeichen B) bzw. Dezibel (dB) für den dekadischen und Neper (Np) für den natürlichen Logarithmus. Dem Zeichen dB entspricht vereinbarungsgemäß die Funktion $10 \lg X_W$ der Verhältnisgröße X_W, wenn es sich um ein Verhältnis von Energiegrößen, und die Funktion $20 \lg X_F$ der Verhältnisgröße X_F, wenn es sich um ein Verhältnis von Feldgrößen handelt[1]). In

[1]) Unter Energiegrößen versteht man alle Größen, die der Energie proportional sind, z. B. Energie, Energiedichte, Leistung, Leistungsdichte.
Unter Feldgrößen versteht man alle Größen, deren Quadrate in linearen Systemen der Energie proportional sind, z. B. elektrische Spannung, elektrischer Strom, Schalldruck, Kraft, Geschwindigkeit.
Ein logarithmiertes Verhältnis von Energie- oder Feldgrößen, das zur Kennzeichnung der Eigenschaften eines Objektes dient, wird durch die Nachsilbe „maß" gekennzeichnet; z. B. ist $20 \lg (U_1/U_2)$ ein Dämpfungsmaß für eine Fernsprechleitung mit der Eingangsspannung U_1 und der Ausgangsspannung U_2 [9].

der Praxis wird im allgemeinen nicht das Bel, sondern das Dezibel (1 dB = 0,1 B) benutzt. Dem Zeichen Np entspricht die Funktion ln X_F für ein Verhältnis X_F von Feldgrößen und $^1/_2$ ln X_W für ein Verhältnis X_W von Energiegrößen.

Bei Proportionalität einer Energiegröße zum Quadrat einer zugehörigen Feldgröße, z. B. der elektrischen Leistung P zum Quadrat der Spannung U, ergibt sich die eine Funktion aus der anderen:

$$10\left(\lg\frac{P_1}{P_2}\right)\mathrm{dB} = 10\left(\lg\frac{U_1{}^2}{U_2{}^2}\right)\mathrm{dB} = 20\left(\lg\frac{U_1}{U_2}\right)\mathrm{dB} \qquad (7.11)$$

Dezibel und Neper unterscheiden sich als Einheiten der gleichen Größenart nur um einen Zahlenfaktor. Nach den oben angegebenen Definitionen gilt daher die Beziehung:

$$20\,(\lg X)\,\mathrm{dB} = (\ln X)\,\mathrm{Np} \qquad (7.12)$$

Daraus folgt für $X = 10$ bzw. $X = \mathrm{e}$:

$$1\,\mathrm{dB} = \frac{\ln 10}{20}\,\mathrm{Np} = 0{,}115129\,\mathrm{Np}$$

$$1\,\mathrm{Np} = 20\,(\lg \mathrm{e})\,\mathrm{dB} = 8{,}6859\,\mathrm{dB}.$$

Über den Charakter der logarithmierten Verhältnisgrößen und der Einheiten Dezibel und Neper gehen die Ansichten noch stark auseinander. Abweichend von der oben gegebenen Ableitung wurden z. B. Dezibel und Neper als Zähleinheiten beide identisch Eins gesetzt und demzufolge Gl. (7.12) und die daraus abgeleiteten Beziehungen als falsch bezeichnet [11]. Andere Autoren versuchen zwischen zwei verschiedenartigen logarithmierten Verhältnisgrößen mit den Einheiten Bel bzw. Neper für das gleiche Größenverhältnis zu unterscheiden und kommen zu der Folgerung, daß in den Beziehungen das Zeichen $\triangleq$ gesetzt werden müßte [10]. Von der früher vertretenen Auffassung, B und Np nicht als Einheiten, sondern als „Kennwörter" zu bezeichnen [23; 115], ist man in letzter Zeit international abgegangen [222].

Die Einheiten Dezibel und Neper werden zur Kennzeichnung der Logarithmierung nicht nur für das Verhältnis von zwei beliebigen gleichartigen Größen, sondern auch für das Verhältnis der Meßgröße zu einer festgelegten Bezugsgröße verwendet. Der Logarithmus einer solchen Verhältnisgröße wird *Pegel* genannt. Im folgenden sollen für einige wichtige Pegel die üblichen Bezugsgrößen und die Werte der zu y dB gehörigen Größen angegeben werden:

Pegel	Bezugsgröße	Wert der zum Pegel y dB gehörigen Größe
elektr. Leistungspegel	1 mW	$1 \cdot 10^{0,1y}$ mW
elektr. Spannungspegel	0,775 V (1 mW an einem Widerstand von 600 Ω)	$0,775 \cdot 10^{0,05y}$ V
	1 V	$1 \cdot 10^{0,05y}$ V
Schalleistungspegel	1 pW	$1 \cdot 10^{0,1y}$ pW
Schalldruckpegel	20 µPa	$20 \cdot 10^{0,05y}$ µPa

Erforderlichenfalls kann die Bezugsgröße mit Vorsatz der Silbe „re" im Index der Größenbezeichnung oder in Klammern mit Abstand hinter der Einheit angegeben werden, z. B. $L_{P\,\mathrm{re}\,1\,\mathrm{mW}} = 100$ dB oder 100 dB (re 1 mW) [116], zur Abkürzung auch 100 dBm [117]; neuerdings wird 100 dB (1 mW) empfohlen [222].

Das Neper wird im allgemeinen nur noch für Spannungsverhältnisse und -pegel in der Fernmeldetechnik verwendet. Bei einer Bezugsspannung von 0,775 V gehört zum elektrischen Spannungspegel z Np die elektrische Spannung $0,775 \cdot e^z$ V.

7.4.2. *Einheiten zur Bezeichnung weiterer akustischer Größen*

Wie bereits in 7.3. erwähnt, wird zur Angabe der Tonintervalle von Tonskalen der Zweierlogarithmus des Frequenzverhältnisses mit der Einheit Oktave (oct) benutzt. Das Oktavenintervall wird bei der temperierten Stimmung in 12 gleich große Halbtonschritte mit dem Frequenzverhältnis $f_2/f_1 = \sqrt[12]{2}$ geteilt. Man hat auch eine Unterteilung in 1200 Teile vorgenommen und das durch die Festsetzung $f_i/f_0 = \left(\sqrt[1200]{2}\right)^i$ definierte Intervallmaß i durch die Einheit Cent (cent) bezeichnet. Für eine Teilung in 1000 Teile wurde die Einheit Millioktave (mO), bei 100 Teilen Zentioktave (coct) vorgeschlagen [8; 45; 82].

Die *Lautstärke* ist eine Größe, die nach der Empfindung des menschlichen Ohres zweckmäßig ebenfalls im logarithmischen Maßstab zu messen ist (*Lautstärkepegel* L_N). Als objektives Maß kann der Schalldruckpegel L_p dienen, jedoch nur für eine festgelegte Frequenz (1000 Hz) [45; 118]. Bei anderen Frequenzen wird die Lautstärke bei gleichem Schalldruckpegel als größer oder kleiner empfunden. Aus diesem Grunde wurde als Einheit für den Lautstärkepegel im Jahre 1926 von BARKHAUSEN das Phon (Kurzzeichen phon) eingeführt. Bei 1000 Hz stimmen die Angaben des Schalldruckpegels in dB und des Lautstärkepegels in phon überein. Bei anderen Frequenzen mißt man den Lautstärkepegel *subjektiv* durch Vergleich mit einem Normschall, der gleich laut empfunden wird.

In neuerer Zeit wird eine *objektive* Lautstärkemessung durch Meßgeräte ermöglicht, die durch Einschaltung zusätzlicher Ohrkurvenfilter den Schalldruckpegel bei verschiedenen Frequenzen nach international festgelegten Kurven bewerten. Für praktische Messungen muß darüber hinaus berücksichtigt werden, daß der Schall nicht nur aus gleichbleibenden sinusförmigen Schwingungen besteht, sondern intermittierende Geräusche und Einzelimpulse enthält. Für einen *bewerteten Schalldruckpegel* nach der Bewertungskurve A für impulshaltigen Schall verwendet man das Formelzeichen L_{AI}. Gelegentlich wird die Bewertungskennzeichnung auch in die Einheit mit aufgenommen und dB (AI) anstelle von dB angegeben.

Als „Einheit" für die *Lautheit* wird das *Sone* (Kurzzeichen sone) verwendet. Die Lautheit eines Tones ist 1 sone, wenn sein Lautstärkepegel 40 phon beträgt; sie ist n sone, wenn ein Beobachter sie als n-mal so laut abschätzt wie die Lautheit 1 sone [45; 119; 120].

Da oberhalb von 40 phon jede Lautheitsverdopplung einem Zuwachs des Lautstärkepegels von etwa 10 phon entspricht, wurde die folgende Zahlenwertgleichung zwischen der Lautheit N in sone und dem Lautstärkepegel in phon empfohlen (lb = Zweierlogarithmus):

$$L_{\mathrm{N}} - 40 = 10 \operatorname{lb} N = 33{,}22 \lg N \qquad (7.13)$$

7.4.3. Stern-Größenklassen

Analog zu den Lautstärkeempfindungen gehorchen auch die Helligkeitsempfindungen des menschlichen Auges einem logarithmischen Gesetz: Gleichen Verhältnissen der Intensität entsprechen gleiche Differenzen der menschlichen Empfindung (Weber-Fechnersches Gesetz). Obwohl dieses Gesetz erst im Laufe des vorigen Jahrhunderts formuliert wurde, ist es schon in der vor zwei Jahrtausenden entstandenen Einteilung der Sterne in ihrer Helligkeit entsprechende Größenklassen enthalten. Die damals entstandene Einteilung hat sich bei entsprechender Verbesserung der Genauigkeit der Messungen bis in unsere Zeit erhalten. Die Größenklasse m eines Sternes (m von lat. magnitudo) wird heute durch

$$m = 2{,}5 \lg \frac{E_{\mathrm{vo}}}{E_{\mathrm{v}}} \qquad (7.14)$$

definiert, wobei E_{v} die beim Beobachter auf der Erde hervorgerufene Beleuchtungsstärke ist. E_{vo} ist dadurch bestimmt, daß für den Polarstern $m = 2{,}21$ festgelegt wurde (als Kurzzeichen ist 2^m21 in Gebrauch). Der Faktor 2,5 wurde so festgesetzt, daß die früher bestimmten Werte für die „Größe" der verschiedenen Sterne annähernd beibehalten werden konnten [121; 8].

7.4.4. *pH, DIN, bit*

Eine in der physikalischen Chemie vielgebrauchte logarithmierte Verhältnisgröße ist der *p*H-*Wert* (von lat. pondus hydrogenii, Wasserstoff-Exponent). Er wird definiert als „der mit (—1) multiplizierte dekadische Logarithmus der Wasserstoffionen-Aktivität (wirksamen Wasserstoffionen-Konzentration)" a_{H^+} [122]:

$$pH = -\lg a_{H^+} \tag{7.15}$$

Diese Gleichung ist jedoch bei exakter Betrachtung sinnlos, da der Logarithmus nur für unbenannte Zahlen definiert ist, a_{H^+} aber eine Größe der Dimension $L^{-3}N$ ist (Einheit z. B. mol/l). Dagegen ist die in [122] ebenfalls angegebene Gleichung

$$pH = -\lg \frac{a_{H^+}}{(a_{H^+})_1} \tag{7.16}$$

eine einwandfreie Größengleichung, in der $(a_{H^+})_1$ eine Konstante bedeutet, für die der Wert 1 mol/l festgelegt wurde. Logarithmiert wird also nicht die Größe a_{H^+}, sondern die Verhältnisgröße $a_{H^+}/(a_{H^+})_1$; derartige Vereinfachungen von Gleichungen sind in Lehrbüchern der physikalischen Chemie noch häufig, ohne daß — wie z. B. bei [123, S. 1001] — auf die Vereinfachung hingewiesen wird.

Der praktisch wichtigste Teil der *p*H-Skale liegt etwa zwischen *p*H = 0 und *p*H = 14. Wegen Einzelheiten, insbesondere wegen der Unterscheidung von *pa*H, *pc*H, *pt*H usw. siehe z. B. [124].

Obwohl *p*H das Formelzeichen einer Größe ist, wird H nach [122] nicht als Index geschrieben. Diese Besonderheit wird damit begründet, daß in der elektrochemischen

Literatur auch der Druck von atomarem und molekularem Wasserstoff (p_H bzw. p_{H_2}) eine Rolle spielt und Verwechslungen ausgeschlossen werden müssen. *p*H ist keine Einheit wie z. B. dB. Die Formulierung 5 *p*H ist daher unrichtig, vielmehr muß es in diesem Beispiel richtig heißen: Die Lösung hat den *p*H-Wert 5. Oder: Bei der Lösung ist *p*H = 5. (Statt *p*H und pH_a nach [122] wird häufig auch pH bzw. paH und entsprechend pcH und ptH geschrieben, z. B. bei [123; 124].)

Zur Angabe der *Lichtempfindlichkeit* von fotografischem Schwarzweiß-Negativmaterial ist in Deutschland 1934 ebenfalls ein logarithmisches Maß eingeführt worden [125; 126], dessen Anwendung später auch auf Farbfilme ausgedehnt wurde. In Verbindung mit der *Lichtempfindlichkeitszahl n* wird das Kennwort DIN benutzt. In der Beziehung $n = 10 \lg (H_0/H_M)$ ist H_M die Belichtung, die auf der Probe nach vorgeschriebener Entwicklung eine optische Dichte (Schwärzung) von 0,1 über dem Schleier erzeugt. Zur Bestimmung von H_M wird mit einer standardisierten Lichtquelle durch einen Graukeil mit Dichtestufen von 0,1 hindurch belichtet; H_M ergibt sich aus der Beleuchtungsstärke vor dem Graukeil, der Belichtungszeit und der optischen Dichte der Stufe, hinter der die oben genannte optische Dichte des belichteten und entwickelten Films erreicht wird. H_0 ist eine an das sensitometrische System gebundene Konstante und hat den Wert 1,0 lx · s. — Aus der Definition von *n* ergibt sich z. B., daß sich bei einer Halbierung von H_M (d. h. halbe Belichtung für gleiche Schwärzung) die DIN-Zahl um 3 vergrößert.

Neben der logarithmisch gestuften werden auch arithmetisch gestufte Reihen zur Angabe der Lichtempfindlichkeit benutzt. Die von der ISO festgelegte, als ASA-Zahlen bekannte Reihe ist mit der DIN-Reihe durch die Gleichung $n_{DIN} = 1 + 10 \lg n_{ASA}$ verknüpft [126]. 100 ASA entsprechen demnach 21 DIN, 200 ASA entsprechen 24 DIN, 400 ASA entsprechen 27 DIN usw. Auch die in der UdSSR verwendete Empfindlichkeitsangabe nach GOST beruht auf einer arithmetisch gestuften Reihe; dabei entsprechen

90 GOST einer Empfindlichkeit von 21 DIN, 180 GOST entsprechen 24 DIN usw. [127]. Weitere Einzelheiten siehe z. B. bei [128].

In der Informationstheorie sind für die Darstellung von $N = 2^q$ Zeichen q Alternativ- oder Binärentscheidungen erforderlich. Daraus folgt $q = \text{lb}\, N$. Der Zahl der Entscheidungen q wird das Kennwort *Bit* (Kurzzeichen bit) angefügt. Man kann daher Bit auch als Zähleinheit für Zweierschritte auffassen (vgl. 7.2.). Weitere Ausführungen siehe bei [129, S. 398].

7.5. *Rastermaße*

Rastersysteme sind additive Reihen, nach denen im Rahmen der Standardisierung die Abmessungen von Bauteilen, Geräten, Bauwerken oder anderen Erzeugnissen festgelegt werden. Der Abstand zweier benachbarter Rasterlinien wird *Rastermaß* [130; 131], der Abstand zweier benachbarter Linien des Grundrasters wird *Grundrastermaß* [132] oder *Modul* [131] genannt. Die Bezeichnung *Rastereinheit* [133] ist weniger treffend, da von einem Rastermaß nur ganzzahlige Vielfache und keine Teile gebildet werden, während diese Einschränkung für eine Einheit (s. 1.1.) nicht gilt. (Die in begrenztem Umfang zulässige Bildung von Sekundärrastern mit einem Rastermaß, das mit dem Rastermaß des Primärrasters in einem ganzzahligen Verhältnis steht, ändert an diesem prinzipiellen Unterschied nichts.) Beispiele für Rastermaße sind:

- Die Rastermaße im Bauwesen [130]: Modul M = 100 mm; Großraster von 60 M = 6 m bis 2 M = 200 mm; Kleinraster von M/2 = 50 mm bis M/100 = 1 mm.
- Die Rastermaße für die Einrichtungen auf Schiffen [131]: Modul M = 100 mm; Großraster von 30 M; Kleinraster bis M/100.

— Die Rastermaße für gedruckte Leiterplatten [134] $n \cdot 2{,}5$ mm und $n \cdot 1{,}25$ mm mit $n = 1, 2, \ldots$

— Der typographische Punkt (p) und die Cicero (c) [135]: 1 p = 0,376065 mm; 1 c = 4,512780 mm, wobei diese Werte für Körper aus Schriftmetall bei einer Temperatur von 20 °C gelten. (Es bestehen Vorschläge zum Übergang auf ein Rastersystem mit den Grundrastermaßen 0,5 mm und 0,025 mm [136; 137].)

Weitere Beispiele (Elektro-Raster, Schaltschränke, Palettierung) findet man bei [133].

8. Die Darstellung der Einheiten

8.1. Fundamentale Darstellung — Bewahrung — Weitergabe

Damit, daß für eine Größenart die Einheit durch eine Wortdefinition oder durch eine Definitionsgleichung definiert worden ist, ist für die Meßtechnik die Aufgabe nicht beendet. Vielmehr ist eine derartige Definition — wie sie das SI für die verschiedenen Größenarten gibt — weiter nichts als eine genau formulierte Aufgabe: Es gilt nun, durch Geräte geeigneten Meßprinzips und zweckentsprechender Ausführung die Definition der Einheit mit der erforderlichen Genauigkeit zu realisieren: *Darstellung* der Einheit. — Im weitesten Sinne des Wortes gehören dazu alle Operationen, die erforderlich sind, bis z. B. für die elektrische Stromstärke ein anzeigendes Meßgerät vorliegt, das eine in Ampere (oder seine Teile oder Vielfache) geteilte Skale besitzt. Im engeren Sinne versteht man darunter nur den ersten Schritt dieser Kette, die *fundamentale Darstellung* der Einheit.

Die Verfahren zur fundamentalen Darstellung einer Einheit erfordern im allgemeinen sehr aufwendige Meßeinrichtungen, sobald auch nur einige Forderungen hinsichtlich der Genauigkeit gestellt werden. Diese Einrichtungen, *Primärnormale* genannt (vgl. aber 8.2.) können daher nur an wenigen Stellen (meist nur in den metrologischen Staatsinstituten einiger Industrieländer), nur vorübergehend und nur in großen Zeitabständen betrieben werden und dienen fast ausschließlich zu dem Zweck, die Gerätekonstanten von Meßmitteln (s. z. B. 8.6.) oder einfacheren Meßeinrichtungen (s. z. B. 8.7.3.) zu bestimmen, wobei bei diesen Geräten oder Einrichtungen in erster Linie die Forderung nach extrem guter zeitlicher Konstanz erfüllt sein muß. Diese Meßmittel heißen *Sekundärnormale* und dienen zur *Bewahrung* der Einheit (Konservierung der Einheit); der beschriebene Vorgang der Bestimmung der Gerätekonstanten, wozu auch die Fehler der Anzeige gehören, wird *Einmessen* genannt. (Der Gebrauch der Bezeichnungen „Primärnormal" und „Sekundärnormal" erfolgt noch nicht ganz einheitlich; für beide wird auch die Benennung „Etalon" verwendet.)

Ein Erfordernis zur Darstellung besteht natürlich nicht nur für die Einheit selbst, sondern auch für ihre Teile und Vielfachen. Die Verfahren zur Ableitung von Teilen und Vielfachen aus einer dargestellten Einheit sind oft völlig andersartig (und oft auch einfacher) als die Verfahren zur fundamentalen Darstellung (s. z. B. 8.6.7.). Sie können aber auch ähnlich aufwendig sein oder ganz fehlen, so daß die Darstellung der Einheit auf die fundamentale Messung einer beliebigen Größe der gleichen Art hinausläuft (Beispiel: Temperatur); man spricht von der *Darstellung der Skale* (der betrachteten Größe) und benutzt auch hierbei zur Bewahrung Normale.

Der ökonomische Nutzen der aufwendigen Arbeiten zur fundamentalen Darstellung einer Einheit oder Skale ergibt sich leicht, wenn die Ergebnisse der Arbeiten weiten Anwenderkreisen zugänglich gemacht werden. Zu diesem Zweck werden an die Primär- und Sekundärnormale weitere Normale, *Referenznormale*, angeschlossen, an diese wiederum niedere Referenznormale und so fort [138; 139]. („Anschließen“ heißt dabei, daß die niederen Normale entsprechend den Anzeigen der höheren Normale eingemessen werden.) So entsteht eine mehr oder weniger lange Kette von Normalen, über die die *Weitergabe* der Einheit bis zur Anwendung bei der praktischen Messung erfolgt; die Kette ist meist stark verzweigt, denn an jedes Normal kann natürlich eine größere Anzahl von Geräten der nächstniederen Ordnung angeschlossen werden. Naturgemäß wächst die Meßunsicherheit, mit der die Gerätekonstanten und damit die Anzeigen der Meßmittel behaftet sind, von Ordnung zu Ordnung. Es sinkt aber im allgemeinen auch der Aufwand für das Meßverfahren. Aus den Genauigkeitsanforderungen ergibt sich daher die Ordnung des Normals, an welches das zu prüfende Meßmittel angeschlossen werden muß.

Als Maß für die Genauigkeit wird im allgemeinen die *Meßunsicherheit* für eine statistische Sicherheit $P = 95\%$ (bei Gaußscher Verteilung entsprechend $1{,}96\,\sigma$, bei anderen praktisch vorkommenden Verteilungen bis zu 3σ), in einigen Gebieten auch der *wahrscheinliche Fehler* (statistische Sicherheit $P = 50\%$; bei Gaußscher Verteilung entsprechend $0{,}675\,\sigma$) angegeben [15]. — Der Faktor 5, der für das Anwachsen der Meßunsicherheit oder Fehlergrenze beim Übergang von einem Normal zu Geräten der nächstniederen Ordnung häufig genannt wird, gilt nur für die niedersten Normale und die daran anzuschließenden Arbeitsmeßmittel und nur bei vereinfachtem Vergleich. Bei aufwendigeren Verfahren sind Faktoren von 2, von 1,5 oder noch kleiner bei vielen Größen erreichbar; dabei muß für jeden Einzelfall eine gesonderte Abschätzung erfolgen.

Der ökonomische Aufwand für die fundamentale Darstellung der Einheiten läßt sich erheblich verringern, wenn nicht jedes Land für jede Größenart ein eigenes Primärnormal, ein *nationales Normal*, entwickelt und unterhält, sondern stattdessen mit anderen Ländern vereinbart, daß ein Primärnormal für alle beteiligten Länder zur Verfügung steht. Innerhalb des RGW bestehen solche Vereinbarungen. Als *RGW-Normal* (RGW-

Etalon), d. h. als von allen Mitgliedsländern des RGW anerkanntes Primärnormal, kommen in Frage [140]: das nationale Normal eines Landes, ein speziell als RGW-Normal entwickeltes und hergestelltes Gerät oder eine Gruppe von Normalen, wobei diese Gruppe häufig aus den nationalen Normalen mehrerer Länder besteht.

8.2. Grenzen für die Genauigkeit der Darstellung

Die mit der Entwicklung der Technik wachsenden Anforderungen an die Genauigkeit bei der Darstellung der Einheiten macht es von Zeit zu Zeit erforderlich, für die eine oder andere Grundeinheit eine neue Definition festzulegen. Eine solche Festlegung ist nicht unproblematisch, denn bereits hierbei muß ja berücksichtigt werden, daß jede derartige Definition für eine genügend genaue Darstellung der Einheit geeignet sein muß. Die anfangs übliche Methode, eine Einheit durch ein Prototyp zu definieren (vgl. 8.3. und 8.5.) führt kaum noch zu brauchbaren Definitionen; sie hat zudem den Mangel, daß das Prototyp verloren oder beschädigt werden kann, wodurch die Einheit verloren wäre. Dagegen scheinen Definitionen durch Atom- und andere Naturkonstanten (vgl. 6.3., 8.3. und 8.4.) besonders geeignet zu sein. — Selbstverständlich gehen der Festlegung einer neuen Definition für eine Einheit umfangreiche experimentelle und theoretische Arbeiten voraus, bis nachgewiesen ist, daß die der neuen Definition zugrunde liegende physikalische Erscheinung eine genügend genaue fundamentale Darstellung der Einheit gestattet.

Für abgeleitete Einheiten gelten andere Überlegungen, da deren durch Gleichungen festgelegten Definitionen exakt gelten und daher beliebig lange beibehalten werden können. Bei der experimentellen Realisierung der Definition gibt es aber auch hier Grenzen, die einmal in der Darstellung der in die Definitionsgleichung eingehenden Grundeinheiten und zum anderen in den zusätzlich erforderlichen Meßeinrichtungen liegen. Nur bei Definitionen der Art wie der für das Ampere (s. 8.6.) ist es möglich, daß abgeleitete Einheiten genauer dargestellt werden können als eine der in der Definitionsgleichung auftretenden Grundeinheiten.

In die Überlegungen müssen auch die Verfahren zur Übertragung der Einheit auf die Sekundärnormale einbezogen werden. Durchaus nicht bei allen Größen ist der Anteil, den das Übertragungsverfahren zur Unsicherheit der von den Sekundärnormalen verkörperten Einheit liefert, klein gegen die Unsicherheit der Darstellung der Einheit selbst, vgl. z. B. 8.3. letzter Absatz.

Bei einigen Größen reicht die Genauigkeit der fundamentalen Darstellung der SI-Einheit für die Erfordernisse von Wissenschaft und Technik nicht aus. Wohl aber ist man in der Lage, sowohl Normale (meist Maßverkörperungen) herzustellen, deren Gerätekonstanten sich genügend wenig ändern, als auch über genügend genaue Vergleichsverfahren zu verfügen. In diesen Fällen legt man zusätzlich zur SI-Einheit durch Konvention eine genauere, *konventionelle Einheit* fest, indem man vereinbart, daß die Anzeige eines ausgewählten Normals — oder besser der Mittelwert der Anzeigen einer Gruppe solcher Normale — als exakt richtig gelten soll. Es wird dadurch erreicht, daß in dem Bereich, in dem die Konvention gilt, mit gleicher Einheit gemessen wird, auch wenn diese sich von der SI-Einheit möglicherweise etwas unterscheidet. Der Bereich kann dabei die ganze Welt, ein Wirtschaftsgebiet (z. B. das des RGW), ein Staat oder ein noch kleinerer Bereich sein. Die konventionelle Einheit trägt den gleichen, aber durch einen Zusatz gekennzeichneten Namen wie die entsprechende SI-Einheit, das Kurzzeichen der Einheit erhält einen kennzeichnenden Index; die Kennzeichnung entfällt bei der Weitergabe über die Kette der Normale, sobald die mögliche Abweichung zwischen konventioneller Einheit und SI-Einheit gegenüber der Unsicherheit des Normals vernachlässigbar ist. Beispiele siehe bei 8.6.7. — Auch die eine konventionelle Einheit definierenden Normale werden als *Primärnormale* bezeichnet. — Entsprechendes gilt für Größen, für die eine konventionelle Skale vereinbart wurde. Das wichtigste Beispiel ist die IPTS-68 für die Größe Temperatur (s. 8.7.3.).

Im folgenden werden für die Basiseinheiten einige Angaben über Darstellungsverfahren und erreichte Genauigkeiten gemacht. Die Arbeiten zur Darstellung der abgeleiteten Einheiten unterscheiden sich in Schwierigkeitsgrad und Aufwendigkeit in vielen Fällen nur wenig von den zur genauen Darstellung der Grundeinheiten erforderlichen Arbeiten. Die erreichbaren Genauigkeiten sind allerdings zum Teil erheblich schlechter. Auf Einzelheiten kann hier nicht eingegangen werden; eine Übersicht über die zur Zeit im Amt für Standardisierung, Meßwesen und Warenprüfung der DDR (ASMW) erreichbaren Genauigkeiten gibt [141].

8.3. Darstellung des Meter

Im Anschluß an die Ausführungen in 2.1., 6.3. und 8.2. sei zunächst auf die von 1889 (1. CGPM) bis 1960 (11. CGPM) gültige Definition eingegangen [142; 27; 143; 144]. Danach war das Meter definiert als Abstand der Mittellinien der beiden mittleren Striche auf dem im BIPM aufbewahrten Maßstab bei 0 °C und atmosphärischem Druck. Der Maßstab besteht aus einer Legierung von 90% Platin und 10% Iridium. Sein Querschnitt hat eine nichtsymmetrische X-Form, als Teilung sind in der neutralen Faser (das ist die Zone, die bei Durchbiegung des Maßstabs weder gedehnt noch gestaucht wird) an jeder Seite 3 Striche graviert. — Die mit dem Prototyp erreichbare Genauigkeit wird im wesentlichen durch die Unsicherheit begrenzt, mit der sich das Ablesemikroskop auf die Striche einstellen läßt. Auch bei verbesserten Strichen (4 μm statt vorher 8 μm breit) und mit photoelektrischen Einrichtungen ließ sich keine kleinere Unsicherheit als 0,2 μm ($\triangleq 2 \cdot 10^{-7}$) erreichen. Dagegen sind die von der

Einhaltung der in der Definition vorgeschriebenen Bedingungen herrührenden Anteile etwa 20mal kleiner. Ob spontane, irreversible Veränderungen im Material des Maßstabs zur Unsicherheit beitragen, ist ungeklärt; aus Vergleichsmessungen mit anderen seinerzeit hergestellten Maßstäben ergibt sich der Verdacht, daß sich das internationale Prototyp zwischen 1889 und 1957 um etwa 0,5 μm verkürzt hat [142, S. 583]; andere Untersuchungen sprechen dagegen [143, S. 236]. — Insgesamt liegt also die erreichbare Meßunsicherheit zwischen 10^{-6} und 10^{-7}, das ist nur wenig geringer als die Toleranzbereiche von Parallelendmaßen und somit nicht mehr befriedigend.

In den Beschlüssen der 11. CGPM (1960) ist daher unzureichende Genauigkeit als ein Grund für die Ablösung der Prototyp-Definition des Meter angegeben, als zweiter Grund das Bestreben, „das willkürliche und verlierbare Prototyp durch eine natürliche und unverlierbare Einheit" zu ersetzen.

Die Einrichtung zur Darstellung des Meter nach der neuen Definition (s. 3.3.1.) besteht im wesentlichen aus einer speziellen Lampe als Strahlungsquelle, einer stabilisierten Stromquelle zu ihrer Stromversorgung, einem Kryostaten mit Regelung durch Thermometer, einer Vakuumpumpe und einem Monochromator (oder speziellen Interferenzfiltern) zur Isolierung der gewünschten (orangefarbenen) Strahlung; Einzelheiten siehe bei [142; 27; 143]. Dazu gehört ferner eine Einrichtung zur interferentiellen Längenmessung.

Da die Definition des Meter keine apparativen Einzelheiten enthält, ist ihre Genauigkeit (theoretisch) nur begrenzt durch die natürliche Unsicherheit der atomaren Konstanten. Praktisch allerdings wird die Genauigkeit durch den jeweiligen Stand der Technik der Strahlungsquellen eingeschränkt. Die Strahlung einer solchen Quelle wird nämlich durch verschiedene Effekte gestört (Verbreiterung, Verschiebung und unsymmetrische Intensitätsverteilung im natürlichen Frequenzband) und ist dann nicht mehr mit der theoretisch definierten Strahlung identisch. Solche störenden Effekte sind der interatomare Stark-Effekt (Aufspaltung im elektrischen Feld), die Resonanzverbreiterung (Wechselwirkung zwischen angeregten Atomen auf Grund quantenmechanischer Resonanz), der Druckeffekt (Wechselwirkung auf Grund van-der-Waalsscher Kräfte), die Eigenabsorption und der Doppler-Effekt. Letzterer wirkt sich bei Elementen mit großer Atommasse weniger aus. Dies sowie die Tatsache, daß bei Nukliden mit gerader Massenzahl und gerader Kernladungszahl der Kernspin den Wert 0 hat und demzufolge keine Aufspaltung in Hyperfeinstruktur-Niveaus erfolgt, waren Gründe für die Wahl des Nuklids Krypton 86. Die Größe des Einflusses der genannten Effekte ist abhängig von den Abmessungen und den Betriebsdaten der Lampe, niedrige Temperaturen und kleine Drücke sind günstig. Zur Erzielung einer guten Reproduzierbarkeit wurde vom CIPM 1960 eine entsprechende Empfehlung herausgegeben.

Entsprechend dieser Empfehlung soll eine Gasentladungslampe mit Glühkathode benutzt werden. Die Atome des Nuklids ^{86}Kr sollen in mindestens 90%iger Konzentration und in solcher Menge vorhanden sein, daß bei 64 K festes Krypton vorhanden ist. Wesentlicher Bestandteil der Lampe ist eine Kapillare mit 2 bis 4 mm innerem Durchmesser und 1 mm Wanddicke. Die in dieser Kapillare verdichtete positive Säule soll als Strahlungsquelle dienen. Die Strahlung soll in Richtung der Achse der Kapillare von der Anodenseite her beobachtet werden. Dabei soll sich die Kapillare in einem Kältebad befinden, dessen Temperatur auf ± 1 K mit dem Tripelpunkt von Stickstoff (63 K) übereinstimmt. Die Stromdichte in der Kapillare soll $(0{,}3 \pm 0{,}1)$ A · cm^{-2} sein.

Bei Einhaltung der empfohlenen Werte stimmt die so realisierte Strahlung auf $\pm 10^{-8}$ mit der in der Meterdefinition genannten Strahlung überein: *Das Meter wird mit einer relativen Unsicherheit von 10^{-8} dargestellt.* — Und schon sind weitere Verbesserungen erkennbar. Bereits bei einer engeren, experimentell gerade noch realisierbaren Tolerierung von Abmessungen und Betriebsdaten der

Lampe würde die Unsicherheit der Darstellung des Meter nur noch 10^{-9} betragen, womit dann allerdings hier die Grenze der derzeitigen Technik erreicht wäre. Neuere, auf der Anwendung stabilisierter Laser beruhende Arbeiten werden mit dem Ziel betrieben, eine relative Unsicherheit von 10^{-11} zu erreichen. Die Vermutung, daß die derzeitige Meterdefinition „nicht mehr sehr lange" gültig sein wird, wurde bereits geäußert; das Meter wird dann möglicherweise durch eine Absorptionslinie (z. B. des Methans) definiert, mit deren Hilfe ein Laser stabilisiert werden kann [145; 146]. Erwogen wird aber auch die Definition durch die Festlegung eines Wertes für die Lichtgeschwindigkeit im Vakuum (ähnlich wie jetzt bereits für das Ampere durch den Wert der Induktionskonstanten; s. 8.6.1.), womit es möglich würde, die hohe erreichte Genauigkeit bei der Darstellung der Sekunde (relative Unsicherheit $< 10^{-12}$; s. 8.4.) für die Darstellung des Meter zu nutzen [147; 148; 149].

Die hohe bei der Darstellung des Meter erreichbare Genauigkeit geht jedoch zu einem beträchtlichen Teil verloren, wenn die Längeneinheit auf körperliche Längennormale (wie Parallelendmaße oder Strichmaßstäbe) übertragen wird [150; 151]. Diese Übertragung geschieht mit Hilfe von Interferenzkomparatoren; die dabei erreichten Werte für die relative Meßunsicherheit liegen bei den modernsten Komparatortypen [152] bei $5 \cdot 10^{-8}$ oder darunter. Diese Komparatoren arbeiten mit elektronischen Zählverfahren für die Interferenzstreifen und mit fotoelektrischen Mikroskopen. Voraussetzungen für die Erreichung der genannten kleinen Werte für die Meßunsicherheit sind der Einsatz von hochstabilisierten Einmod-Lasern, die gleichzeitige interferentielle Messung der Brechzahl der den Prüfling umgebenden Luft [153], eine ausgezeichnete Thermostatierung der Meßapparatur sowie die Bestimmung der Prüflingstemperatur mit einer sehr kleinen Unsicherheit ($1 \cdot 10^{-3}$ K entspricht einem Beitrag von $1 \cdot 10^{-8}$ zur relativen Unsicherheit der Längenmessung).

8.4. Darstellung der Sekunde

Wie bereits in 2.1. erwähnt, wurde die Definition der Sekunde innerhalb der letzten 20 Jahre zweimal geändert, um die Genauigkeit der Darstellung dieser Grundeinheit den Anforderungen der modernen Physik und Technik anzupassen. Dabei kam es in erster Linie auf die Festlegung der Sekunde als Zeitdauer an. Auf die damit gebildeten Zeitskalen wird in 8.4.2. eingegangen.

Der Übergang von der Sekunde als 1/86400 des mittleren Sonnentages zur „Ephemeridensekunde" (s. 2.1.) führte zwar zu einer genaueren Definition mit einer Angabe des Verhältnisses zum tropischen Jahr auf $1 \cdot 10^{-11}$. Die Sekunde konnte aber auf Grund von Mondbeobachtungen erst nach etwa 3 Monaten mit Hilfe umfangreicher Berechnungen rückwirkend und nur auf 10^{-8} bis 10^{-9} bestimmt werden. Die von der 13. CGPM beschlossene Neudefinition (vgl. 3.3.2.), führte zu einer Verringerung der Meßunsicherheit um mehrere Größenordnungen.

8.4.1. Atomuhren

Nach der neuen Definition wird die Sekunde durch eine Atomkonstante definiert, und zwar durch die Frequenz 9,192631770 GHz des Übergangs zwischen den Hyperfeinstrukturniveaus $F = 4$, $m = 0$ und $F = 3$, $m = 0$ des Grundzustandes $^2S_{1/2}$ des nicht von äußeren Feldern gestörten Atoms Cs 133. Zur Realisierung werden in *Cäsium-Atomuhren* aus dieser Frequenz die Sekunde und damit die Zeitskale abgeleitet.

Die Forderung nach einem möglichst ungestörten Cs-Atom wird am besten im Atomstrahl verwirklicht, der daher für die *primären Frequenznormale* im allgemeinen verwendet wird (Abb. 1). Der aus der Quelle austretende Cs-Atomstrahl gelangt zunächst in ein inhomogenes Magnetfeld, in dem jedes Atom seiner Drehimpulsquanten-

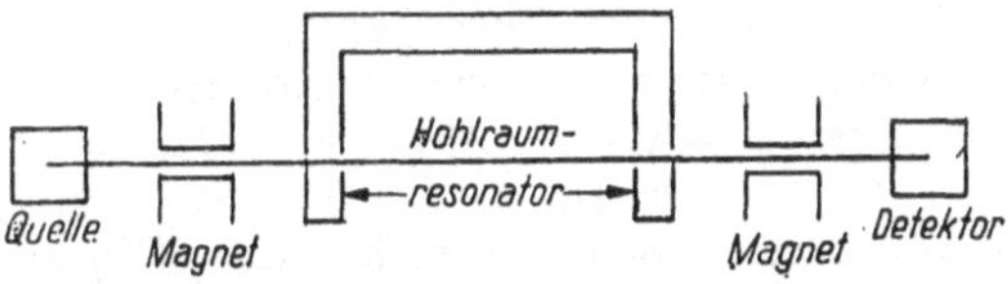

Abb. 1. Cs-Atomstrahl in der Atomuhr (schematisch)

zahl F gemäß orientiert wird. In den beiden Teilen des Hohlraumresonators bewirkt ein Mikrowellenfeld mit der Frequenz des entsprechenden Hyperfeinstrukturübergangs Übergänge $\Delta F = \pm 1$. Im folgenden inhomogenen Magnetfeld werden nur diejenigen Atome auf den Auffangdraht des Detektors fokussiert, die ihren Zustand geändert haben. Ein schwaches Magnetfeld senkrecht zur Strahlrichtung zwischen den beiden Teilresonatoren sorgt dafür, daß die Atome Zustände mit der Richtungsquantenzahl $m = 0$ einnehmen.

Der atomare Resonator wird durch elektronische Baugruppen zur Atomuhr ergänzt (Abb. 2). Die für die Übergänge benötigte Frequenz wird durch Frequenzvervielfachung und -synthese aus der Frequenz eines Quarzgenerators (QG) gewonnen. Sie wird durch eine Nieder-

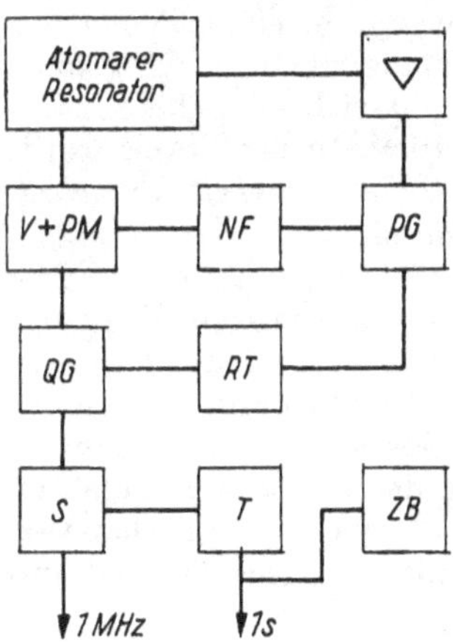

Abb. 2. Blockschema der Cs-Atomuhr
V Vervielfacher; PM Phasenmodulator; NF Niederfrequenzgenerator; PG Phasenempfindlicher Gleichrichter; QG Quarzgenerator; RT Regelteil; S Syntheseteil; T Teiler; ZB Zeitbewahrung

frequenz (< 100 Hz), die klein gegenüber der Bandbreite der atomaren Resonanzkurve ist, phasenmoduliert. Hierdurch wird die Resonanzkurve differentiell abgetastet. Das vom Detektor abgegebene und verstärkte Signal wird einem phasenempfindlichen Gleichrichter (*PG*) zugeführt, der über einen Regelteil (*RT*) die Frequenz des Quarzgenerators so steuert, daß die von ihr abgeleitete Mikrowellenfrequenz mit der atomaren Frequenz übereinstimmt. Durch geeignete Frequenzsynthese im Syntheseteil (*S*) erhält man eine Normalfrequenz von 1 MHz und daraus durch Teilung die Sekunde. Außerdem sind an den Teiler (*T*) Einrichtungen zur Zeitbewahrung (*ZB*) angeschlossen.

Um eine große Wechselwirkungslänge für die Atome und damit eine geringe Bandbreite der Resonanzkurve zu erhalten, macht man den Abstand der beiden Teilresonatoren möglichst groß (in den bisher gebauten Atomuhren wurden Abstände von 20 cm bis zu 4 m verwendet). Um Verzerrungen der Resonanzkurve zu vermeiden, muß außerdem eine bestimmte Phasenbeziehung zwischen den Teilresonatoren erfüllt sein. Die Meßgenauigkeit wird insbesondere durch den Dopplereffekt 2. Ordnung begrenzt; dieser ist durch die Geschwindigkeit der Atome im Atomstrahl bedingt und verursacht einen Fehler von etwa 10^{-12}, der infolge der Streuung nur bis auf 1% korrigiert werden kann. Damit ergibt sich eine theoretische Genauigkeitsgrenze von etwa 10^{-14}. In der Praxis wurde bisher die *Sekunde mit einer Meßunsicherheit (Standardabweichung) von etwa $5 \cdot 10^{-13}$ dargestellt* [154].

Als *Sekundärnormale* verwendet man unter anderem *Cs- und Rb-Gaszellenresonatoren.* Die atomaren Übergänge erreicht man hier durch „optisches Pumpen". Der Aufbau ist einfacher als bei der Atomstrahlanordnung, jedoch führen die Wandstöße in der Gaszelle und die quantenelektronische Kopplung durch das optische Pumpen zu einer Verschiebung der Resonanzfrequenz, die das Verfahren für die Verwendung als primäres Normal ungeeignet machen.

Von den zahlreichen sonst noch möglichen und z. T. bereits erprobten Anordnungen zur Erzeugung von Atomfrequenzen (vgl. [154]) scheint sich der *Wasserstoff-Maser* besonders als atomares Frequenznormal zu eignen. Man verwendet den Übergang zwischen den Hyperfeinstrukturniveaus $F = 1$ und $F = 0$ des H-Atoms im Grundzustand, dem eine Frequenz von 1420405751,786 Hz entspricht. Das Prinzip der Anordnung zeigt Abb. 3. In ähnlicher Weise wie in der Cs-Atomuhr werden hier

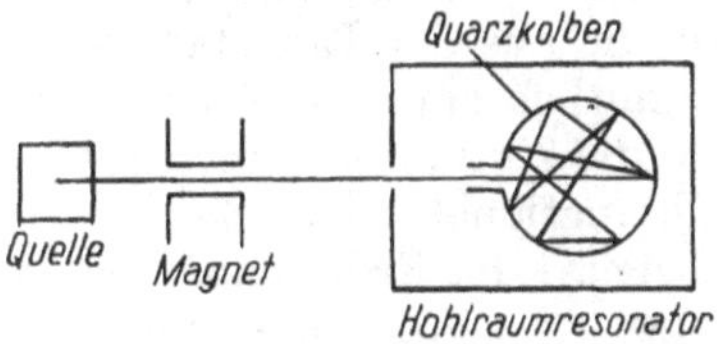

Abb. 3. Wasserstoff-Maser (schematisch)

aus einem Atomstrahl durch ein inhomogenes Magnetfeld H-Atome „ausgewählt". Gleichzeitig werden sie auf die Öffnung eines Quarzkolbens konzentriert. Bei geeigneter Behandlung der Innenfläche des Kolbens erreicht man, daß die von ihr vielfach reflektierten Atome erst nach etwa 1 s den Kolben wieder verlassen; das entspricht einer Bandbreite der Resonanzkurve von 1 Hz. Der Kolben befindet sich in einem Hohlraumresonator. Unter geeigneten Bedingungen oszilliert der Maser mit der obengenannten Frequenz. Der größte Fehleranteil wird bei diesem Verfahren von der Verschiebung der Resonanzfrequenz durch Wandstöße verursacht; jedoch wurde auch mit diesem Verfahren bereits eine Meßunsicherheit von $2 \cdot 10^{-12}$ erreicht [154].

Die Frequenz ist damit zur physikalischen Größe geworden, die mit der höchsten heute erreichbaren Genauigkeit gemessen werden kann; man ist daher vielfach bemüht, Messungen andersartiger Größen auf die besser reproduzierbaren Frequenzbestimmungen zurückzuführen.

8.4.2. *Zeitskalen*

Bei jeder Festsetzung einer konstanten Zeitdauer als Zeiteinheit entsteht das Problem, die mit dieser Einheit gebildete Zeitskale mit der durch die Erdrotation bedingten Zeitbestimmung zu koordinieren. Messungen, in die die Erdumdrehung eingeht, sind in der Astronomie und Geodäsie, zur Standortbestimmung von Schiffen mittels der Gestirne, aber auch zur Beschreibung von Satellitenbahnen relativ zur Erde durchzuführen.

Betrachten wir zunächst die aus der Erdrotation abgeleiteten Zeitskalen. Bekanntlich sind die Tageslängen der *wahren Sonnenzeit*, d. h. die Zeiträume zwischen zwei aufeinanderfolgenden Kulminationen der Sonne am gleichen Ort, infolge der Eigenart des Erdumlaufs um die Sonne verschieden. Von MALLET wurde daher im Jahre 1780 eine *mittlere Sonnenzeit* mit konstanter Tageslänge eingeführt, die sich von der wahren Sonnenzeit um die *Zeitgleichung* unterscheidet, deren maximaler Wert 16,5 min beträgt. Die auf den Meridian von Greenwich bezogene mittlere Sonnenzeit wird als *Weltzeit* oder *Universal Time* (UT 0) bezeichnet. Korrigiert man diese Zeit um die durch Polhöhenschwankungen (Verlagerung der Rotationsachse der Erde) verursachten Unregelmäßigkeiten, so erhält man die UT 1 genannte Zeitskale. Dies ist die Zeit, die in den oben genannten Anwendungsfällen benötigt wird. Weitere jahreszeitliche und unregelmäßige Schwankungen der Erdumdrehung wurden 1936 von SCHEIBE und ADELSBERGER mittels Quarzuhren festgestellt [155]; führt man auch diese als Korrektion ein, so erhält man die UT 2 genannte Zeit.

Dagegen ist die durch Atomuhren definierte Zeitskale, die *Atomzeit*, völlig gleichförmig. Die aus den Anzeigen der Atomuhren (Primärnormalen und Gruppen von Sekundärnormalen) in verschiedenen Instituten durch das Bureau International de l'Heure (BIH) in Paris ermittelte Atomzeit, die die SI-Sekunde auf etwa 10^{-12}

realisiert, wird nach Beschluß der 14. CGPM (1971) als „Internationale Atomzeit“ (TAI) bezeichnet. Die Zeitangaben einer allgemein anwendbaren Zeitskale sollten jedoch einerseits möglichst wenig von der Weltzeit UT 1 abweichen und andererseits in einer festglegten Beziehung zur Atomzeit stehen. Grundsätzlich konnte dies dadurch erreicht werden, daß der Wert der Sekunde für jedes Jahr entsprechend der zu erwartenden Änderung der Erdrotation etwas abweichend von der im SI festgelegten „Atomsekunde“ festgesetzt wurde; bei einem anderen Verfahren wurden in einer Zeitskale mit der SI-Sekunde als Skalenmaß bei Abweichungen von der Weltzeit „Standsprünge“ vorgenommen, d. h. bestimmte Zeitintervalle (z. B. 0,2 s) eingefügt oder ausgelassen. Die beiden Verfahren wurden auch gemeinsam verwendet.

Da sich das Verfahren der „variablen“ Sekunde nicht bewährte, wurde international ab 1. 1. 1972 eine neue, UTC oder TUC genannte Zeitskale mit der SI-Sekunde als Skalenmaß eingeführt, die nur durch Standsprünge korrigiert wird [156; 157; 158]. Der Name UTC bedeutet „koordinierte Weltzeit“. Die UTC-Sekunde ist identisch mit der Sekunde der TAI. Da die Differenz zwischen der seit 1. 1. 1958 laufenden Atomzeit und der Weltzeit am 1. 1. 1972 etwa 10 s betrug, justierte man die Zeitskalen gegeneinander so, daß die Angabe

„1972 1. Januar $0^{h}\,0^{min}\,0^{s}$ UTC“

genau den gleichen Zeitpunkt bezeichnet wie die Angabe

„1972 1. Januar $0^{h}\,0^{min}\,10^{s}$ TAI“.

Damit die UTC stets nur wenig (nicht mehr als $\pm 0{,}9$ s) von der Weltzeit UT 1 abweicht, wird bei Bedarf, jedoch im allgemeinen nur am 30. 6. oder 31. 12. eines Jahres, auf Veranlassung des BIH eine „Schaltsekunde“ eingefügt oder ausgelassen. Die Differenz zwischen Atomzeit und koordinierter Weltzeit wird daher künftig stets

$$\text{TAI} - \text{UTC} = N \cdot (1\ \text{s}) \tag{8.1}$$

betragen, wobei N eine ganze Zahl ist. Nach der letzten Korrektur am 1. 1. 1976 ist $N = 15$.

Die Zeit nach der UTC-Zeitskale wird durch Zeitzeichen im Funk und Fernsehen verbreitet. Mit dem Zeitzeichen soll zugleich mittels Code oder durch andere Verfahren die auf 0,1 s gerundete Differenz DUT 1 zwischen UT 1 und UTC übermittelt werden. Außerdem gibt das BIH die erforderlichen Daten in monatlichen Bulletins und jährlichen Reports bekannt.

Für den Gebrauch im täglichen Leben wird die UTC auch als Greenwich Mean Time (GMT) bezeichnet. Hiervon werden durch Addition entsprechender Zeitunterschiede Zonenzeiten abgeleitet. Für die Mitteleuropäische Zeit (MEZ) gilt z. B.

$$x^{\text{h}}\ \text{MEZ} \triangleq (x - 1)^{\text{h}}\ \text{UTC}.$$

8.5. Darstellung des Kilogramm

Bei einer Einheit, die durch ein Prototyp definiert ist, kann von einer „Darstellung" im üblichen Sinn kaum gesprochen werden. Wenn einmal — nach entsprechenden Vorarbeiten, auf Grund deren Material, Form, Bearbeitung und andere Einzelheiten ausgewählt und festgelegt wurden — die so hergestellte Maßverkörperung zum internationalen Prototyp erklärt worden ist, sind die Arbeiten zur Darstellung beendet. Alle Aufmerksamkeit richtet sich nun darauf, dieses Prototyp vor Veränderungen jeder Art zu schützen und so die Einheit möglichst lange unverändert zu bewahren.

Das Kilogramm-Prototyp hat die Form eines Kreiszylinders von 39 mm Durchmesser und 39 mm Höhe. Bei seiner Herstellung wurden folgende Maßnahmen getroffen [143; 159]: Anfertigung aus einer Edelmetall-Legierung (90% Platin, 10% Iridium) mit günstigen Eigenschaften wie chemischer Beständigkeit, Homogenität, Härte, großem Elastizitätskoeffizienten und guter Polierbarkeit der Oberfläche; Ausschmieden auf größte Dichte; sorgfältige Oberflächenbearbeitung. Einzelheiten der Herstellung von später angefertigten Wägestücken höchster Genauigkeit beschreibt [160].

Zum Schutz gegen Veränderungen kommen vor allem Maßnahmen gegen Verschmutzung, gegen Beschädigung und gegen Abnutzung in Frage. Vor Verschmutzung soll die Aufbewahrung unter drei Glasglocken schützen, vor Beschädigung durch unbefugte Benutzung die Aufbewahrung in einem im Keller des Pavillon de Breteuil befindlichen Panzerschrank, der nur zugänglich ist, wenn drei an verschiedene Persönlichkeiten übergebene Schlüssel gleichzeitig zur Verfügung stehen [161]. Der Schutz vor Abnutzung erfolgt durch äußerst seltene Benutzung. So wurde das internationale Kilogramm-Prototyp nach den ursprünglichen Vergleichen von 1886—1888 nur 1939 für 7 Wägungen und 1964 für 14 Wägungen benutzt; auch haben seit 1888 bis 1964 nur zwei ausgewählte Experimentatoren mit dem Prototyp gearbeitet.

Zur weiteren Sicherung der Einheit Kilogramm wurden dem internationalen Prototyp mehrere (z. Zt. 6) Sicherungsnormale („témoin“ oder „étalon-témoin“) beigegeben, mit denen man ursprünglich nur die Unveränderlichkeit des internationalen Prototyps kontrollieren wollte. Später wurden diese Sicherungsnormale anstelle des internationalen Prototyps beim Anschluß der nationalen Normale benutzt. Der frühere Direktor des BIPM, Nobelpreisträger Ch.-Ed. Guillaume hat diesen Gebrauch zu einer Konzeption weiterentwickelt, die es ermöglichen soll, die Konstanz der Masseeinheit Kilogramm für mehrere Jahrtausende auf $\pm 10\ \mu g$ ($\triangleq 1 \cdot 10^{-8}$) zu gewährleisten [161]. Danach sollen die nationalen Normale in jedem Jahrhundert dreimal an 2 der 6 Sicherungsnormale angeschlossen werden. Nach sechsmaliger Anwendung (also nach 200 Jahren) gelten die ersten beiden Sicherungsnormale als abgenutzt, und es werden die nächsten beiden eingesetzt. Wenn so nach 600 Jahren auch das dritte Paar der Sicherungsnormale die Masseeinheit nicht mehr genügend genau verkörpert, werden alle 6 Sicherungsnormale mit dem internationalen Prototyp verglichen und können mit den neu bestimmten Werten ihrer Masse erneut 600 Jahre benutzt werden. Unter der begründeten Annahme, daß das internationale Prototyp 10 solcher Vergleiche ohne wesentliche Veränderung zuläßt, wäre damit ein Anschluß der nationalen Normale für 6000 Jahre gesichert.

Die Frage nach der Konstanz der Masse des Prototyps (oder anderer Wägestücke) läßt sich experimentell nur sehr schwer beantworten. Die einzige Möglichkeit besteht im Vergleich verschiedener Wägestücke untereinander, wozu einerseits hochgenaue Waagen erforderlich sind (s. unten), wobei sich aber andererseits bei allen beteiligten Wägestücken gleichsinnig eingetretene Masseänderungen naturgemäß nicht erfassen lassen. Solche Masseänderungen können z. B. Massezunahmen durch die Bildung einer Wasserhaut oder eines Ölfilms — aus in der Luft befindlichem Öldampf — sein (1 nm $\triangleq$ 50 μg). Erstere läßt sich durch Verdampfen, letzterer durch ein Wasserdampf-Reinigungsverfahren beseitigen [159; 162]. Auch theoretische Untersuchungen liegen vor [159; 163]. Insgesamt glaubt man, daß das *Kilogramm auf 10^{-9} bis 10^{-8} genau dargestellt* ist [64; 159; 161; 163]. Für die nationalen Normale gelten jedoch bereits größerer Werte, z. B. $3 \cdot 10^{-8}$ [164].

Zur Weitergabe der Masseeinheit vom Prototyp über die nationalen Normale an niedere Normale sind hochgenaue Waagen erforderlich. Die besten für den Vergleich von 1-kg-Normalen vorgesehenen Waagen haben eine Genauigkeit (accuracy) von 1 μg (= 10^{-9} kg). Es handelt sich um „Vertauschungswaagen“, das sind gleicharmige Hebelwaagen, die Einrichtungen besitzen, die das Vertauschen des rechts und des links aufgelegten Normalwägestücks gestatten, ohne daß dazu das Waagengehäuse geöffnet werden muß [159]; bei neueren Waagen werden dabei noch nicht einmal die Schneiden entlastet [165]. Eine weitere Verbesserung der Genauigkeit erhofft man sich von der Anwendung von Zwei-Schneiden-Waagen [165]. Eine solche Waage wurde bereits erprobt; es wurde eine Standardabweichung von etwa 3 μg ($\triangleq 3 \cdot 10^{-9}$) erreicht [166]. Selbstverständlich müssen alle diese Waagen gut thermostatiert sein. Neuere Waagen haben außerdem ein luftdichtes Gehäuse, damit die Dichte der in der Waage befindlichen Luft genügend genau bestimmt werden kann. Letzteres ist wegen des stark unterschiedlichen Auftriebs insbesondere dann erforderlich, wenn von Normalen aus Platin-Iridium auf Normale aus Stahl oder Messing übergegangen werden soll (Dichte etwa 21600 kg/m^3 gegen 8000 kg/m^3 bzw. 8400 kg/m^3); dieser Übergang ist in der Kette der Normale an irgend einer Stelle erforderlich, da die Normalwägestücke niederer Ordnung und die genauen Arbeitswägestücke aus diesen Materialien bestehen [64; 167]. — Die Darstellung, Bewahrung und Weitergabe von Vielfachen und Teilen des Kilogramm enthält keine weitergehende Problematik (s. z. B. [74; 8, S. 298; 164); die Herstellung von genauen Waagen mit entsprechenden Wägebereichen ist allerdings schwierig.

8.6. Darstellung der elektrischen Einheiten

8.6.1. Grundsätzliche Betrachtungen

Wie bereits in 3.3.4. dargelegt wurde, ist die Definition der elektrischen Basiseinheit Ampere identisch mit der Festlegung der magnetischen Feldkonstanten μ_0. Das hat zwei Konsequenzen:

1. Die Definition ist abhängig von anderen Basiseinheiten (m, s, kg).

2. Abgeleitete elektrische Einheiten wie Henry, Farad, Volt und Ohm lassen sich darstellen, ohne daß das Ampere selbst dargestellt worden ist.

Die erste Konsequenz bedeutet, daß die Genauigkeit der Darstellung des Ampere — ähnlich wie die Genauigkeit bei der Darstellung einer abgeleiteten Einheit — nicht besser sein kann als die Genauigkeit der Basiseinheiten Meter, Sekunde, Kilogramm und die Genauigkeit für den Anschluß an diese Einheiten entsprechend der vorgegebenen Beziehung.

Die zweite Konsequenz ermöglicht dagegen zusätzliche Wege zur direkten Darstellung elektrischer Einheiten. Während damit z. B. für das Farad und Ohm bereits erheblich bessere Genauigkeiten als für die Darstellung des Ampere erreicht wurden, sind neue Verfahren zur Darstellung des Volt mit hoher Genauigkeit bisher nur vorgeschlagen, jedoch noch nicht praktisch erprobt worden. Aus der Darstellung von Volt und Ohm würde sich dann gegebenenfalls nach dem Ohmschen Gesetz auch ein genauerer Wert für das Ampere ermitteln lassen.

Zur Bewahrung der elektrischen Einheiten Ampere und Volt werden in jüngster Zeit Verfahren erprobt, bei denen diese Einheiten an Atomkonstanten angeschlossen werden. Diese Verfahren sind jedoch nicht (wie bei Meter und Sekunde) zur Definition der Einheiten verwendbar, wenn man nicht die in 3.2. und oben unter 2. erwähnten Vorteile des „absoluten“ Systems aufgeben will.

Im folgenden sollen einige Angaben über die einzelnen Verfahren gemacht werden. Bei der Abschätzung der Genauigkeit werden die Fehler der verschiedenen Einzelgrößen in der für die Darstellung einer Einheit benutzten Beziehung wie zufällige Fehler behandelt; nach dem Fehlerfortpflanzungsgesetz läßt sich damit der relative Gesamtfehler des Produktes aus diesen Einzelgrößen (oder ihren Reziprokwerten) als Quadratwurzel aus der Summe der Quadrate der relativen Teilfehler berechnen. Wir werden, wie es in der Literatur üblich ist, im allgemeinen den resultierenden wahrscheinlichen Fehler (s. 8.1.) angeben.

8.6.2. Darstellung des Ampere

8.6.2.1. Stromwaage

Mit der Stromwaage wird die Definition des Ampere direkt realisiert. Ersetzt man nämlich die in der Definition nach 3.3.4. verwendete unendlich lange Doppelleitung durch zwei koaxiale Kreisringe, so bleibt das Verhältnis des Produkts der Ströme $I_1 \cdot I_2$ zur elektrodynamischen Kraft F aus den geometrischen Abmessungen und μ_0 berechenbar.

In der in Abb. 4a gezeigten Anordnung nach RAYLEIGH werden anstelle einfacher Kreisringe spiralig gewickelte flache Kreisspulen von etwa quadratischem Querschnitt verwendet, die vom gleichen Strom I durchflossen werden. Eine kleine Spule 3 ist an einer Waage zwischen zwei größeren festen Spulen 1 und 2 beweglich aufgehängt. Der Strom wird der Spule 3 über dünne Silberbänder zugeführt und durchfließt nach dieser die beiden Spulen 1 und 2 in entgegengesetzter Richtung, so daß sich die Kraftwirkungen auf die Spule 3 addieren.

Die Beziehung zwischen dem Strom I und der in einer derartigen Spulenanordnung erzeugten Kraft wurde von MAXWELL [168] hergeleitet. Haben die Spulen 1 und 2 einen bestimmten Abstand, der einem Maximum der Kraft entspricht und experimentell ermittelt werden kann, so lautet sie

$$F = \mu_0(N_1 + N_2)\, N_3 \cdot I^2 \cdot f(d, D) \cdot (1 + K) \qquad (8.2)$$

wo N_1, N_2 und N_3 die Windungszahlen der Spulen und d und D die mittleren Durchmesser der Spule 3 bzw. der Spulen 1 und 2 sind. Die Funktion $f(d, D)$ ist eine Funktion elliptischer Integrale des Verhältnisses d/D, das nach einem elektromagnetischen Verfahren bestimmt werden kann. K ist eine Korrektion für den endlichen Wicklungsquerschnitt, die aus den Abmessungen der Spulen berechenbar ist.

Bei der Messung wird die bei Stromdurchgang entstehende elektromagnetische Kraft F durch zusätzliche Belastung der Waage kompensiert ($F = m \cdot g$), so daß

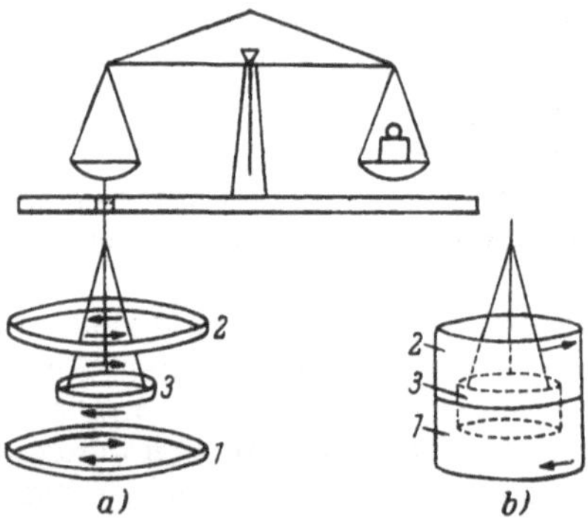

Abb. 4. Stromwaage (schematisch)

a) mit spiralig gewickelten Flachspulen (nach RAYLEIGH)
b) mit einlagigen Zylinderspulen
1, 2 feste Spulen; 3 bewegliche Spule

die Spule 3 im Gleichgewicht bleibt. (Mit Spule 1 und 2 von 400 mm mittlerem Durchmesser und 250 Windungen eloxierten Aluminiumbandes und einer Spule 3 von 200 mm und 200 Windungen erhält man z. B. für einen Strom von 1 A eine Kraft von etwa 0,055 N [31].)

Der Strom I läßt sich aus der gemessenen Kraft $F = m \cdot g$ nach Gl. (8.2) berechnen. Der Fehler für I^2 ergibt sich damit aus den Teilfehlern für m, g, $f(d, D)$, $(1 + K)$, Justierfehlern u. a. nach 8.6.1. Während die übrigen Teilfehler zu vernachlässigen sind, kann (nach eigenen Schätzungen) der wahrscheinliche Fehler von $f(d, D)$ einen Wert bis zu $3 \cdot 10^{-5}$, der Fehler von $(1 + K)$ bis zu $2 \cdot 10^{-5}$ erreichen. Für den wahrscheinlichen Gesamtfehler von I ergibt sich danach ein maximaler Wert von $\frac{1}{2} \cdot 10^{-5} \sqrt{3^2 + 2^2} = 1{,}8 \cdot 10^{-5}$.

Wegen dieser großen, durch die Methode bedingten Meßunsicherheiten werden in den neueren Stromwaagen (z. B. [169 bis 172]) allgemein einlagige Zylinderspulen verwendet (Abb. 4b). Für die Kraft F gilt Gl. (8.2), in der lediglich $f(d, D)$ durch eine Funktion der Spulenlängen und -durchmesser zu ersetzen ist; diese müssen durch Längenmessungen genauer als auf 1 μm bestimmt werden.

Die beiden festen Spulen sind stets auf einen gemein-

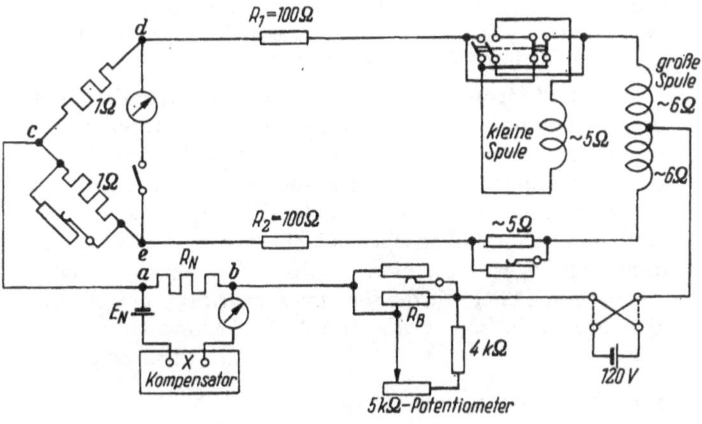

Abb. 5. Schaltung der Stromwaage des ASMW

samen Spulenkörper gewickelt. Die Wicklungen sind dabei teils durch einen kleinen Abstand voneinander getrennt, teils durchgehend hergestellt, wobei der Strom in der Mitte zugeführt wird und sich dann in den oberen und unteren Wicklungsteil verzweigt.

Die im ASMW verwendete Schaltung zeigt Abb. 5. Der von einer Batterie (120 V) gelieferte Strom von etwa 2 A wird durch eine fotoelektrische Nachführeinrichtung mit Motorpotentiometer auf $1 \cdot 10^{-6}$ konstant gehalten und erzeugt am Widerstand R_N (0,5 Ω) zwischen a und b einen Spannungsabfall, der durch die EMK des Normalelements E_N kompensiert wird. Kleine Spannungsdifferenzen werden durch die Kompensatorspannung X

ausgeglichen. Der Strom teilt sich an der großen (festen) Spule mit etwa 280 mm Durchmesser, 450 mm Länge und 450 Windungen in die beiden Zweige, von denen der eine noch die kleine (bewegliche) Spule mit 200 mm Durchmesser, 100 mm Länge und 130 Windungen, der andere einen Ausgleichswiderstand enthält. Mittels einer Brückenanordnung (c — d — e) können die Teilströme auf $1 \cdot 10^{-6}$ gleich gehalten werden. Gleichzeitig mit dem Kommutieren des Stromes in der kleinen Spule, d. h. mit der Änderung der Kraftrichtung, werden geeignete Wägestücke der Masse $2\,m$ zum Ausgleich aufgelegt oder abgenommen. Das Produkt $2\,m \cdot g$ entspricht damit der doppelten elektrodynamischen Kraft von etwa 0,073 N zwischen den Spulen und ist frei von gleichbleibenden Strömungskräften, z. B. durch den Luftauftrieb.

Bei der Stromwaage mit einlagigen Zylinderspulen liegen die Fehleranteile, bezogen auf die Stromstärke I, im allgemeinen unter $1 \cdot 10^{-6}$. Lediglich die Spulenabmessungen gehen, bei Messung auf etwa 1 μm, mit einem Fehler von $6 \cdot 10^{-6}$ in das Meßergebnis ein. Für den wahrscheinlichen Gesamtfehler von I ergibt sich damit ein Wert von etwa $8 \cdot 10^{-6}$. Bei den genauesten Messungen [172] wurde für die *Darstellung des Ampere* ein *wahrscheinlicher Fehler von* $4 \cdot 10^{-6}$ erreicht.

8.6.2.2. Elektrodynamometer

Während in der Stromwaage eine elektrische mit einer mechanischen Kraft verglichen wird, vergleicht man im Elektrodynamometer Drehmomente. Das Elektrodynamometer nach PELLAT besteht aus einer langen Spule

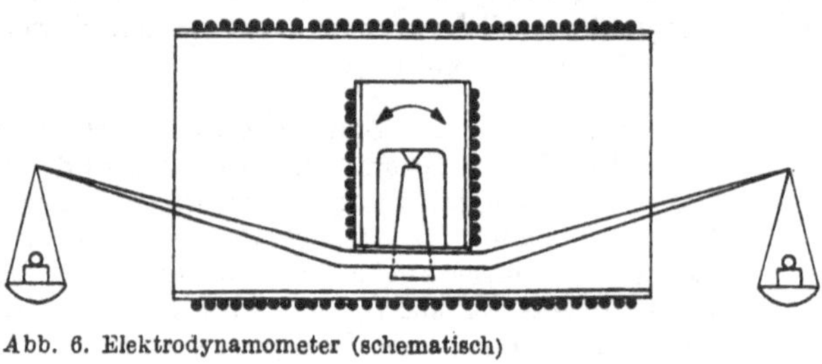

Abb. 6. Elektrodynamometer (schematisch)

mit horizontaler Achse und einer kleinen, auf einem Waagebalken senkrecht angebrachten drehbaren Spule im Inneren der großen Spule (Abb. 6). Bezeichnet man mit l und L die Längen des Waagebalkens bzw. der großen Spule, mit d, D die Durchmesser und mit N_1, N_2 die Windungszahlen der beiden Spulen sowie mit m die Masse der zur Herstellung des Gleichgewichts aufgelegten Wägestücke, so ist das Drehmoment

$$M = m \cdot g \cdot l = N_1 N_2 \cdot I^2 \cdot f(D, d, L) \qquad (8.3)$$

wobei die Funktion f Legendresche Polynome der Spulenabmessungen enthält. Bei einem derartigen Dynamometer im Nationalen Bureau of Standards der USA (NBS) [173] betrug $l = 250$ mm, $N_1 = 1000$, $N_2 = 140$, $d = 116$ mm, $D = 280$ mm, $L = 1000$ mm. Für 1 A ergab sich ein Drehmoment M von 1,78 mN · m. Der größte Fehleranteil rührt vom Durchmesser der kleinen Spule her und trägt mit $6 \cdot 10^{-6}$ zum wahrscheinlichen Gesamtfehler von $8 \cdot 10^{-6}$ bei. Durch genauere Durchmesserbestimmung ließe sich dieser Fehler auf etwa $4 \cdot 10^{-6}$ herabsetzen.

8.6.2.3. Kernresonanzverfahren

In den letzten Jahren wurde der Zusammenhang zwischen der Präzessionsfrequenz f von Protonen in einem Magnetfeld und dessen Induktion B zum Reproduzieren eines einmal absolut dargestellten Stromes mittels der sehr genau meßbaren Frequenz benutzt. Für eine Wasserprobe im homogenen Magnetfeld einer einlagigen Zylinderspule erhält man die Beziehung $2\pi f = \gamma \cdot B$ mit $B = \mu_0 \cdot C \cdot I$, woraus folgt:

$$I = \frac{2\pi f}{\mu_0 \cdot C \cdot \gamma} \qquad (8.4)$$

Hierbei ist γ der gyromagnetische Koeffizient, C die (aus den Abmessungen berechenbare) Spulenkonstante und

I der Strom durch die Spule. Zur Messung der Resonanzfrequenz f bedient man sich des nichtstationären Verfahrens der freien Präzession [174]: Durch das starke Feld einer besonderen Polarisationsspule, die auch zum Empfang der Signale benutzt wird, werden die Protonen polarisiert. Nach dem Abschalten des polarisierenden Feldes klingt ihre Schwingung mit der Resonanzfrequenz des schwachen Feldes in etwa 2 s ab; diese Zeit genügt, um die Frequenz von 50 kHz nach einer Vervielfachung auf 2 MHz mit einer Genauigkeit von etwa $1 \cdot 10^{-6}$ zu messen.

Man kann aber auch die Resonanzfrequenz f' für das starke Magnetfeld B' bestimmen, in dem auf einen vom Strom I durchflossenen Leiter der Länge l eine meßbare Kraft F ausgeübt wird. In der als Cotton-Waage bezeichneten Anordnung beträgt diese Kraft $F = I \cdot l \cdot B'$. Nach [175] kann man l als Differenz von 2 verschiedenen Breiten einer verstellbaren Rechteckspule auf $< 1 \cdot 10^{-6}$ genau bestimmen; der Differenz der zugehörigen Kräfte (F) entspricht die Gewichtskraft $m \cdot g$ (m = Masse der Wägestücke, die beim Übergang von der einen zur anderen Spulenbreite aufzulegen sind). Mit $\gamma B' = 2\pi f'$ ist dann

$$I = \frac{m \cdot g \cdot \gamma}{2\pi f' \cdot l}. \tag{8.5}$$

Durch Messung des gleichen Stromes I nach den beiden genannten Verfahren ist mit der Eliminierung von γ eine *Absolutbestimmung*, d. h. Rückführung auf mechanische Größen und μ_0 möglich. Durch Multiplikation der beiden Gleichungen für I erhält man nämlich

$$I^2 = \frac{f \cdot m \cdot g}{f' \cdot \mu_0 \cdot C \cdot l} \tag{8.6}$$

Nach [176] sollte auf diese Weise die Absolutbestimmung des Ampere mit einem wahrscheinlichen Fehler von $2 \cdot 10^{-6}$, d. h. genauer als mit den bisher verwendeten Verfahren, durchgeführt werden können.

8.6.2.4. Bewahrung durch sekundäre Normale

Zur Bewahrung der Stromstärkeeinheit (vgl. 8.1.) dienen in erster Linie die Maßverkörperungen für Spannung und Widerstand, Normalwiderstände und Normalelemente (siehe 8.6.7.). Daneben wird, wie bereits erwähnt, das Kernresonanzverfahren nach Gl. (8.4) als „sekundäres Stromnormal“ verwendet. Hierbei braucht die Spulenkonstante C nicht bekannt zu sein; die Spule ist lediglich so zu konstruieren, daß ihre Abmessungen über viele Jahre hinreichend konstant bleiben.

8.6.3. Darstellung des Henry

Sowohl die Selbstinduktivität einer geschlossenen Strombahn als auch die Gegeninduktivität zwischen zwei Strombahnen ist (abgesehen von der Permeabilitätszahl μ_r des Mediums) nur von den geometrischen Abmessungen der Anordnung abhängig. Für Anordnungen von einlagigen Zylinderspulen sind exakte Gleichungen zur Berechnung der Gegeninduktivität [177] und der Selbstinduktivität [178; 179] angegeben worden. Als Proportionalitätsfaktor tritt darin die Konstante μ_0 auf (vgl. 3.3.4.).

Die Darstellung des Henry läuft daher auf die Herstellung möglichst formgenauer Spulenanordnungen und auf Längenmessungen hinaus. Man erreicht bei Gegeninduktivitäten einen wahrscheinlichen Fehler von $1 \cdot 10^{-6}$ [180], bei Selbstinduktivitäten von $2 \cdot 10^{-6}$ [181].

8.6.4. Darstellung des Farad

Auch die Kapazität eines Kondensators hängt (abgesehen von der Dielektrizitätszahl ε_r des Mediums) nur von seinen geometrischen Abmessungen und einem Proportionalitätsfaktor ab. Dieser Faktor, die elektrische Feldkonstante ε_0, ist durch die Beziehung $\varepsilon_0 = 1/\mu_0 c^2$ mit der Lichtgeschwindigkeit c verknüpft, deren relative Unsicherheit (σ) nach den neuesten Messungen nur noch $3 \cdot 10^{-9}$ beträgt (vgl. 3.3.4.) und daher vernachlässigt werden kann. Die berechenbare Kapazität eines Kreuz-

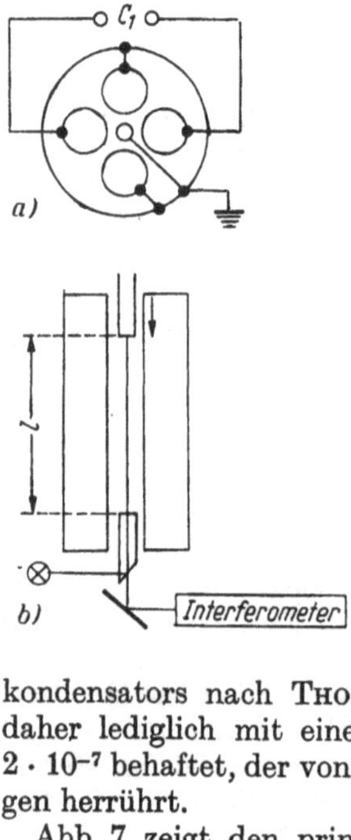

Abb. 7. Kreuzkondensator mit berechenbarer Kapazität (schematisch)

a) Draufsicht

b) Seitenansicht im Schnitt (ohne Abschirmung)

kondensators nach THOMPSON und LAMPARD [182] ist daher lediglich mit einem wahrscheinlichen Fehler von $2 \cdot 10^{-7}$ behaftet, der von der Bestimmung der Abmessungen herrührt.

Abb. 7 zeigt den prinzipiellen Aufbau eines neueren Modells: 4 Metallzylinder von etwa 35 mm Durchmesser sind in einer abschirmenden Hülle symmetrisch angeordnet. Eine der beiden erforderlichen Schaltungen ist in der Abbildung dargestellt. In der Mittelachse befinden sich 2 abschirmende Rohre, von denen eines verschiebbar ist; sie sind mit halbdurchlässigen Spiegeln abgeschlossen, die interferometrische Messungen ihres Abstandes und damit der Kapazität gestatten, die in 1. Näherung nur von diesem Abstand l abhängig ist. Sind C_1 und C_2 die nahezu gleichen Kapazitäten zwischen je 2 gegenüberliegenden Elektroden, so gilt für die mittlere Kreuzkapazität C_m im Vakuum

$$C_m = \frac{C_1 + C_2}{2} = \frac{\ln 2}{\mu_0 c^2 \cdot \pi} \cdot l \tag{8.7}$$

Randeffekte werden durch Messungen mit verschiedenen Abständen und Differenzbildung zwischen den zugehörigen Kapazitäten eliminiert. Die auf diese Weise dargestellten Kapazitätswerte liegen zwischen 0,1 und 0,5 pF.

8.6.5. Darstellung des Volt

8.6.5.1. Darstellung aus Ampere und Watt

Nach der im SI für das Volt gegebenen Definition (1 V = 1 W/A, vgl. 3.3.4. und [16]) wäre für die Darstellung des Volt folgende Anordnung anzuwenden: Durch einen Verbraucher fließt der Strom I und wandelt in diesem die (elektrische) Leistung P in Wärme um; die am Verbraucher abfallende Spannung ist dann $U = P/I$. Die experimentelle Schwierigkeit besteht in der Messung der je Zeiteinheit gebildeten Wärmemenge durch Vergleich mit einer äquivalenten, aus mechanischer Energie gebildeten Wärmemenge in einem Differentialkalorimeter [183]. Hierbei ist bestenfalls (nach eigener Schätzung) eine Meßunsicherheit von $1 \cdot 10^{-5}$ zu erreichen, zu der noch der Fehler bei der Darstellung des Ampere (vgl. 8.6.2.) hinzukommt. Der zusätzliche Fehler bei einer Darstellung des Volt aus Watt und Ohm wäre nach 8.6.6. geringer.

8.6.5.2. Darstellung aus Ampere und Ohm

Auf Grund des Ohmschen Gesetzes läßt sich das Volt aus Ampere und Ohm praktisch mit der Genauigkeit der Amperedarstellung herleiten, da der Fehler der Ohmbestimmung nach 8.6.6. demgegenüber zu vernachlässigen ist.

8.6.5.3. Darstellung mit elektrostatischen Verfahren

Elektrostatische Präzisionsverfahren zur Darstellung des Volt sind vorgeschlagen, aber noch nicht realisiert worden. Sie beruhen auf der Messung der elektrostatischen Anziehungskraft F, die durch die Spannung U zwischen den im Abstand d angeordneten Platten eines Kondensators mit der Kapazität C erzeugt wird, und zwar gilt:

$$F = \frac{1}{2} U^2 \cdot \frac{\partial C}{\partial d} \qquad (8.8)$$

In der Spannungswaage nach OHLON [184] wird die Spannungsmessung auf die Messung der Größen $F = m \cdot g$, d und C zurückgeführt. C muß nach 8.6.4. absolut bestimmt sein. Zur Kompensation der Vergrößerung der elektrischen Anziehungskraft bei Verringerung des Elektrodenabstands wird ein Rückkopplungssystem verwendet. Mit einer Spannung U von etwa 2 kV müßte ein wahrscheinlicher Fehler zwischen 2 und $3 \cdot 10^{-6}$ zu erreichen sein. Einen Fehler von nur $1 \cdot 10^{-6}$ hofft man mit dem Flüssigkeits-Elektrometer nach CLOTHIER zu erhalten [185; 186], bei dem die eine Platte des Kondensators durch die Oberfläche einer leitenden Flüssigkeit gebildet wird. Der Anstieg des Flüssigkeitsspiegels beim Anlegen einer Spannung von etwa 20 kV wird interferometrisch gemessen. Die Kapazität der Anordnung geht nicht in die Berechnung ein.

8.6.5.4. *Bewahrung durch sekundäre Normale*

Neben der Bewahrung der Spannungseinheit durch Maßverkörperungen (Normalelemente, s. 8.6.7.) wurde in den letzten Jahren der JOSEPHSON-Effekt als sekundäres Spannungsnormal verwendet. Ein Element aus 2 punktartig verbundenen Supraleitern zeigt bei Durchgang von Gleichstrom mit überlagertem Wechselstrom der Frequenz f eine treppenförmige Strom-Spannungs-Kennlinie mit einem Spannungsstufenabstand

$$U_n - U_{n-1} = \frac{h}{2e} \cdot f \quad (n = 1, 2, 3, \ldots) \qquad (8.9)$$

Hier ist h das Plancksche Wirkungsquantum, e die elektrische Elementarladung. Für $f = 70\,\mathrm{GHz}$ entspricht einer Stufenzahl $n = 10$ eine Gleichspannung von etwa 1,5 mV, die mittels geeigneter Spannungsteiler mit einer Unsicherheit (σ) von $4 \cdot 10^{-8}$ an eine absolut gemessene Spannung bzw. an die EMK eines Normalelements angeschlossen werden kann [187; 188; 189].

8.6.6. *Darstellung des Ohm*

8.6.6.1. *Darstellung aus Ampere und Volt*

Die Darstellung des Ohm aus Ampere und Volt gemäß seiner Definition eignet sich nicht für Präzisionsmessungen, da die Meßunsicherheit für diese Einheiten nach 8.6.2. und 8.6.5. erheblich größer ist als die Unsicherheit der Ohmdarstellung nach den im folgenden angegebenen Verfahren.

8.6.6.2. *Darstellung mit Hilfe von Induktivitäten*

Von den zahlreichen, im Laufe der Entwicklung verwendeten Verfahren können hier nur zwei erwähnt werden, mit denen in den letzten Jahren die genauesten

Ergebnisse erzielt wurden. Für die Brücke von CAMPBELL [190] (Abb. 8) ist eine der Abgleichbedingungen:

$$R \cdot r = (2\pi f)^2 \cdot L_{12} \cdot L'_{12} \tag{8.10}$$

Hierin ist r ein induktionsarmer 1-Ω-Normalwiderstand. Beim Abgleich der Brücke werden die Gegeninduktivität L'_{12} und der Widerstand R_s etwas verändert. Bestimmt man nach dem Abgleich die Werte von L_{12} und L'_{12} durch

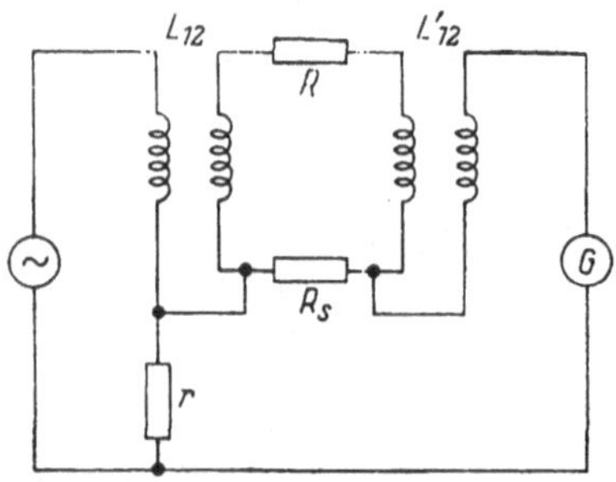

Abb. 8. Campbell-Brücke (Prinzipschaltung)

Vergleich mit der nach 8.6.3. berechneten Gegeninduktivität eines Normals sowie das Widerstandsverhältnis $r/R = B$ z. B. nach einem Brückenverfahren, so erhält man aus Gl. (8.10) nach Umformung

$$r = 2\pi f \sqrt{B \cdot L_{12} \cdot L'_{12}} \tag{8.11}$$

Die Darstellung des Ohm durch Bestimmung von r wird also auf die Messung einer Frequenz f und die Berechnung einer Gegeninduktivität aus Längenmessungen zurückgeführt.

Für die jüngste Ohmbestimmung nach diesem Verfahren [191] wurde ein aus mehreren Wicklungen bestehendes Gegeninduktivitätsnormal von etwa 10 mH benutzt. Als wahrscheinlicher Gesamtfehler wird $2 \cdot 10^{-6}$ angegeben.

Die Widerstandsbestimmung mit Hilfe einer Selbstinduktivität geht auf ROSA [178] zurück. Bei einer neueren

Anwendung dieses Verfahrens [181] wird in einer Wien-Maxwell-Brücke das Verhältnis L/C der berechneten Induktivität L einer Selbstinduktionsspule zu der Kapazität C eines Hilfskondensators durch das Produkt zweier 200-Ω-Widerstände ausgedrückt. Anschließend wird durch Umschaltung des Kondensators in einen anderen Zweig eine Reihenresonanzbrücke hergestellt, deren Abgleichbedingung $L \cdot C = 1/(2\pi f)^2$ die Eliminierung von C durch die Frequenz f erlaubt. Auch mit diesem Verfahren soll ein Fehler von $2 \cdot 10^{-6}$ zu erreichen sein [181].

8.6.6.3. Darstellung mit Hilfe von Kapazitäten

Durch die Anwendung des Kreuzkondensators nach 8.6.4. wurde eine Darstellung des Ohm mit einer bisher unerreichten Genauigkeit ermöglicht. Mittels einer Kapazitätsmeßbrücke mit induktiven Teilern werden an die Kapazität C_m des Kreuzkondensators von 0,1 bis 1 pF in mehreren Schritten im Verhältnis 1:10 Kondensatoren von 5 nF angeschlossen. 2 solche Kondensatoren (C_2 und C_4) werden in einer sogenannten Quad-Brücke [192] (Abb. 9) bei einer Frequenz $f = 10^4/2\pi$ Hz mit 2 Widerständen R_1 und R_3 von 20 kΩ verglichen. Bei abgeglichener Brücke gilt

$$\frac{1}{R_1} + \frac{1}{R_3} = 4\,\pi\, f[C_2 \cdot C_4(1 + \alpha)]^{1/2} \qquad (8.12)$$

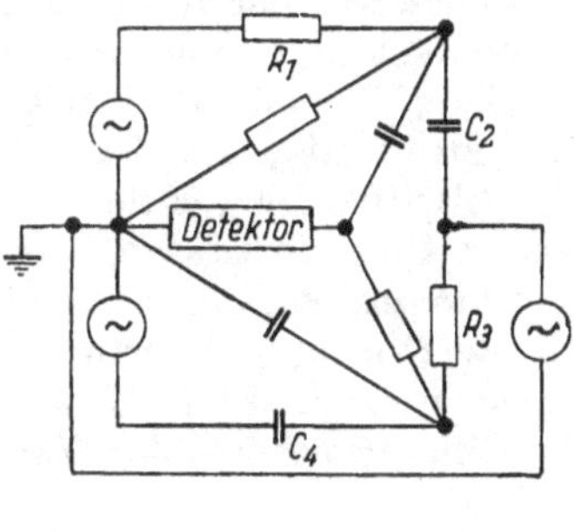

Abb. 9. Quad-Brücke nach THOMPSON (Prinzipschaltung)

wo α eine bei der Brückenabstimmung ermittelte Korrektionsgröße ist. Die Widerstände R_1 und R_3 werden dann parallel geschaltet und der aus Gl. (8.12) berechnete Widerstand der Parallelschaltung mit einem 10-kΩ-Normal verglichen, an das dann in einer Gleichstrombrücke mit Hilfe von im Verhältnis 1:100 umschaltbaren Widerständen nach [193; 194] in 2 Stufen die Normale von 1 Ω angeschlossen werden. Die Übertragungsfehler können so gering gemacht werden, daß ebenso wie für das Farad (vgl. 8.6.4.) ein wahrscheinlicher Fehler von $2 \cdot 10^{-7}$ erreicht wird [195].

8.6.7. *Bewahrung und Weitergabe der elektrischen Einheiten durch Maßverkörperungen*

Zur Bewahrung der elektrischen Einheiten werden in allen metrologischen Staatsinstituten in erster Linie Gruppennormale von ausgewählten 1-Ω-Normalwiderständen und Normalelementen benutzt. Die Normalwiderstände sind in Büchsen eingeschlossene Drahtspulen, im allgemeinen aus einer CuMnNi-Legierung (Manganin), die bei 400 bis 550 °C gealtert wurden; ihr Temperaturkoeffizient bei 20 °C beträgt weniger als $1 \cdot 10^{-5}$/K, ihre jährliche Änderung ist meist kleiner als 1 μΩ. Als Normalelemente dienen Internationale Weston-Elemente (vgl. 2.3.2. und [74]) mit EMK-Werten zwischen 1,01855 und 1,01865 V, die sich im Jahr höchstens um etwa 1 μV ändern. Die Mittelwerte der nationalen Gruppennormale werden als konstant angenommen und repräsentieren die konventionelle „Widerstandseinheit" und „Spannungseinheit" des betreffenden Landes mit einer Meßunsicherheit von 10^{-7} bis 10^{-6}. Die „nationalen Einheiten" von 10 bedeutenden Staatsinstituten, darunter dem ASMW und dem Allunionsforschungsinstitut für Metrologie D. I. Mendelejew (Vsesojuznyj naučno-issledovatel'skij institut metrologii imeni D. I. Mendeleeva; VNIIM), werden mit Hilfe transportabler Vergleichsnormale in Zeitabständen von 3 Jahren untereinander und mit den konventionellen Einheiten Ω_{69-BI} und V_{69-BI} des BIPM verglichen (die Indizes deuten auf die Neufestlegung durch Angleich an die absoluten Einheiten im Jahre 1969 hin). Der letzte Vergleich (1973) ergab für die Einheiten des ASMW: $1\,\Omega_{ASMW} = 1\,\Omega_{69-BI} + 0{,}93\,\mu\Omega$; $1\,V_{ASMW} = 1\,V_{69-BI} + 0{,}44\,\mu V$. In 6 Staatsinstituten und im BIPM werden außerdem bereits Josephson-Normale (s. 8.6.5.4.) zur Bewahrung der Spannungseinheit benutzt.

An die 1-Ω-Widerstände werden zur Weitergabe der Einheit Widerstandsnormale von 10^{-5} bis $10^{14}\,\Omega$ durch Brückenmessungen im Verhältnis 1:10 oder 1:1 (mittels umschaltbarer Widerstände [193; 194]) angeschlossen. Gleichspannungen von weniger als 1 μV bis zu etwa 100 kV werden auf die Spannungseinheit mittels Kompensatoren und Spannungsteilern zurückgeführt.

8.7. *Darstellung des Kelvin*

8.7.1. *Die Größenart Temperatur*

Während wir uns bei Meter, Sekunde, Kilogramm und Ampere sofort der dem Wortlaut der Definition entsprechenden Darstellung der Einheit zuwenden konnten, müssen wir uns beim Kelvin zunächst mit der Definition der Größenart befassen. Das liegt daran, daß der in der Definition angewendete Begriff „(thermodynamische) Temperatur“ — im Gegensatz zu Begriffen wie Länge und Zeit — nicht mit genügender Genauigkeit aus unserer Erfahrung abgeleitet werden kann und daher einer weitgehenden Aufbereitung durch die theoretische Physik bedarf.

Folgen wir zu diesem Zweck [196], wenden aber zur besonderen Verdeutlichung des Sachverhaltes eine davon abweichende, eigene Schreibweise an. Wir gehen davon aus, daß uns eins der in 2.3.3. genannten Temperaturmeßgeräte zur Verfügung steht, durch dessen (beliebig erstellte) Teilung jedem Temperaturzustand umkehrbar eindeutig ein Zahlenwert s zugeordnet wird; die Zahlenwerte s bilden so eine „empirische Temperaturskale". Führen wir nun den bekannten, 1824 von CARNOT vorgeschlagenen Kreisprozeß durch, bei dem einem Arbeitsmittel im Temperaturzustand 1 (beschrieben durch den Zahlenwert s_1 in der „empirischen Temperaturskale") aus einem Wärmebehälter 1 die Wärmemenge Q_1 zugeführt und nach adiabatischer Zustandsänderung im Temperaturzustand 2 ($\triangleq s_2$ mit $s_2 < s_1$) die Wärmemenge Q_2 in den Wärmebehälter 2 entzogen wird, so ist die dabei geleistete Arbeit A. Der Wirkungsgrad η dieser reversibel arbeitenden Maschine

$$\eta = \frac{A}{Q_1} = \frac{Q_1 - Q_2}{Q_1} \tag{8.13}$$

ist nicht vom Arbeitsmittel, sondern nur von den Werten s_1 und s_2 abhängig. Daher gilt

$$\frac{Q_1}{Q_2} = \frac{1}{1 - \eta} = f(s_1, s_2) \tag{8.14}$$

und es läßt sich zeigen, daß die rechte Seite von Gl. (8.14) die Form $f(s_1, s_2) = g(s_1)/g(s_2)$ haben muß, so daß mit der Abkürzung $g(s) = \{T\}$ geschrieben werden kann

$$\frac{Q_1}{Q_2} = \frac{\{T\}_1}{\{T\}_2} \tag{8.15}$$

Dabei kann man den Verlauf $\{T\} = g(s)$ — bis auf einen willkürlich wählbaren, konstanten Faktor — experimentell bestimmen, indem man den Carnot-Prozeß zwischen einem festen Temperaturzustand 1 und verschiedenen Temperaturzuständen 2 ausführt und die umgesetzten Wärmemengen kalorimetrisch bestimmt. $g(s)$ ist im allgemeinen keine geschlossen darstellbare Funktion, sondern bedeutet lediglich eine umkehrbar eindeutige Zuordnung von Zahlenwerten $\{T\}$ zu Zahlenwerten s, gleichgültig in welcher Form eine solche Festlegung erfolgt (vgl. 8.7.3.).

Das durch Gl. (8.15) dargestellte Ergebnis hat neben der Unabhängigkeit vom angewendeten Arbeitsstoff zwei weitere bemerkenswerte Eigenschaften: Erstens ist es auch vom benutzten Temperaturmeßgerät und dessen Skalenteilung unabhängig; bei Verwendung eines anderen Meßgerätes würden den Temperaturzuständen 1 und 2 zwar andere Zahlenwerte s_1 und s_2 entsprechen, da aber auch eine andere Funktion $\{T\} = g'(s')$ gelten würde, hätten sich für $\{T\}_1$ und $\{T\}_2$ — abgesehen von dem bereits genannten, willkürlich wählbaren, konstanten Faktor — die gleichen Werte ergeben wie zuerst. Und zweitens zeichnet sich Gl. (8.15) durch eine sehr einfache mathematische Form aus.

Es liegt daher sehr nahe, zur Beschreibung von Temperaturzuständen nur die Zahlenwerte $\{T\}$ zu benutzen und sie als Zahlenwerte einer physikalischen Größe T aufzufassen. Die dadurch definierte Größenart wollen wir mit [197] Temperatur nennen (vgl. aber 8.7.3.). Als Einheit $[T]$ bietet sich dabei der oben genannte, willkürlich wählbare, konstante Faktor an, von dem ja nicht gefordert wird, daß er eine unbenannte Zahl ist. Unter Anwendung von Gl. (1.1) kann man daher statt Gl. (8.15) schreiben

$$\frac{Q_1}{Q_2} = \frac{T_1}{T_2} \tag{8.16}$$

Den Beweis dafür, daß die Temperatur T wirklich die Eigenschaften einer Größe besitzt, daß insbesondere also ein Verfahren für die Temperaturmessung angegeben werden kann und daß die Addition — zumindest von Temperaturdifferenzen — sinnvoll ist (vgl. 1.1. und 1.3.), sind wir allerdings noch schuldig. Er ist aber leicht zu führen, denn auf die Möglichkeit der Addition von Temperaturdifferenzen wurde bereits in 1.3. eingegangen und ein prinzipielles Meßverfahren kann wie folgt angegeben werden (vgl. [196]): Betrachtet man die bei einem Carnot-Prozeß geleistete mechanische Arbeit $A = Q_1 - Q_2$, so folgt unter Berücksichtigung von Gl. (8.16) für zwei Kreisprozesse a und b

$$\frac{A_a}{A_b} = \frac{Q_{a1} - Q_{a2}}{Q_{b1} - Q_{b2}} = \frac{T_{a1} - T_{a2}}{T_{b1} - T_{b2}} = \frac{\Delta_a T}{\Delta_b T} \qquad (8.17)$$

Da man die Größen A_a und A_b mechanisch messen kann, ist damit ein Meßverfahren für Temperaturdifferenzen und — bei Berücksichtigung des Temperatur-Nullpunktes — auch ein Meßverfahren für Temperaturen gegeben.

Aus dem Carnot-Prozeß folgt auch, für welchen Temperaturzustand wir der Temperatur den Wert 0 beilegen müssen. Nach Gl. (8.13) und (8.15) hat der Wärmebehälter 2 dann die Temperatur 0, wenn der Carnot-Prozeß zwischen ihm und dem (auf beliebiger Temperatur $\neq 0$ befindlichen) Wärmebehälter 1 den Wirkungsgrad $\eta = 1$ erreicht; die Temperatur 0 heißt absoluter Nullpunkt (Dalton 1802 [198]).

Die durch den Carnot-Prozeß definierte Temperatur T ist die gleiche Größe wie die, die bei der Definition der Entropie

$$\mathrm{d}S = \frac{\mathrm{d}Q}{T} \qquad (8.18)$$

als integrierender Nenner auftritt. Sie ist auch gleich der Größe, die im Boyle-Mariotte-Gay-Lussacschen Gesetz für ideale Gase

$$p \cdot V = n \cdot R \cdot T \qquad (8.19)$$

(p = Druck, V = Volumen, n = Stoffmenge, R = universelle Gaskonstante) steht. Und es ist die gleiche Größe wie die in den Strahlungsgesetzen von Stefan und Boltzmann, von Wien und von Planck. Der Beweis für diese Behauptungen wird z. B. bei [196; 37] geführt.

8.7.2. Fundamentale Temperaturmessung

Nach diesen vorbereitenden Betrachtungen ist die Definition der Temperatureinheit, des *Kelvin*, (s. 3.3.5.) ohne weiteres verständlich. Durch die Festlegung, daß der Temperatur des Tripelpunktes von Wasser der Wert 273,16 K zugeordnet wird, wird über den im vorigen Abschnitt genannten konstanten Faktor verfügt, damit wird die Definition des Kelvin eindeutig. (Es sei ausdrücklich darauf hingewiesen, daß diese Definition der Temperatureinheit erstmalig 1954 (10. CGPM) erfolgte und daher in vielen Lehrbüchern — z. B. auch in [196] und [37] — noch nicht berücksichtigt ist; vgl. 2.3.3.) Der Zahlenwert 273,16 wurde gewählt, damit die aus der Celsius-Skale bekannten Werte für den Eispunkt (0) und den Wassersiedepunkt (100) innerhalb der Meßunsicherheit erhalten blieben, wenn man die entsprechenden „Celsius-Temperaturen" (s. 3.3.5. und 7.1.) angibt.

Die Darstellung des Kelvin läuft wegen des Fehlens genauer Verfahren zur Ableitung von Vielfachen und Teilen auf die Darstellung der Temperaturskale, d. h. auf die Messung beliebiger Temperaturen nach fundamentalen Verfahren, hinaus. Wegen der hohen Anforderungen der Definition des Kelvin an ideale Verhältnisse sind derartige Verfahren aber außerordentlich aufwendig; für praktische Temperaturmessungen muß daher auf Konventionen zurückgegriffen werden (s. 8.7.3.).

Um einen kleinen Einblick in die Problematik der Temperaturmessung mit fundamentalen Verfahren zu geben, sollen einige Ausführungen über das Gasthermometer — als einem der wichtigsten Geräte für solche Messungen — gemacht werden; vgl. hierzu [196; 37]. Ein Gasthermometer besteht im Prinzip aus einem Thermometergefäß, in das eine Gasmenge dicht eingeschlossen ist. Entsprechend Gl. (8.19) hängen dann Volumen, Druck und Temperatur voneinander ab. Die Kenntnis der Werte aller in dieser Gleichung auftretenden Größen ist nicht erforderlich, wenn man die benötigten Werte durch eine vorhergehende Messung bei einer bereits bekannten Temperatur T_0 (z. B. definitionsgemäß beim Tripelpunkt von Wasser; $T_0 = 273{,}16$ K) bestimmt. Zweckmäßigerweise hält man bei allen Messungen das Volumen (und damit die Dichte) des eingeschlossenen Gases oder seinen Druck konstant.

Beim Gasthermometer konstanter Dichte (s. Abb. 10) folgt aus Gl. (8.19) die Beziehung

$$T = T_0 \frac{p}{p_0} \tag{8.20}$$

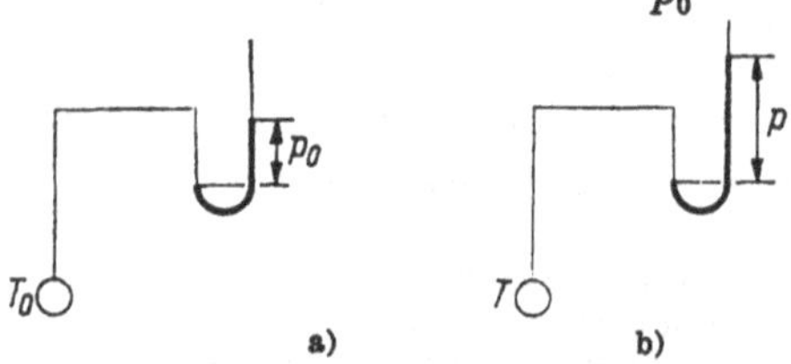

Abb. 10. Gasthermometer konstanter Dichte (Meßprinzip)

a) Ablesung bei bekannter Temperatur T_0: Druck p_0
b) Ablesung bei der zu messenden Temperatur T: Druck p

Wesentliche experimentelle Schwierigkeiten liegen bereits in der genügend genauen Bestimmung des Drucks mittels eines U-Rohr-Manometers und in der Unmöglichkeit, die gesamte eingeschlossene Gasmenge — einschließlich des Gases in den Verbindungsleitungen — auf die Temperatur des Thermometergefäßes, also die zu messende Temperatur, zu bringen.

Beim Gasthermometer konstanten Drucks (s. Abb. 11) wird die Druckmessung durch (leichter auszuführende) Messungen von Volumina ersetzt:

$$T = T_0 \frac{V_g}{V_g - V} \tag{8.21}$$

An experimentellen Schwierigkeiten bleiben u. a. die Unmöglichkeit, die auf der Temperatur T befindliche Gasmenge von der auf T_0 befindlichen genau abzugrenzen, die Bestimmung der Volumenänderungen, die sich durch verschiedene Ausbildung der Quecksilberkuppe im linken Schenkel des Barometers ergeben, sowie die Feststellung, daß der Druck im Endzustand dem im Anfangszustand gleich ist.

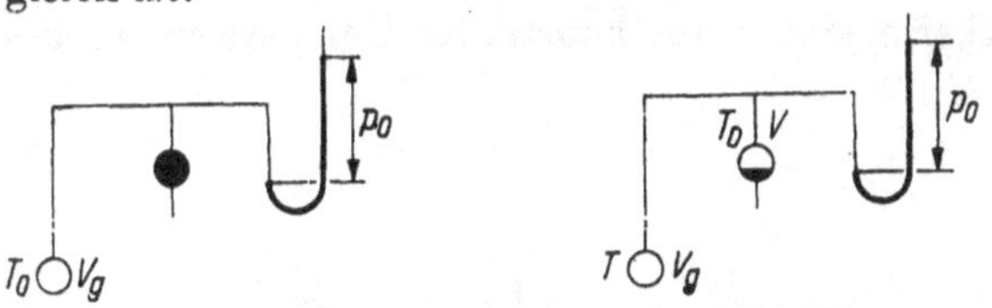

Abb. 11. Gasthermometer konstanten Drucks (Meßprinzip)

a) Ablesung bei bekannter Temperatur T_0: Druck p_0; Volumen V_g des Thermometergefäßes ist bekannt.

b) Ablesung bei der zu messenden Temperatur T: zusätzlich erforderliches Volumen V, um wieder den Druck p_0 einzustellen.

Bei einem neueren Gerät, dem Gasthermometer konstanter Temperatur [199; 200], werden sowohl das Volumen (und damit die Dichte) als auch der Druck variiert. Die Druckmessung wird dabei durch Volumenmessungen und die Feststellung der Druckgleichheit in zwei benachbarten Systemen ersetzt (s. Abb. 12); wesentlich ist dabei,

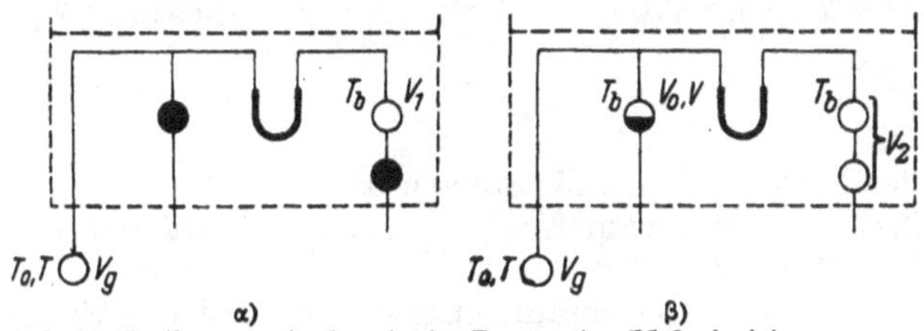

Abb. 12. Gasthermometer konstanter Temperatur (Meßprinzip)

a) Messung bei bekannter Temperatur T_0

α) Einstellung des Druckgleichgewichts bei Volumen V_1.

β) Erniedrigen des Drucks in der rechten Seite durch Vergrößern des Volumens auf V_2; Ablesung: zusätzlich erforderliches Volumen V_0, um wieder Druckgleichgewicht herzustellen.

b) Messung bei der zu messenden Temperatur T

α) wie aα).

β) wie aβ); Ablesung: V.

daß der Indikator für Druckgleichheit so ausgebildet wurde, daß er sehr genaue Messungen gestattet und dabei das an das Volumen V_g angrenzende schädliche Volumen nicht unzulässig verändert. Außerdem wird die gesamte Apparatur oberhalb der gestrichelten Linie in einem Wasserthermostaten auf konstanter Temperatur T_b gehalten; es gilt

$$T = \frac{1}{V} K \tag{8.22}$$

mit

$$K = T_b V_g \left(\frac{V_2}{V_1} - 1\right) \tag{8.22a}$$

Die Werte der Größen T_b, V_g, V_2 und V_1 brauchen dabei (im Prinzip) nicht bekannt zu sein. Wesentlich ist, daß sie bei jeder Messung gleich sind, was für V_g, V_2 und V_1 aus der Konstruktion des Gerätes folgt und für T_b mittels eines genügend empfindlichen Thermometers festgestellt wird, nachdem der Thermostat entsprechend eingestellt wurde. Somit ist K eine Gerätekonstante, deren Wert bestimmt werden kann, indem eine Messung bei einer bekannten Temperatur T_0, z. B. der Temperatur des Wasser-Tripelpunktes, durchgeführt wird (Ablesung: V_0):

$$K = T_0 V_0 \tag{8.22b}$$

In der Praxis erfolgen Messungen bei T_0 zu Beginn einer Meßreihe und dann zur Kontrolle etwa in Abständen von einigen Wochen.

Abschließend soll darauf hingewiesen werden, daß die vorstehende Darstellung gegenüber den wirklichen Verhältnissen stark vereinfacht ist; so blieben dabei unberücksichtigt

— der Temperaturabfall zwischen T und T_b,
— die Volumina der Verbindungsleitungen („schädliches Volumen"),
— die thermische Ausdehnung des Thermometergefäßes,

- die Abhängigkeit aller Gefäßvolumina vom Innendruck,
- die Abhängigkeit des Gasdruckes von der Höhe im Schwerefeld der Erde („Druckgleichheit" herrscht dann, wenn sich die Massemittelpunkte beider Gasvolumina auf gleicher Höhe befinden und in dieser Höhe die Drücke gleich sind),
- Adsorptions- und Diffusionsvorgänge,
- die Tatsache, daß das Füllgas kein ideales, sondern ein reales Gas ist.

Und schließlich bietet auch die Erfüllung der Voraussetzung jeder Temperaturmessung, daß die zu messende Temperatur mit genügender örtlicher und zeitlicher Konstanz hergestellt wird, erhebliche Schwierigkeiten.

Ähnliches gilt für alle Bereiche der Temperaturskale, unabhängig davon, welche fundamentalen Verfahren benutzt werden. Solche Verfahren werden daher nur dazu angewendet, um die Temperaturen von wenigen, ausgewählten Gleichgewichtszuständen, den Fixpunkten, zu bestimmen, auf denen eine konventionelle „Temperatur"-Skale aufgebaut wird (s. 8.7.3.), und um allenfalls noch Untersuchungen anzustellen, wie gut die Annäherung dieser konventionellen Skale an die (thermodynamische) Temperaturskale ist.

8.7.3. Die Internationale Praktische Temperaturskale von 1968

Die Internationale Praktische Temperaturskale von 1968 (IPTS-68) ist — wie schon mehrfach erwähnt — eine konventionelle Skale. Im Prinzip erfolgt also — wie es am Anfang von 8.7.1. besprochen wurde — zu jedem Temperaturzustand, der eigentlich durch seine Temperatur T beschrieben werden müßte, die Zuordnung eines Zahlenwertes $\{T\}_{68}$ (entsprechend s in 8.7.1.), so daß gilt

$$T = g(\{T\}_{68}) \tag{8.23}$$

Das Besondere ist aber, daß diese Zuordnung durch solche Vorschriften erfolgt, daß sie überall und jederzeit experimentell wiederholt werden kann und daß die Zahlenwerte $\{T\}_{68}$ den Zahlenwerten $\{T\}$ so nahe kommen, daß „die Differenzen in den Grenzen der gegenwärtigen Meßgenauigkeit bleiben“ [201]:

$$\{T\}_{68} \approx \{T\} \tag{8.24}$$

Die IPTS-68 wurde auf Empfehlung des zuständigen Beratenden Komitees für Thermometrie (Comité Consultatif de Thermométrie, CCT) 1968 vom CIPM gemäß der ihm von der 13. CGPM (1967) erteilten Vollmachten angenommen [201] und durch [202] in der DDR eingeführt.

Der offizielle Text der IPTS-68 [201] ist leider hinsichtlich der Unterscheidung zwischen Größe und Zahlenwert nicht konsequent. So heißt es z. B., daß „in der IPTS-68 zwischen der *Internationalen Praktischen Kelvin-Temperatur* mit dem Formelzeichen (symbole) T_{68} und der *Internationalen Praktischen Celsius-Temperatur* mit dem Formelzeichen t_{68} unterschieden“ wird, daß die Einheiten zu T_{68} und t_{68} das Kelvin mit dem Kurzzeichen (symbole) K bzw. der Grad Celsius mit dem Kurzzeichen °C sind und daß

$$t_{68} = T_{68} - 273{,}15\,\mathrm{K} \tag{8.25}$$

gilt. — Die beiden genannten Bezeichnungen sind historisch bedingt und deuten an, daß T_{68} und t_{68} mit der Größe Temperatur verwandt sind. Gegenüber der in 8.7.1 gegebenen Definition ist das Wort „Temperatur“ dabei in einem neuen, erweiterten Sinn gebraucht. Das kann in gewissen Fällen Anlaß zu Verwechslungen geben, was man dadurch zu vermeiden sucht, daß man in diesen Fällen die Temperatur T als „thermodynamische Temperatur“ bezeichnet [201], auch in der Form „(thermodynamische) Temperatur“ geschrieben [34], wobei die Klammer andeuten soll, daß es sich nur um einen erläuternden Zusatz handelt; entsprechend kann im — seltenen — Bedarfsfall die Celsius-Temperatur als „thermodynamische“ oder „(thermodynamische) Celsius-Temperatur“ bezeichnet werden.

Aus dem Text der IPTS-68 könnte geschlossen werden, daß T_{68} und t_{68} Größen sind. Ob dies aber im strengen Sinn von 1.1. gilt, ist fraglich. Ein Meßverfahren, das es — wie im Beispiel Länge in 1.1. oder bei der Temperatur T entsprechend Gl. (8.17) — gestattet, „Temperatur"-Differenzen ΔT_{68} bzw. Δt_{68} direkt und unabhängig von T_{68} bzw. t_{68} zu messen, so daß solche „Temperatur"-Differenzen addiert werden können (vgl. 1.3.), ist den Autoren jedenfalls nicht bekannt. Zum Beispiel entspricht eine bestimmte Thermospannung eines Thermoelements bei niedrigen Temperaturen einer anderen „Temperatur"-Differenz ΔT_{68} als bei hohen Temperaturen. T_{68} und t_{68} sind daher keine Größen. Sie können höchstens als zahlenmäßig beschreibbare Merkmale der Art, wie sie im letzten Absatz von 6.3. besprochen werden, aufgefaßt werden. (Die Reproduzierbarkeit ist allerdings wesentlich besser als in den dort genannten Beispielen). Dann wäre aber die Kennzeichnung ihrer Zahlenwerte $\{T\}_{68}$ und $\{t\}_{68}$ durch Anfügen von K bzw. °C, die ja als Einheitenkurzzeichen für die Temperatur bzw. die Celsius-Temperatur bereits festgelegt sind, zumindest mißverständlich.

Eine andere, zweckmäßigere Auslegung der Formelzeichen T_{68} und t_{68} kann man aus [202] herauslesen. Anstelle des oben zitierten Textes wird folgendermaßen formuliert: „Die IPTS-68 ist derart festgelegt, daß der einer Temperatur durch diese Skale zugeordnete Wert T_{68} dem ihr in der thermodynamischen Temperaturskale zugeordneten Wert (d. h. ihrem wahren Wert) mit großer Annäherung gleich ist, wobei die verbleibende Differenz in den Grenzen der derzeitigen Meßunsicherheit liegt... Der Celsius-Temperatur $t = T - 273{,}15$ K wird in der Temperaturskale der Wert $t_{68} = T_{68} - 273{,}15$ K zugeordnet." Die Formelzeichen T_{68} und t_{68} haben hier einen bemerkenswerten Bedeutungswechsel erfahren. Sie bezeichnen nicht mehr Größen (oder zahlenmäßig beschreibbare Merkmale), sondern *Werte von Größen* (vgl. 1.1.). Die Schreibweise als Zahlenwert mal Temperatureinheit, z. B. $T_{68} = \{T_{68}\}$ K, ist jetzt ohne weiteres verständlich. Da es sich dabei noch immer um die am Anfang dieses Abschnitts beschriebene Zuordnung von Temperaturzustand und Zahlenwert handelt, hätte in den Gln. (8.23) und (8.24) statt $\{T\}_{68}$ auch $\{T_{68}\}$ geschrieben werden können: $\{T_{68}\} = \{T\}_{68}$. Entsprechendes gilt für t_{68}.

Die Temperaturwerte T_{68} und t_{68} haben zwei bemerkenswerte Eigenschaften. Einmal sind sie, wie bereits ausgeführt, sehr gute Näherungswerte für die wahren Werte T_v und t_v, so daß die Differenz $|T_{68} - T_v| = e_{68}$ sehr kleine Werte annimmt (vgl. unten). Zum anderen sind die Festlegungen der IPTS-68 (Fixpunkte und Interpolationsinstrumente) so getroffen, daß die Werte T_{68} mit einer merklich kleineren Unsicherheit bestimmt werden können als die entsprechenden Werte T_v. Es ist daher möglich, mit den „in der IPTS-68 bestimmten Werten der (thermodynamischen) Temperatur“ gut reproduzierbar zu messen, ähnlich wie dies auch mit dem Ω_{69-BI} (s. 8.6.7.) der Fall ist. — Die Bezeichnungsweise — hier $T_{68} = \cdots$ K; dort $R = \cdots \Omega_{69-BI}$ statt $R_{69-BI} = \cdots \Omega$ — ist allerdings verschieden, was darin begründet ist, daß dort eine neue Einheit (und damit eine streng proportionale Skale) definiert wird, während hier durch die Vorschriften eine neue Skale definiert wird, die nicht mehr streng proportional zu den wahren Werten der Temperatur ist. Es folgt also z. B. aus $R'_{69-BI} = nR_{69-BI}$, daß $R' = nR$ ist; dagegen gilt für $T'_{68} = nT_{68}$ im allgemeinen $T' \neq nT$ (aber natürlich $T' \approx nT$).

Für die Praxis sind diese Betrachtungen allerdings wegen Gl. (8.24) ohne wesentliche Bedeutung. Wir werden daher im folgenden das Wort „Temperatur“ nicht mehr kennzeichnen, wenn es im erweiterten Sinn gebraucht ist. Auch werden wir nicht mehr zwischen der Temperatur T und ihrem wahren Wert T_v unterscheiden.

Die IPTS-68 ist auf 11 Temperaturwerten, die ausgewählten, reproduzierbaren Gleichgewichtszuständen, den *Definitions-Fixpunkten* (oder *definierenden Fixpunkten*), zugeordnet worden sind, und auf Vorschriften für die Interpolation zwischen ihnen gegründet. Sie umfaßt den gesamten Temperaturbereich oberhalb 13,81 K (−259,34 °C). (Tabelle s. S. 174. Die Werte der Siede- und Erstarrungspunkte gelten für den Druck 101 325 Pa, soweit nicht anderes angegeben ist. Der zur Darstellung der Fixpunkte benutzte Wasserstoff muß die jeweilige Gleichgewichtszusammensetzung der Ortho- und Paramodifikation besitzen. Der Siedepunkt des Wassers und der Erstarrungspunkt des Zinns werden wahlweise benutzt und zählen daher zusammen als ein Punkt.) Die Interpolation erfolgt im Bereich von 13,81 K bis 903,89 K (630,74 °C) mit Platin-Widerstandsthermometern und im Bereich von 903,89 K bis 1337,58 K (1064,43 °C) mit PtRh—Pt-Thermoelementen (Platin mit 10% Rhodium gegen Platin). Widerstandsthermometer und Thermoelemente müssen vorgeschriebene Eigenschaften aufweisen, zur Messung der elektrischen Größen sind spezielle

Meßbrücken oder Kompensatoren erforderlich. Die Beziehungen zwischen den gemessenen Widerstands- bzw. Spannungswerten und den Werten T_{68} sind durch Gleichungen festgelegt. Die darin auftretenden Konstanten werden durch Einmessen an den Definitions-Fixpunkten für jedes Gerät individuell bestimmt. Oberhalb 1337,58 K werden die Temperaturwerte aus der Messung von spektralen Strahldichten eines Schwarzen Körpers berechnet (s. z. B. [196; 37]); die dabei auftretende Konstante c_2 wurde für die IPTS-68 zu 0,014388 m · K festgelegt.

Im Bereich unterhalb 13,81 K werden nationale Skalen angewendet. Sie beruhen im Bereich von 0,2 bis 5,2 K auf der Temperaturabhängigkeit des Dampfdrucks von ^3He und ^4He. Als Interpolationsinstrumente, mit denen auch der Anschluß an die IPTS-68 bei 13,81 K hergestellt wird, dienen meist akustische Thermometer und Germanium-Widerstandthermometer. Mit speziellen Methoden werden Temperaturen hinab bis 0,0001 K gemessen.

Die *Unsicherheit bei der Darstellung der Temperaturskale* wird für den Tripelpunkt des Wassers mit 0,0002 K

Bereich der IPTS-68		
T_{68}	t_{68}	Unsicherheit von T_{68}
13,81 K	−259,34 °C	
		0,01 bis 0,02 K
90,188 K	−182,962 °C	
		0,02 bis 0,002 K
273,15 K	0 °C	
		0,002 K
373 K	100 °C	
		0,02 bis 0,003 K
723 K	450 °C	
		0,003 bis 0,02 K
903 K	630 °C	
		0,1 K
1337 K	1064 °C	
		0,2 bis 0,8 K
1773 K	1500 °C	
		0,8 bis 8 K
4273 K	4000 °C	

angegeben [201]: dieser Wert gilt sowohl für die Unsicherheit von T als auch von T_{68}. Angaben für andere Temperaturen finden sich in der Literatur selten. Für die Werte innerhalb der IPTS-68, also für die Werte T_{68}, gelten schätzungsweise die auf S. 173 aufgeführten Unsicherheiten (vgl. 141; 203; 204]).

Bei der Ermittlung der Unsicherheit für die thermodynamische Temperatur T kommt zu diesen Werten noch die Unsicherheit dazu, innerhalb derer die Differenz $T - T_{68}$ möglicherweise von Null verschieden ist. Sowohl die Werte T_{68} der Definitions-Fixpunkte als auch die Art der Interpolationsgleichungen sind ja auf Grund vorhergegangener (nach fundamentalen Verfahren erfolgter) Messungen von Temperaturen T ermittelt worden und daher trotz aller Anstrengungen mit einer Unsicherheit. behaftet. Angaben für die Definitions-Fixpunkte sind in [201, Tab. VII] enthalten:

Definitions-Fixpunkt	Zugeordneter Wert T_{68}		Zugeordneter Wert t_{68}		Geschätzte Unsicherheit von T	
Tripelpunkt des Wasserstoffs	13,81	K	−259,34	°C	0,01	K
Siedetemperatur des Wasserstoffs bei 33330,6 Pa	17,042	K	−256,108	°C	0,01	K
Siedepunkt des Wasserstoffs	20,28	K	−252,87	°C	0,01	K
Siedepunkt des Neons	27,102	K	−246,048	°C	0,01	K
Tripelpunkt des Sauerstoffs	54,361	K	−218,789	°C	0,01	K
Siedepunkt des Sauerstoffs	90,188	K	−182,962	°C	0,01	K
Tripelpunkt des Wassers	273,16	K	0,01	°C	genau durch Definition	
Siedepunkt des Wassers	373,15	K	100	°C	0,005	K
Erstarrungspunkt des Zinns	505,1181	K	231,9681	°C	0,015	K
Erstarrungspunkt des Zinks	692,73	K	419,58	°C	0,03	K
Erstarrungspunkt des Silbers	1235,08	K	961,93	°C	0,2	K
Erstarrungspunkt des Goldes	1337,58	K	1064,43	°C	0,2	K

Man kann daraus schließen, daß die *Unsicherheit von T etwa das 1,5- bis 2fache der oben für die Unsicherheit von T_{68} angegebenen Werte* erreicht. Zu dieser Abschätzung passen gut die Angaben über die Differenz $t_{68}-t_{48}$, d. h. die Differenz der Werte, die ein und derselben Celsius-Temperatur t in der IPTS-68 und in der IPTS-48 zugeordnet werden [201, Tab. VIII]; die Beträge liegen etwa in der gleichen Größenordnung wie die oben für die Unsicherheit von T_{68} angegebenen Werte.

8.8. Darstellung der Candela

8.8.1. Die Größenart Lichtstärke

Wie in 2.3.4. ausgeführt wurde, ist „Licht" zunächst keine physikalische, sondern eine physiologische Erscheinung. Wenn daher die Ergebnisse von (physikalischen) Lichtmessungen zweckentsprechend auswertbar sein sollen, müssen bereits die zur Bewertung von Licht definierten Größenarten die Eigenschaften des menschlichen Auges berücksichtigen; vgl. [42, S. 37ff.]. So handelt es sich bei den Größenarten der Lichtmessung (Photometrie) um entsprechend der relativen spektralen Empfindlichkeit des menschlichen Auges bewertete Strahlungsenergie, *Lichtmenge* genannt, sowie um damit zusammengesetzte Größenarten, z. B. um den Quotienten Lichtmenge durch Zeit und Raumwinkel, die *Lichtstärke*, deren Einheit, die *Candela* (cd), Grundeinheit des SI ist.

Die Größenarten der Photometrie (lichttechnische Größenarten) werden durch die Gleichung

$$x_{\mathrm{v}} = K_{\mathrm{m}} \int x_{\mathrm{e}\lambda} V(\lambda)\, \mathrm{d}\lambda \qquad (8.26)$$

definiert, in der x_{v} die lichttechnische Größe, x_{e} die entsprechende strahlungsphysikalische Größe, $x_{\mathrm{e}\lambda}$ den Differentialquotienten $\mathrm{d}x_{\mathrm{e}}/\mathrm{d}\lambda$, K_{m} dem Maximalwert des photometrischen Strahlungsäquivalents (eine Konstante), $V(\lambda)$

den spektralen Hellempfindlichkeitsgrad (eine Verhältnisgröße) und λ die Wellenlänge bedeuten; einander entsprechende Paare für x_v und x_e sind z. B. Lichtmenge Q_v und Strahlungsenergie Q_e, Lichtstärke I_v und Strahlstärke I_e [205]. Die Wahl einer neuen Basisgrößenart für die Photometrie ist möglich, weil in Gl. (8.26) neben der zu definierenden lichttechnischen Größe x_v auch die Konstante K_m erstmalig auftritt (vgl. 2.2.); K_m erhält dadurch eine von 1 verschiedene Dimension. Wegen

$$I_v = \frac{d^2 Q_v}{d\Omega \, dt} \tag{8.27}$$

ergibt sich so im SI mit Steradiant als zusätzlicher Basiseinheit (vgl. 7.3.) für die Einheit von K_m

$$[K_m]_{SI} = \frac{cd \cdot sr}{W}. \tag{8.28}$$

Der Gebrauch, eine lichttechnische Größenart als Basisgrößenart zu betrachten, ist historisch begründet. Es liegt aber logisch kein zwingender Grund vor, einer physiologisch bewerteten Energie (auch wenn noch durch Zeit und Raumwinkel dividiert wird) die Qualität einer neuen Basisgrößenart zuzuerkennen. Wäre in Gl. (8.26) K_m als Größe der Dimension 1 gewählt worden, wäre Q_v ebenso eine Energiegröße wie Q_e; und tatsächlich hat man bei einer anderen physiologisch bewerteten Energie, der Schallenergie, auf die Einführung einer neuen Basiseinheit verzichtet (vgl. 3.3.7. und 7.4.2.).

Daß hier von der Größenlehre her noch nicht vollständig durchdrungene Probleme vorliegen, erkennt man z. B. auch daran, daß die in Gl. (8.26) auftretenden Größen K_m und $V(\lambda)$ nur für das Tagessehen (Leuchtdichte > 10 cd/m²) gelten, während für das Nachtsehen statt Gl. (8.26) gilt

$$x_v' = K_m' \int x_{e\lambda} V'(\lambda) \, d\lambda \tag{8.29}$$

wo K_m' den Maximalwert des photometrischen Strahlungsäquivalents für Nachtsehen und $V'(\lambda)$ den entsprechenden Hellempfindlichkeitsgrad bedeuten [205, Bl. 3]. Die Größenarten x_v'

werden durch den Vorsatz „skotopisch" bezeichnet, ebenso die entsprechenden Einheiten. So wird als Einheit der skotopischen Lichtstärke I_v' die „skotopische Candela" (cd') eingeführt. Wie diese Einheit in das SI einzufügen ist, ist noch ungeklärt. Und noch komplizierter wird die Frage im Zwischengebiet zwischen Tages- und Nachtsehen (Leuchtdichten etwa zwischen 10 cd/m² und 10^{-3} cd'/m²), in dem man den Begriff „Äquivalentleuchtdichte" eingeführt hat [205, Bl. 3; 206]. Auch hier würde die Festlegung dim K_m = dim K_m' = 1 manche Schwierigkeit umgehen.

8.8.2. Die Meßeinrichtung

Die Candela wird in einer der Definition ziemlich wörtlich entsprechenden Meßeinrichtung dargestellt. Der Schwarze Körper (hier besser *Schwarzer Strahler*) wird (s. Abb. 13) durch die Öffnung eines unten geschlossenen Röhrchens aus Thoriumoxid, Aluminiumoxid oder Zirkonoxid dargestellt, das in ein mit reinem Platin gefülltes Gefäß eintaucht; als Abmessungen des Röhrchens werden 2 mm lichte Weite, 40 mm Länge und 0,5 mm Wanddicke genannt [207; 42, S. 60]. Röhrchen und Gefäß sind abgedeckt, die Öffnung des Dckels ist etwas kleiner als die lichte Weite des Röhrchens. — Es wird angenommen, daß die aus der Öffnung austretende Strahlung wirklich die spektrale Energieverteilung (spektrale Strahlstärkeverteilung) eines Schwarzen Strahlers hat. Der in der Definition auftretende Zahlenwert (1/600000) m² wurde so gewählt, daß annähernd 1 cd = 1 HK ist, daß also — wie beim Meter — beim Übergang zur neu definierten Einheit keine großen Änderungen von Zahlenwerten auftraten.

Die Temperatur des Röhrchens wird eingestellt, indem der umgebende Platinregulus in einem Hochfrequenzfeld geschmolzen und durch Verringerung der Heizleistung langsam abgekühlt wird. Bei Erreichen der Erstarrungstemperatur ergibt sich ein Haltepunkt der Temperatur. Wegen Wärmeleitung sowie inhomogener Erstarrungsverhältnisse im Platin bildet sich der Temperatur-Halte-

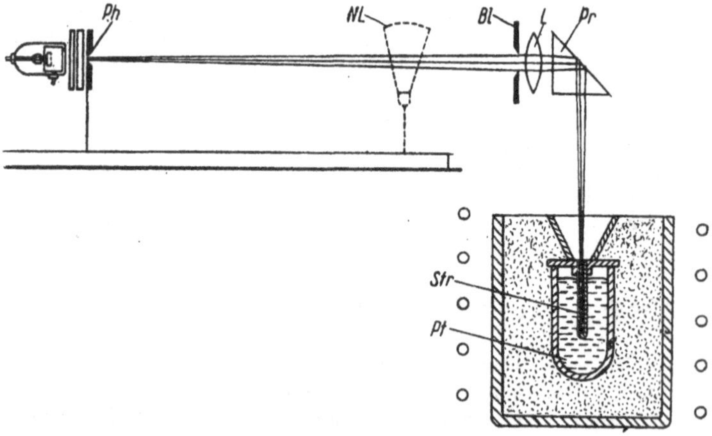

Abb 13. **Meßanordnung zur Darstellung der Candela**
Str Schwarzer Strahler; *Pt* Gefäß mit reinem Platin; *Pr* Umlenkprisma; *L* Abbildungsoptik; *Bl* Blende; *Ph* photometrische Empfängereinrichtung; *NL* anzuschließende Normal-Lampe (Substitutions-Meßmethode)

punkt jedoch nur bei besonderen apparativen und experimentellen Vorkehrungen genügend deutlich aus [208; 209].

Zur praktischen Handhabung der so dargestellten Einheit bedient man sich zunächst des strahlungsphysikalischen Gesetzes, daß in einer Strahlung bei der optischen Abbildung

$$L_{v2} = \tau \cdot L_{v1} \frac{n_2^2}{n_1^2} \qquad (8.30)$$

gilt [42, S. 23], oder wenn die Brechzahlen vor und hinter der Optik gleich sind ($n_1 = n_2$), wie das für den zu betrachtenden Strahlengang (Abb. 13) der Fall ist,

$$L_{v2} = \tau \cdot L_{v1} \qquad (8.31)$$

L_{v1} ist dabei die Leuchtdichte (vgl. 3.3.6) vor, L_{v2} die hinter der Optik; der Transmissionsgrad τ wird durch gesonderte Versuche experimentell bestimmt. Damit ist die Leuchtdichte in der Ebene der Blende *Bl* bekannt und damit auch die dortige Lichtstärke

$$I_{v2} = L_{v2} \cdot A_2 \tag{8.32}$$

denn die Fläche A_2 der Blendenöffnung läßt sich z. B. mittels eines Universalmeßmikroskops ermitteln. — Man erreicht so für die Darstellung der Candela eine Unsicherheit von $2 \cdot 10^{-3}$; die in verschiedenen Laboratorien erhaltenen Werte streuen allerdings um 1,5%.

Die Darstellung der Candela mit der eben (stark vereinfacht) beschriebenen Meßeinrichtung ist — wie bei anderen Größenarten — für den häufigen Gebrauch viel zu aufwendig. Die Einheit muß daher auf Normale übertragen werden; das sind hier Glühlampen spezieller Bauart [210; 38, S. 239]. Leider zeigen diese Lampen nicht die gewünschte, über lange Betriebsdauer bestehende Konstanz, so daß sie zwar für technische Messungen gut geeignet sind, als höchste Normale zur Bewahrung der Einheit aber nur bei Beachtung von besonderen Maßnahmen in Frage kommen. So gilt als Sekundärnormal stets eine Gruppe von Lampen; vom Mittelwert der Gruppe stark abweichende Lampen werden ausgesondert, neu zur Gruppe kommende werden zuvor „gealtert“; die Lampen des Sekundärnormals dienen nur zum Einmessen niederer Normale, so daß sie nur wenig brennen und lange Zeit konstant bleiben. — Die Lampen der Sekundärnormal-Gruppen werden außerdem bei internationalen, vom BIPM veranstalteten Vergleichen eingesetzt; man erhält so eine „*mittlere internationale Candela*“ als konventionelle Einheit mit einer *Unsicherheit von* $2 \cdot 10^{-3}$. Die Übertragung der Candela auf Normal-Lampen erfolgt nach der Substitutions-Meßmethode oder nach der Nullabgleich-Meßmethode [38, S. 242]. Im ersten Fall dient ein (meist lichtelektronisches) Photometer als Vergleichsgerät; lichtelektronische Photometer messen die vom Objekt auf der Empfängerfläche hervorgerufene Beleuchtungsstärke [38, S. 285]. Im zweiten Fall arbeitet man mit visuellen Photometern, diese Geräte beruhen auf einem Helligkeitsvergleich [38, S. 246].

Abschließend sei ein interessanter Vorschlag des englischen National Physical Laboratory (NPL) [211] für eine neue, möglicherweise einfacher und genauer realisierbare Definition der Candela erwähnt. Er läuft darauf hinaus, den Wert für K_m durch Definition festzulegen, wie dies für das Ampere durch Festlegung des Wertes für μ_0 bereits erfolgte (s. 3.3.4.) und für das Meter und c vorgeschlagen wurde (s. 8.3.). Der festzusetzende Wert würde natürlich in der Nähe des derzeitigen Bestwertes ($K_m = 673$ cd · sr/W; vgl. [212]) liegen. Zur weiteren Verbesserung wird vorgeschlagen [223], anstelle des Wertes für K_m den Wert für $K(\lambda) = K_m V(\lambda)$ für eine Wellenlänge λ festzulegen, bei der $K(\lambda)$ und $K'(\lambda) = K_m' V'(\lambda)$ den gleichen Wert haben; das ist bei etwa 555 nm ($\triangleq$ 540 THz) der Fall.

8.9. Darstellung des Mol

Eine Darstellung des Mol nach seiner Definition (s. 3.3.6.) ist mit hoher Genauigkeit z. Z. noch nicht möglich. Man müßte hierzu die Teilchenzahl in 0,012 kg reinen Kohlenstoffs ^{12}C oder die Masse eines Kohlenstoffatoms bestimmen. Für die Praxis sind jedoch diese Größen ohne Bedeutung; man benötigt lediglich das Verhältnis der Masse m(X) eines Atoms X zur Masse $m(^{12}C)$ des Kohlenstoffatoms ^{12}C, das sehr genau bestimmt werden kann (z. B. mit einem Massenspektrometer). Die Masse, die einem Mol des Stoffes X entspricht, wird stoffmengenbezogene Masse oder molare M_X genannt. Für diese Größe gilt:

$$M_X = [m(X)/m(^{12}C)] \cdot 1{,}012 \text{ kg/mol} \tag{8.33}$$

Beispiel [27]: Die Massen des Fluoratoms ^{19}F und des Kohlenstoffatoms ^{12}C stehen im Verhältnis 18,9984 zu 12. Die stoffmengen-

bezogene Masse des molekularen Gases F_2 ist daher:

$$M_{F_2} = \frac{2 \cdot 18{,}9984}{12} \cdot 0{,}012\ \text{kg/mol} = 0{,}0379968\ \text{kg/mol}$$

Die einer gegebenen Masse des Gases F_2, z. B. 0,05 kg, entsprechende Stoffmenge ist:

$$n_{F_2} = \frac{0{,}05\ \text{kg}}{0{,}0379968\ \text{kg} \cdot \text{mol}^{-1}} = 1{,}31590\ \text{mol}$$

In entsprechender Weise läßt sich die stoffmengenbezogene Masse M_B eines molekularen Stoffes B aus den Verhältnissen der Massen $m(X)$, $m(Y)$ ... der beteiligten Atome zur Masse $m(^{12}C)$ des Kohlenstoffatoms und den Anteilen der Atome X, Y... am Molekül B berechnen.

Weitere Methoden zur Bestimmung von Stoffmengen beruhen auf den Gesetzen der Physik und der physikalischen Chemie.

Bei idealen Gasen nimmt 1 mol unabhängig von der Natur des Gases bei einer bestimmten Temperatur und einem bestimmten Druck stets das gleiche Volumen ein (ungefähr 0,0224 m³ bei $T = 273{,}16$ K und $p = 101325$ Pa). Wenn man die notwendigen Korrekturen für die Abweichungen vom idealen Gaszustand berücksichtigt, können auf dieser Basis die Verhältnisse der molaren Massen von Gasen bestimmt werden.

Bei elektrolytischen Reaktionen kann man das Verhältnis der abgeschiedenen Stoffmengen durch Messungen von Elektrizitätsmengen quantitativ bestimmen. Zum Beispiel werden 1 mol Ag und 1/2 mol Cu durch die gleiche Elektrizitätsmenge (ungefähr 96487 C) auf der Katode abgeschieden.

Tabelle 1. *Physikalische Größenarten und ihre SI-Einheiten*
(Zur Benennung der Einheiten vgl. 3.1, S. 53)

Größenart	Formelzeichen	Benennung der Einheit	Kurzzeichen der Einheit
			1. Raum
Länge	l	Meter	m
Fläche	A, S	Quadratmeter	m^2
Volumen	V	Kubikmeter	m^3
Ebener Winkel (Winkel)	$\alpha, \beta, \ldots$	Radiant	rad
Raumwinkel	ω, Ω	Steradiant	sr
			2. Raum und Zeit
Zeit	t	Sekunde	s
Frequenz	f, ν	Hertz	Hz
Kreisfrequenz	ω	Eins je Sekunde	1/s
Geschwindigkeit	v	Meter je Sekunde	m/s

Beziehungen der Einheiten zu den Basiseinheiten	Bemerkungen
Basiseinheit	1. Vgl. 3.3.1. 2. Weglänge s Radius r
$1\ m^2 = 1\ m \cdot 1\ m$	Vgl. 3.3.1.
$1\ m^3 = 1\ m \cdot 1\ m \cdot 1\ m$	1. Vgl. 3.3.1. 2. Die Einheit Liter, $1\ l = 10^{-3}\ m^3$, bleibt zulässig; vgl. Tab. 5.
$1\ rad = 1\ m/1\ m$	1. Vgl. 3.3.1. und 7.3. 2. Die Einheiten Grad, $1° = \frac{\pi}{180}$ rad Minute, $1' = \frac{1°}{60}$ Sekunde, $1'' = \frac{1'}{60}$ bleiben zulässig; vgl. Tab. 5
$1\ sr = 1\ m^2/1\ m^2$	Vgl. 3.3.1. und 7.3.
Basiseinheit	1. Vgl. 3.3.2. 2. Die Einheiten Minute (1 min = 60 s), Stunde (1 h = 60 min) und Tag (1 d = 24 h) bleiben zulässig; vgl. Tab. 5
$1\ Hz = 1\ s^{-1}$	Vgl. 3.3.2. und 7.2.
$1/s = 1\ s^{-1}$	$\omega = 2\pi f$; vgl. aber 3.3.2. und 7.3.
$1\ m/s = 1\ m \cdot s^{-1}$	

Tabelle 1 (Fortsetzung)

Größenart	Formelzeichen	Benennung der Einheit	Kurzzeichen der Einheit
Winkelgeschwindigkeit	ω, w	Radiant je Sekunde	rad/s
Beschleunigung	a	Meter je Quadratsekunde	m/s^2
Winkelbeschleunigung	α, ε	Radiant je Quadratsekunde	rad/s^2
Wellenzahl	σ	Eins je Meter	1/m
Abklingkonstante	δ	Eins je Sekunde	1/s
Dämpfungskonstante Phasenkonstante Fortpflanzungskonstante	α β γ	Eins je Meter	1/m
Volumenstrom	$\dot{V}$	Kubikmeter je Sekunde	m^3/s
			3. Mechanik
Masse	m	Kilogramm	kg
Längenbezogene Masse	m/l	Kilogramm je Meter	kg/m
Flächenbezogene Masse	m/A	Kilogramm je Quadratmeter	kg/m^2
Dichte	ϱ, d	Kilogramm je Kubikmeter	kg/m^3
Spezifisches Volumen	v	Kubikmeter je Kilogramm	m^3/kg
Impuls	p	Kilogrammeter je Sekunde	$kg \cdot m/s$
Drehimpuls	L	Kilogrammquadratmeter je Sekunde	$kg \cdot m^2/s$

Beziehung der Einheit zu den Basiseinheiten	Bemerkungen
$1\ \mathrm{rad/s} = 1\ \mathrm{m \cdot m^{-1} \cdot s^{-1}}$	Vgl. 3.3.2. und 7.3.
$1\ \mathrm{m/s^2} = 1\ \mathrm{m \cdot s^{-2}}$	
$1\ \mathrm{rad/s^2} = 1\ \mathrm{m \cdot m^{-1} \cdot s^{-2}}$	Vgl. 3.3.2. und 7.3.
$1/\mathrm{m} = 1\ \mathrm{m^{-1}}$	$\sigma = 1/\lambda$ (λ = Wellenlänge)
$1/\mathrm{s} = 1\ \mathrm{s^{-1}}$	$F(t) = e^{-\delta t} \sin \omega t$
$1/\mathrm{m} = 1\ \mathrm{m^{-1}}$	$F(x) = e^{-\alpha x} \cos \beta x$ $\gamma = \alpha + \mathrm{i}\beta$
$1\ \mathrm{m^3/s} = 1\ \mathrm{m^3 \cdot s^{-1}}$	
Basiseinheit	1. Vgl. 3.3.3. 2. Die Einheit Tonne, 1 t = 1000 kg, bleibt zulässig, vgl. Tab. 5
$1\ \mathrm{kg/m} = 1\ \mathrm{m^{-1} \cdot kg}$	
$1\ \mathrm{kg/m^2} = 1\ \mathrm{m^{-2} \cdot kg}$	
$1\ \mathrm{kg/m^3} = 1\ \mathrm{m^{-3} \cdot kg}$	$\varrho = m/V$
$1\ \mathrm{m^3/kg} = 1\ \mathrm{m^3 \cdot kg^{-1}}$	$v = 1/\varrho$
$1\ \mathrm{kg \cdot m/s} = 1\ \mathrm{N \cdot s}$ $= 1\ \mathrm{m \cdot kg \cdot s^{-1}}$	$\boldsymbol{p} = m \cdot \boldsymbol{v}$
$1\ \mathrm{kg \cdot m^2/s} = 1\ \mathrm{m^2 \cdot kg \cdot s^{-1}}$	$\boldsymbol{L} = \boldsymbol{r} \times \boldsymbol{p}$

Tabelle 1 (Fortsetzung)

Größenart	Formelzeichen	Benennung der Einheit	Kurzzeichen der Einheit
Massen-Trägheitsmoment	J	Kilogrammquadratmeter	$kg \cdot m^2$
Flächen-Trägheitsmoment	I	Meter hoch 4	m^4
Kraft	F	Newton	N
Kraftmoment	M	Newtonmeter	$N \cdot m$
Druck Spannung Elastizitätsmodul Kompressionsmodul Schubmodul	p σ E K G	Pascal	Pa
Oberflächenspannung	σ, γ	Newton je Meter	N/m
Dynamische Viskosität	η	Pascalsekunde	$Pa \cdot s$
Kinematische Viskosität	ν	Quadratmeter je Sekunde	m^2/s
Arbeit Energie	W, A W, E	Joule	J
Leistung	P	Watt	W
Massestrom	$\dot{m}$	Kilogramm je Sekunde	kg/s
Massestromdichte	$\dot{m}/A$	Kilogramm je Sekunde mal Quadratmeter	$kg/s \cdot m^2$

Beziehung der Einheit zu den Basiseinheiten	Bemerkungen
$1\ \mathrm{kg \cdot m^2} = 1\ \mathrm{m^2 \cdot kg}$	
$1\ \mathrm{m^4} = 1\ \mathrm{m^4}$	
$1\ \mathrm{N} = 1\ \mathrm{m \cdot kg \cdot s^{-2}}$	
$1\ \mathrm{N \cdot m} = 1\ \mathrm{m^2 \cdot kg \cdot s^{-2}}$	
$1\ \mathrm{Pa} = 1\ \mathrm{N/m^2} = 1\ \mathrm{m^{-1} \cdot kg \cdot s^{-2}}$	Vgl. 3.3.3.
$1\ \mathrm{N/m} = 1\ \mathrm{kg \cdot s^{-2}}$	
$1\ \mathrm{Pa \cdot s} = 1\ \mathrm{m^{-1} \cdot kg \cdot s^{-1}}$	
$1\ \mathrm{m^2/s} = \dfrac{1\ \mathrm{Pa \cdot s}}{1\ \mathrm{kg/m^3}} = 1\ \mathrm{m^2 \cdot s^{-1}}$	$\nu = \eta/\varrho$
$1\ \mathrm{J} = 1\ \mathrm{N \cdot m} = 1\ \mathrm{m^2 \cdot kg \cdot s^{-2}}$	1. Vgl. 3.3.3. 2. Mit der Zeiteinheit Stunde (h) gebildete Arbeitseinheiten bleiben nach [57] zulässig, z. B. die Kilowattstunde (kWh).
$1\ \mathrm{W} = 1\ \mathrm{J/s} = 1\ \mathrm{m^2 \cdot kg \cdot s^{-3}}$	
$1\ \mathrm{kg/s} = 1\ \mathrm{kg \cdot s^{-1}}$	$\dot{m} = \mathrm{d}m/\mathrm{d}t$
$1\ \mathrm{kg/s \cdot m^2} = 1\ \mathrm{m^{-2} \cdot kg \cdot s^{-1}}$	

Tabelle 1 (Fortsetzung)

4. Elektrizität und Magnetismus

Größenart	Formelzeichen	Benennung der Einheit	Kurzzeichen der Einheit
Elektrische Stromstärke	I	Ampere	A
Elektrische Stromdichte	$\boldsymbol{J}, \boldsymbol{G}$	Ampere je Quadratmeter	A/m^2
Elektrizitätsmenge, elektrische Ladung	Q	Coulomb	C
Raumladungsdichte	ϱ, η	Coulomb je Kubikmeter	C/m^3
Flächenladungsdichte Elektrische Flußdichte, elektrische Verschiebung, Verschiebungsdichte Elektrische Polarisation	σ $\boldsymbol{D}$ $\boldsymbol{P}$	Coulomb je Quadratmeter	C/m^2
Elektrischer Verschiebungsfluß	Ψ	Coulomb	C
Elektrische Leistung	P	Watt	W
Elektrische Spannung	U	Volt	V
Elektrische Feldstärke	$\boldsymbol{E}$	Volt je Meter	V/m
Elektrische Kapazität	C	Farad	F
Permittivität, Dielektrizitätskonstante	ε	Farad je Meter	F/m
Elektrisches Dipolmoment	$\boldsymbol{p}$	Coulombmeter	C · m
Elektrischer Widerstand	R	Ohm	Ω
Spezifischer elektrischer Widerstand	ϱ	Ohmmeter	Ω · m

Beziehung der Einheit zu den Basiseinheiten	Bemerkungen
Grundeinheit	Vgl. 3.3.4.
$1\ A/m^2 = 1\ m^{-2} \cdot A$	
$1\ C = 1\ s \cdot A$	1. Vgl. 3.3.4. 2. Die Einheit Amperestunde (Ah) bleibt nach [57] zulässig.
$1\ C/m^3 = 1\ m^{-3} \cdot s \cdot A$	
$1\ C/m^2 = 1\ m^{-2} \cdot s \cdot A$	$\boldsymbol{D} = \varepsilon_0 \boldsymbol{E} + \boldsymbol{P}$
$1\ C = 1\ (C/m^2)\ m^2 = 1\ s \cdot A$	
$1\ W = 1\ J/s = 1\ m^2 \cdot kg \cdot s^{-3}$	Vgl. 3.3.4.
$1\ V = 1\ W/A = 1\ m^2 \cdot kg \cdot s^{-3} \cdot A^{-1}$	
$1\ V/m = 1\ m \cdot kg \cdot s^{-3} \cdot A^{-1}$	
$1\ F = 1\ C/V = 1\ m^{-2}\ kg^{-1}\ s^4\ A^2$	
$1\ F/m = 1\ m^{-3} \cdot kg^{-1} \cdot s^4 \cdot A^2$	$\boldsymbol{D} = \varepsilon \boldsymbol{E}$
$1\ C \cdot m = 1\ m \cdot s \cdot A$	
$1\ \Omega = 1\ V/A = 1\ m^2 \cdot kg \cdot s^{-3} \cdot A^{-2}$	
$1\ \Omega \cdot m = 1\ m^3 \cdot kg \cdot s^{-3} \cdot A^{-2}$	

Tabelle 1 (Fortsetzung)

Größenart	Formelzeichen	Benennung der Einheit	Kurzzeichen der Einheit
Elektrischer Leitwert	G	Siemens	S
Elektrische Leitfähigkeit	γ, σ, $\varkappa$	Siemens je Meter	S/m
Magnetischer Fluß Magnetische Polstärke nach Coulomb	Φ p	Weber	Wb
Magnetisches Moment nach Coulomb	m	Webermeter	Wb · m
Magnetische Flußdichte, Induktion Magnetische Polarisation	B J	Tesla	T
Magnetische Feldstärke Magnetisierung	H M	Ampere je Meter	A/m
Magnetische Spannung	V, U_m	Ampere	A
Induktivität Magnetischer Leitwert	L Λ	Henry	H
Permeabilität	μ	Henry je Meter	H/m

5. Wärme

Größenart	Formelzeichen	Benennung der Einheit	Kurzzeichen der Einheit
Temperatur (thermodynamische)	T, Θ	Kelvin	K
Wärmemenge (innere Energie U, Enthalpie H, freie Energie F, Phasenumwandlungswärme, chemische Reaktionswärme)	W, Q	Joule	J
Spezifische Wärmemenge	q	Joule je Kilogramm	J/kg
Wärmekapazität Entropie	C S	Joule je Kelvin	J/K

Beziehung der Einheit zu den Basiseinheiten	Bemerkungen
$1\,S = 1/\Omega = 1\,m^{-2} \cdot kg^{-1} \cdot s^3 \cdot A^2$	Vgl. 3.3.4.
$1\,S/m = 1/\Omega \cdot m = 1\,m^{-3} \cdot kg^{-1} \cdot s^3 \cdot A^2$	$\gamma = 1/\varrho$, vgl. 3.3.4.
$1\,Wb = 1\,V \cdot s = 1\,N \cdot m/A$ $= 1\,m^2\,kg \cdot s^{-2} \cdot A^{-1}$	
$1\,Wb \cdot m = 1\,m^3 \cdot kg \cdot s^{-2} \cdot A^{-1}$	
$1\,T = 1\,Wb/m^2 = 1\,kg \cdot s^{-2} \cdot A^{-1}$	$\boldsymbol{B} = \mu_0 \boldsymbol{H} + \boldsymbol{J}$
$1\,A/m = 1\,m^{-1} \cdot A$	$\boldsymbol{B} = \mu_0(\boldsymbol{H} + \boldsymbol{M})$
$1\,A = 1\,(A/m)m = 1\,A$	
$1\,H = 1\,Wb/A = 1\,m^2 \cdot kg \cdot s^{-2} \cdot A^{-2}$	
$1\,H/m = 1\,m \cdot kg \cdot s^{-2} \cdot A^{-2}$	$\boldsymbol{B} = \mu \boldsymbol{H}$
Basiseinheit	Vgl. 3.3.5.
$1\,J = 1\,W \cdot s = 1\,N \cdot m$ $= 1\,m^2 \cdot kg \cdot s^{-2}$	
$1\,J/kg = 1\,m^2 \cdot s^{-2}$	
$1\,J/K = 1\,m^2 \cdot kg \cdot s^{-2} \cdot K^{-1}$	

Tabelle 1 (Fortsetzung)

Größenart	Formelzeichen	Benennung der Einheit	Kurzzeichen der Einheit
Spezifische Wärmekapazität Spezifische Entropie	c s	Joule je Kilogramm mal Kelvin	J/(kg · K)
Wärmestrom	Φ	Watt	W
Wärmestromdichte	q, φ	Watt je Quadratmeter	W/m^2
Wärmeübergangskoeffizient Wärmedurchgangskoeffizient	α k	Watt je Quadratmeter mal Kelvin	$W/(m^2 \cdot K)$
Wärmeleitfähigkeit	λ	Watt je Meter mal Kelvin	W/(m · K)
Temperaturleitfähigkeit	a	Quadratmeter je Sekunde	m^2/s

6. Optische Strahlung

Größenart	Formelzeichen	Benennung der Einheit	Kurzzeichen der Einheit
Lichtstärke	I, I_v	Candela	cd
Leuchtdichte	L, L_v	Candela je Quadratmeter	cd/m^2
Lichtstrom	Φ, Φ_v	Lumen	lm
Beleuchtungsstärke	E, E_v	Lux	lx
Lichtmenge	Q, Q_v	Lumensekunde	lm · s
Belichtung	H, H_v	Luxsekunde	lx · s
Strahlungsenergie	Q, Q_e, W	Joule	J
Strahlungsfluß	Φ, Φ_e, P	Watt	W
Strahlstärke	I, I_e	Watt je Steradiant	W/sr
Strahldichte	L, L_e	Watt je Quadratmeter mal Steradiant	$W/(m^2 \cdot sr)$

Beziehung der Einheit zu den Basiseinheiten	Bemerkungen
$1\ \mathrm{J/(kg \cdot K)} = 1\ \mathrm{m^2 \cdot s^{-2} \cdot K^{-1}}$	$c = C/m$ $s = S/m$
$1\ \mathrm{W} = 1\ \mathrm{J/s} = 1\ \mathrm{m^2 \cdot kg \cdot s^{-3}}$	
$1\ \mathrm{W/m^2} = 1\ \mathrm{kg \cdot s^{-3}}$	
$1\ \mathrm{W/(m^2 \cdot K)} = 1\ \mathrm{kg \cdot s^{-3} \cdot K^{-1}}$	
$1\ \mathrm{W/(m \cdot K)} = 1\ \mathrm{m \cdot kg \cdot s^{-3} \cdot K^{-1}}$	
$1\ \mathrm{m^2/s} = 1\ \dfrac{\mathrm{W/(m \cdot K)}}{\mathrm{(kg/m^3) \cdot J/(kg \cdot K)}} = 1\ \mathrm{m^2 \cdot s^{-1}}$	
Basiseinheit	Vgl. 3.3.6.
$1\ \mathrm{cd/m^2} = 1\ \mathrm{m^{-2} \cdot cd}$	
$1\ \mathrm{lm} = 1\ \mathrm{cd \cdot sr}$	
$1\ \mathrm{lx} = 1\ \mathrm{lm/m^2} = 1\ \mathrm{m^{-2} \cdot cd \cdot sr}$	
$1\ \mathrm{lm \cdot s} = 1\ \mathrm{s \cdot cd \cdot sr}$	
$1\ \mathrm{lx \cdot s} = 1\ \mathrm{m^{-2} \cdot s \cdot cd \cdot sr}$	
$1\ \mathrm{J} = 1\ \mathrm{W \cdot s} = 1\ \mathrm{N \cdot m}$ $= 1\ \mathrm{m^2 \cdot kg \cdot s^{-2}}$	
$1\ \mathrm{W} = 1\ \mathrm{J/s} = 1\ \mathrm{m^2 \cdot kg \cdot s^{-3}}$	
$1\ \mathrm{W/sr} = 1\ \mathrm{m^2 \cdot kg \cdot s^{-3} \cdot sr^{-1}}$	
$1\ \mathrm{W/(m^2 \cdot sr)} = 1\ \mathrm{kg \cdot s^{-3} \cdot sr^{-1}}$	

Tabelle 1 (Fortsetzung)

Größenart	Formelzeichen	Benennung der Einheit	Kurzzeichen der Einheit
Strahlungsflußdichte, Spezifische Ausstrahlung Bestrahlungsstärke	M, M_e E, E_e	Watt je Quadratmeter	W/m^2
Bestrahlung	H, H_e	Joule je Quadratmeter	J/m^2
			7. Akustik
Schallschnelle	v	Meter je Sekunde	m/s
Schallfluß	q	Kubikmeter je Sekunde	m^3/s
Schalldruck	p	Pascal	Pa
Schallenergiedichte	w, E	Joule je Kubikmeter	J/m^3
Schalleistung	P	Watt	W
Schallintensität	J	Watt je Quadratmeter	W/m^2
Spezifische Schallimpedanz	Z_s, Z	Pascalsekunde je Meter	Pa · s/m
Mechanische Impedanz	Z_m, z	Newtonsekunde je Meter	N · s/m
Akustische Impedanz	Z_a	Pascalsekunde je Kubikmeter	$Pa \cdot s/m^3$
			8. Ionisierende Strahlung
Teilchenfluenz	Φ	Eins je Quadratmeter	$1/m^2$
Teilchenflußdichte (Teilchenfluenzleistung)	$\dot{\Phi}$	Eins je Quadratmeter mal Sekunde	$1/(m^2 \cdot s)$
Energiefluenz	F	Joule je Quadratmeter	J/m^2
Energieflußdichte (Energiefluenzleistung)	$\dot{F}$	Watt je Quadratmeter	W/m^2
Exposition, Ionendosis	X	Coulomb je Kilogramm	C/kg

Beziehung der Einheit zu den Basiseinheiten	Bemerkungen
$1\ W/m^2 = 1\ kg \cdot s^{-3}$	
$1\ J/m^2 = 1\ kg \cdot s^{-2}$	
$1\ m/s = 1\ m \cdot s^{-1}$	
$1\ m^3/s = 1\ m^3 \cdot s^{-1}$	
$1\ Pa = 1\ m^{-1} \cdot kg \cdot s^{-2}$	
$1\ J/m^3 = 1\ m^{-1} \cdot kg \cdot s^{-2}$	
$1\ W = 1\ m^2 \cdot kg \cdot s^{-3}$	
$1\ W/m^2 = 1\ kg \cdot s^{-3}$	
$1\ Pa \cdot s/m = 1\ m^{-2} \cdot kg \cdot s^{-1}$	
$1\ N \cdot s/m = 1\ kg \cdot s^{-1}$	
$1\ Pa \cdot s/m^3 = 1\ m^{-4} \cdot kg \cdot s^{-1}$	
	Vgl. 3.3.8.
$1/m^2 = 1\ m^{-2}$	
$1/(m^2 \cdot s) = 1\ m^{-2} \cdot s^{-1}$	
$1\ J/m^2 = 1\ kg \cdot s^{-1}$	
$1\ W/m^2 = 1\ kg \cdot s^{-3}$	
$1\ C/kg = 1\ kg^{-1} \cdot s \cdot A$	

Tabelle 1 (Fortsetzung)

Größenart	Formelzeichen	Benennung der Einheit	Kurzzeichen der Einheit
Expositionsleistung, Ionendosisleistung, Ionendosisrate	$\dot{X}$	Ampere je Kilogramm	A/kg
Kerma	K	Joule je Kilogramm	J/kg
Kermaleistung	$\dot{K}$	Watt je Kilogramm	W/kg
Energiedosis	D	Gray	Gy
Energiedosisleistung Energiedosisrate	$\dot{D}$	Gray je Sekunde	Gy/s
Aktivität	A	Becquerel	Bq
9. Physikalische Chemie und Molekularphysik			
Stoffmenge	n, ν	Mol	mol
Stoffmengenbezogene Masse (molare Masse) des Stoffes B	M_B	Kilogramm je Mol	kg/mol
Molares Volumen	V_m	Kubikmeter je Mol	m^3/mol
Stoffmengenkonzentration, Molarität des Stoffes B	c_B	Mol je Kubikmeter	mol/m^3
Molarität Ionenstärke	m I	Mol je Kilogramm	mol/kg
Molare innere Energie Molare Enthalpie Chemisches Potential des Stoffes B Affinität	U_m H_m μ_B A	Joule je Mol	J/mol
Molare Wärmekapazität, Molwärme Molare Entropie	C_m S_m	Joule je Mol mal Kelvin	J/(mol · K)
Diffusionskoeffizient	D	Quadratmeter je Sekunde	m^2/s

Beziehung der Einheit zu den Basiseinheiten	Bemerkungen
1 A/kg = 1 kg^{-1} · A	
1 J/kg = 1 $m^2 \cdot s^{-2}$	
1 W/kg = 1 $m^2 \cdot s^{-3}$	
1 Gy = 1 J/kg = 1 $m^2 \cdot s^{-2}$	
1 Gy/s = 1 W/kg = 1 $m^2 \cdot s^{-3}$	
1 Bq = 1 s^{-1}	
Basiseinheit	Vgl. 3.3.9.
1 kg/mol = 1 kg · mol^{-1}	
1 m^3/mol = 1 $m^3 \cdot mol^{-1}$	besser: Stoffmengenbezogenes V.
1 mol/m^3 = 1 m^{-3} · mol	
1 mol/kg = 1 mol · kg^{-1}	
1 J/mol = 1 $m^2 \cdot kg \cdot s^{-2} \cdot mol^{-1}$	besser: Stoffmengenbezogene inn. E. bzw. Enthalpie
1 J/(mol · K) = 1 $m^2 \cdot kg \cdot s^{-2} \cdot mol^{-1} \cdot K^{-1}$	
1 m^2/s = 1 $m^2 \cdot s^{-1}$	

Tabelle 2

Verknüpfungsrelationen zwischen elektrischen oder magnetischen nichtrationalen Dreier- und rationalen Vierergrößen[1])

Größenart	Vierergröße x	Dreiergröße elektrostatisch x_s	Dreiergröße elektromagnetisch x_m
Elektrische Stromstärke	I	$= I_s \cdot \sqrt{4\pi\varepsilon_0}$	$= I_m \cdot \sqrt{4\pi/\mu_0}$
Elektrizitätsmenge	Q	$= Q_s \cdot \sqrt{4\pi\varepsilon_0}$	$= Q_m \cdot \sqrt{4\pi/\mu_0}$
Elektrische Verschiebung	$\boldsymbol{D}$	$= \boldsymbol{D}_s \cdot \sqrt{\varepsilon_0/4\pi}$	$= \boldsymbol{D}_m/\sqrt{4\pi\mu_0}$
Elektrische Polarisation	$\boldsymbol{P}$	$= \boldsymbol{P}_s \cdot \sqrt{4\pi\varepsilon_0}$	$= \boldsymbol{P}_m \cdot \sqrt{4\pi/\mu_0}$
Elektrische Spannung	U	$= U_s/\sqrt{4\pi\varepsilon_0}$	$= U_m/\sqrt{4\pi/\mu_0}$
Elektrische Feldstärke	$\boldsymbol{E}$	$= \boldsymbol{E}_s/\sqrt{4\pi\varepsilon_0}$	$= \boldsymbol{E}_m/\sqrt{4\pi/\mu_0}$
Elektrische Kapazität	C	$= C_s \cdot 4\pi\varepsilon_0$	$= C_m \cdot 4\pi/\mu_0$
Elektrisches Dipolmoment	$\boldsymbol{p}$	$= \boldsymbol{p}_s \cdot \sqrt{4\pi\varepsilon_0}$	$= \boldsymbol{p}_m \cdot \sqrt{4\pi/\mu_0}$
Elektrischer Widerstand	R	$= R_s/4\pi\varepsilon_0$	$= R_m \cdot \mu_0/4\pi$
Spezifischer elektrischer Widerstand	ϱ	$= \varrho_s/4\pi\varepsilon_0$	$= \varrho_m \cdot \mu_0/4\pi$
Magnetischer Fluß	Φ	$= \Phi_s/\sqrt{4\pi\varepsilon_0}$	$= \Phi_m \cdot \sqrt{\mu_0/4\pi}$
Magnetische Polstärke	p	$= p_s \cdot \sqrt{4\pi/\varepsilon_0}$	$= p_m \cdot \sqrt{4\pi\mu_0}$
Magnetisches Moment	$\boldsymbol{m}$	$= \boldsymbol{m}_s \cdot \sqrt{4\pi/\varepsilon_0}$	$= \boldsymbol{m}_m \cdot \sqrt{4\pi\mu_0}$
Magnetische Flußdichte	$\boldsymbol{B}$	$= \boldsymbol{B}_s/\sqrt{4\pi\varepsilon_0}$	$= \boldsymbol{B}_m \cdot \sqrt{\mu_0/4\pi}$
Magnetische Polarisation	$\boldsymbol{J}$	$= \boldsymbol{J}_s \cdot \sqrt{4\pi/\varepsilon_0}$	$= \boldsymbol{J}_m \cdot \sqrt{4\pi\mu_0}$
Magnetische Feldstärke	$\boldsymbol{H}$	$= \boldsymbol{H}_s/\sqrt{4\pi/\varepsilon_0}$	$= \boldsymbol{H}_m/\sqrt{4\pi\mu_0}$
Magnetische Spannung	V	$= V_s/\sqrt{4\pi/\varepsilon_0}$	$= V_m/\sqrt{4\pi\mu_0}$
Induktivität	L	$= L_s/4\pi\varepsilon_0$	$= L_m \cdot \mu_0/4\pi$
Magnetischer Leitwert	Λ	$= \Lambda_s/\varepsilon_0$	$= \Lambda_m \cdot \mu_0$

[1]) Zur Aufstellung der entsprechenden Verknüpfungsrelationen für Dreiergrößen im Gaußschen (symmetrischen) System x_g sind diese im oberen Tabellenteil anstelle der Größen x_s, im unteren Tabellenteil anstelle der Größen x_m einzusetzen.

Tabelle 3

CGS-Einheiten elektrischer und magnetischer Größen und Umrechnungsfaktoren zur Berechnung des Zahlenwertes dieser Größen in SI-Einheiten aus den Zahlenwerten der entsprechenden Größen in CGS-Einheiten[1])

Größenart	Formelzeichen für Größe im SI	esE	Umrechnungsfaktor	emE	Umrechnungsfaktor	SI-Einheit
Elektrische Stromstärke	I	$cm^{\frac{3}{2}} \cdot g^{\frac{1}{2}} \cdot s^{-2}$	$10^{-1}/\{c\} = 3{,}335640 \cdot 10^{-10}$	$cm^{\frac{1}{2}} \cdot g^{\frac{1}{2}} \cdot s^{-1}$	10	A
Elektrizitätsmenge	Q	$cm^{\frac{3}{2}} \cdot g^{\frac{1}{2}} \cdot s^{-1}$	$10^{-1}/\{c\} = 3{,}335640 \cdot 10^{-10}$	$cm^{\frac{1}{2}} \cdot g^{\frac{1}{2}}$	10	C
Elektrische Verschiebung	$\boldsymbol{D}$	$cm^{-\frac{1}{2}} \cdot g^{\frac{1}{2}} \cdot s^{-1}$	$10^{3}/4\pi\{c\} = 2{,}654418 \cdot 10^{-7}$	$cm^{-\frac{3}{2}} \cdot g^{\frac{1}{2}}$	$10^{5}/4\pi = 0{,}795775 \cdot 10^{4}$	C/m^2
Elektrische Polarisation	$\boldsymbol{P}$	$cm^{-\frac{1}{2}} \cdot g^{\frac{1}{2}} \cdot s^{-1}$	$10^{3}/\{c\} = 3{,}335640 \cdot 10^{-6}$	$cm^{-\frac{3}{2}} \cdot g^{\frac{1}{2}}$	10^{5}	C/m^2

Tabelle 3 (Fortsetzung)

Größenart	Formelzeichen für Größe im SI	esE	Umrechnungsfaktor	emE	Umrechnungsfaktor	SI-Einheit
Elektrische Spannung	U	$cm^{\frac{1}{2}} \cdot g^{\frac{1}{2}} \cdot s^{-1}$	$10^{-6} \cdot \{c\} = 2{,}997925 \cdot 10^{2}$	$cm^{\frac{3}{2}} \cdot g^{\frac{1}{2}} \cdot s^{-2}$	10^{-8}	V
Elektrische Feldstärke	E	$cm^{-\frac{1}{2}} \cdot g^{\frac{1}{2}} \cdot s^{-1}$	$10^{-4} \cdot \{c\} = 2{,}997925 \cdot 10^{4}$	$cm^{\frac{1}{2}} \cdot g^{\frac{1}{2}} \cdot s^{-2}$	10^{-6}	V/m
Elektrische Kapazität	C	cm	$10^{5}/\{c\}^{2} = 1{,}112650 \cdot 10^{-12}$	$cm^{-1} \cdot s^{2}$	10^{9}	F
Elektrisches Dipolmoment	p	$cm^{\frac{5}{2}} \cdot g^{\frac{1}{2}} \cdot s^{-1}$	$10^{-3}/\{c\} = 3{,}335640 \cdot 10^{-12}$	$cm^{\frac{3}{2}} \cdot g^{\frac{1}{2}}$	10^{-1}	C · m
Elektrischer Widerstand	R	$cm^{-1} \cdot s$	$10^{-5} \cdot \{c\}^{2} = 0{,}898755 \cdot 10^{12}$	$cm \cdot s^{-1}$	10^{-9}	Ω
Spezifischer elektrischer Widerstand	ϱ	s	$10^{-7} \cdot \{c\}^{2} = 0{,}898755 \cdot 10^{10}$	$cm^{2} \cdot s^{-1}$	10^{-11}	Ω · m

Tabelle 3 (Fortsetzung)

Größenart	Formelzeichen für Größe im SI	esE	Umrechnungsfaktor	emE	Umrechnungsfaktor	SI-Einheit
Magnetischer Fluß	Φ	$cm^{\frac{1}{2}} \cdot g^{\frac{1}{2}}$	$10^{-8} \cdot \{c\} = 2{,}997925 \cdot 10^{2}$	$cm^{\frac{3}{2}} \cdot g^{\frac{1}{2}} \cdot s^{-1}$ = Mx (Maxwell)	10^{-8}	Wb
Magnetische Polstärke	p	$cm^{\frac{1}{2}} \cdot g^{\frac{1}{2}}$	$4\pi \cdot 10^{-8} \cdot \{c\} = 3{,}767304 \cdot 10^{3}$	$cm^{\frac{3}{2}} \cdot g^{\frac{1}{2}} \cdot s^{-1}$	$4\pi \cdot 10^{-8} = 1{,}256637 \cdot 10^{-7}$	Wb
Magnetisches Moment	m	$cm^{\frac{3}{2}} \cdot g^{\frac{1}{2}}$	$4\pi \cdot 10^{-8} \cdot \{c\} = 3{,}767304 \cdot 10$	$cm^{\frac{5}{2}} \cdot g^{\frac{1}{2}} \cdot s^{-1}$	$4\pi \cdot 10^{-10} = 1{,}256637 \cdot 10^{-9}$	Wb · m
Magnetische Flußdichte	B	$cm^{-\frac{3}{2}} \cdot g^{\frac{1}{2}}$	$10^{-4} \cdot \{c\} = 2{,}997925 \cdot 10^{6}$	$cm^{-\frac{1}{2}} \cdot g^{\frac{1}{2}} \cdot s^{-1}$ = Gs (Gauß)	10^{-4}	T
Magnetische Polarisation	J	$cm^{-\frac{3}{2}} \cdot g^{\frac{1}{2}}$	$4\pi \cdot 10^{-4} \cdot \{c\} = 3{,}767304 \cdot 10^{7}$	$cm^{-\frac{1}{2}} \cdot g^{\frac{1}{2}} \cdot s^{-1}$	$4\pi \cdot 10^{-4} = 1{,}256637 \cdot 10^{-3}$	T

Tabelle 3 (Fortsetzung)

Größenart	Formelzeichen für Größe im SI	esE	Umrechnungsfaktor	emE	Umrechnungsfaktor	SI-Einheit
Magnetische Feldstärke	$\boldsymbol{H}$	$cm^{\frac{1}{2}} \cdot g^{\frac{1}{2}} \cdot s^{-2}$	$10/4\pi\{c\} = 2{,}654418 \cdot 10^{-9}$	$cm^{-\frac{1}{2}} \cdot g^{\frac{1}{2}} \cdot s^{-1}$ = Oe (Oerstedt)	$10^3/4\pi = 0{,}795775 \cdot 10^2$	A/m
Magnetische Spannung	V	$cm^{\frac{3}{2}} \cdot g^{\frac{1}{2}} \cdot s^{-2}$	$10^{-1}/4\pi\{c\} = 2{,}654418 \cdot 10^{-11}$	$cm^{\frac{1}{2}} \cdot g^{\frac{1}{2}} \cdot s^{-1}$ = Gb (Gilbert)	$10/4\pi = 0{,}795775$	A
Induktivität	L	$cm^{-1} \cdot s^2$	$10^{-5} \cdot \{c\}^2 = 0{,}898755 \cdot 10^{12}$	cm	10^{-9}	H
Magnetischer Leitwert	Λ	$cm^{-1} \cdot s^2$	$4\pi \cdot 10^{-5} \{c\}^2 = 1{,}129409 \cdot 10^{13}$	cm	$4\pi \cdot 10^{-9} = 1{,}256637 \cdot 10^{-8}$	H

[1]) Die Umrechungsfaktoren für die Zahlenwerte der elektrischen Größen (oberer Tabellenteil) in esE und für die Zahlenwerte der magnetischen Größen (unterer Tabellenteil) in emE gelten auch für die Zahlenwerte in Gaußschen (symmetrischen) Einheiten. $\{c\} = 2{,}997925 \cdot 10^8$ ist der Zahlenwert der Vakuumlichtgeschwindigkeit in der SI-Einheit m/s.

Tabelle 4

Anglo-amerikanische Einheiten (nichtmetrisch)

Einheit	Kurzzeichen	Beziehung zu anderen Einheiten	Beziehung zur SI-Einheit	Bemerkungen
		a) Länge		
mile (statute mile)	mile, mi	1 mile = 8 furlong = 1760 yd	$1{,}609344 \cdot 10^3$ m	mi nur in USA
furlong	furlong, fur	1 furlong = 10 ch = 220 yd	$2{,}01168 \cdot 10^2$ m	
chain	ch	1 ch = 4 rod = 22 yd	$2{,}01168 \cdot 10$ m	
yard	yd	1 yd = 3 ft = 36 in	0,9144 m	
foot	ft	1 ft = 12 in	$3{,}048 \cdot 10^{-1}$ m	
inch	in, ″		$2{,}54 \cdot 10^{-2}$ m	
milliinch	mil, ‴	1 mil = 1/1000 in	$2{,}54 \cdot 10^{-5}$ m	
microinch	µin	1 µin = $1 \cdot 10^{-6}$ in	$2{,}54 \cdot 10^{-8}$ m	
rod (perch, pole)	rod	1 rod = 5,5 yd	$0{,}50292 \cdot 10^1$ m	
fathom	fathom, fath	1 fathom = 2 yd	1,8288 m	fath nur in USA
link	link, li	1 link = 0,22 yd = 0,01 ch	$2{,}01168 \cdot 10^{-1}$ m	nur in USA
hand		1 hand = 4 in	$1{,}016 \cdot 10^{-1}$ m	nur in USA
line		1 line = 1/40 in	$0{,}635 \cdot 10^{-3}$ m	nur in USA

Tabelle 4 (Fortsetzung)

Einheit	Kurzzeichen	Beziehung zu anderen Einheiten	Beziehung zur SI-Einheit	Bemerkungen
gauge	gg, g	1 gg = 1 mil = 0,001 in	$2{,}54 \cdot 10^{-5}$ m	nur in USA (Dicke von Drähten, Blechen, Folien, Fasern)
US Survey foot		1 US Survey foot = (1200/3937) m	$3{,}048006 \cdot 10^{-1}$ m	nur in USA (Land- und Küstenvermessung)
Internationale Nautical Mile	INM		$1{,}852 \cdot 10^{3}$ m	nur in USA (Seefahrt)
nautical mile	n mile	1 n mile = 6080 ft	$1{,}853184 \cdot 10^{3}$ m	nur in UK (Seefahrt)
		b) Fläche		
square mile	mile², mi²	1 mile² = 1 mi² = 640 acre = 3097600 yd²	$2{,}589988 \cdot 10^{6}$ m²	mi² nur in USA
acre	acre	1 acre = 4840 yd² = 4 roods	$0{,}404686 \cdot 10^{4}$ m²	
square yard	yd²	1 yd² = 9 ft² = 1296 in²	$0{,}836127$ m²	
square foot	ft²	1 ft² = 144 in²	$0{,}929030 \cdot 10^{-1}$ m²	
square inch	in²		$0{,}64516 \cdot 10^{-3}$ m²	
rood		1 rood = 40 square rod = 1210 yd²	$1{,}011714 \cdot 10^{3}$ m²	
circular inch		1 circular in = $\pi/4$ in²	$0{,}506707 \cdot 10^{-3}$ m²	
circular mil		1 circular mil = $\pi/4$ mil²	$0{,}506707 \cdot 10^{-9}$ m²	

Tabelle 4 (Fortsetzung)

Einheit	Kurzzeichen	Beziehung zu anderen Einheiten	Beziehung zur SI-Einheit	Bemerkungen
			c) Volumen	
cubic yard	yd^3	$1\ yd^3 = 27\ ft^3 = 46656\ in^3$	$0{,}764555\ m^3$	
cubic foot	ft^3	$1\ ft^3 = 1728\ in^3$	$2{,}831685 \cdot 10^{-2}\ m^3$	
cubic inch	in^3		$1{,}638706 \cdot 10^{-5}\ m^3$	
chaldron		1 chaldron = 36 bushels	$1{,}309273\ m^3$	nur in UK
quarter		1 quarter = 8 bushels	$2{,}909498 \cdot 10^{-1}\ m^3$	nur in UK
bushel		1 bushel = 8 UKgal	$0{,}363687 \cdot 10^{-1}\ m^3$	nur in UK
peck		1 peck = 2 UKgal	$0{,}909218 \cdot 10^{-2}\ m^3$	nur in UK
gallon (UK)	UKgal	1 UKgal = 4 qt = 8 pt = 32 gills = 160 fl oz	$0{,}454609 \cdot 10^{-2}\ m^3$	nur in UK
quart	qt	1 qt = 2 pt = 8 gills = 40 fl oz	$1{,}136523 \cdot 10^{-3}\ m^3$	nur in UK
pint	pt	1 pt = 4 gills = 20 fl oz	$0{,}568261 \cdot 10^{-3}\ m^3$	nur in UK
gill		1 gill = 5 fl oz	$1{,}420652 \cdot 10^{-4}\ m^3$	nur in UK
fluid ounce	fl oz	1 fl oz = 8 fl dr = 480 min	$2{,}841304 \cdot 10^{-5}\ m^3$	nur in UK
fluid drachm	fl dr	1 fl dr = 60 min	$0{,}355163 \cdot 10^{-5}\ m^3$	nur in UK
minim	min		$0{,}591939 \cdot 10^{-7}\ m^3$	nur in UK
fluid scruple		1 fluid scruple = 20 min	$1{,}183877 \cdot 10^{-6}\ m^3$	nur in UK
hogshead	hhd		$2{,}384809 \cdot 10^{-1}\ m^3$	für Flüssigkeiten

Tabelle 4 (Fortsetzung)

Einheit	Kurzzeichen	Beziehung zu anderen Einheiten	Beziehung zur SI-Einheit	Bemerkungen
gallon (US)	gal	1 gal = 4 liq qt = 8 liq pt = 32 gills = 128 liq oz = 61440 minim = 231 in^3	$0{,}378541 \cdot 10^{-2}\ m^3$	nur in USA für Flüssigkeiten
liquid quart	liq qt	1 liq qt = 2 liq pt = 32 liq oz	$0{,}946353 \cdot 10^{-3}\ m^3$	nur in USA für Flüssigkeiten
liquid pint	liq pt	1 liq pt = 4 gills = 16 liq oz	$0{,}473177 \cdot 10^{-3}\ m^3$	nur in USA für Flüssigkeiten
gill		1 gill = 4 liq oz = 1920 minim	$1{,}182941 \cdot 10^{-4}\ m^3$	nur in USA für Flüssigkeiten
liquid ounce	liq oz	1 liq oz = 480 minim	$2{,}957353 \cdot 10^{-5}\ m^3$	nur in USA für Flüssigkeiten
fluid dram	fl dr	1 fl dr = 60 minim	$0{,}369669 \cdot 10^{-5}\ m^3$	nur in USA für Flüssigkeiten
minim	minim		$0{,}616115 \cdot 10^{-7}\ m^3$	nur in USA für Flüssigkeiten
barrel (petroleum)		1 barrel (petroleum) = 42 gal	$1{,}589873 \cdot 10^{-1}\ m^3$	nur in USA für Petroleum
dry barrel	bbl	1 bbl = 7056 in^3	$1{,}156271 \cdot 10^{-1}\ m^3$	nur in USA für trockene Stoffe
bushel	bu	1 bu = 4 peck = 32 dry qt = 64 dry pt = 2150,42 in^3	$0{,}352391 \cdot 10^{-1}\ m^3$	nur in USA für trockene Stoffe
peck	peck	1 peck = 8 dry qt	$0{,}880977 \cdot 10^{-2}\ m^3$	nur in USA für trockene Stoffe
dry quart	dry qt	1 dry qt = 2 dry pt	$1{,}101221 \cdot 10^{-3}\ m^3$	nur in USA für trockene Stoffe
dry pint	dry pt		$0{,}550610 \cdot 10^{-3}\ m^3$	nur in USA für trockene Stoffe
register ton	reg to	1 reg to = 100 ft^3	$2{,}831685\ m^3$	Seefahrt

Tabelle 4 (Fortsetzung)

Einheit	Kurzzeichen	Beziehung zu anderen Einheiten	Beziehung zur SI-Einheit	Bemerkungen
		d) Masse		
avoirdupois-system				
ton		1 ton = 1 long ton	$1{,}016047 \cdot 10^3$ kg	UK
long ton		= 2240 lb		USA
short ton		1 short ton = 2000 lb	$0{,}907185 \cdot 10^3$ kg	
hundredweight	cwt			UK
long hundred-weight	cwt	1 cwt = 112 lb	$0{,}508024 \cdot 10^2$ kg	USA
cental	sh cwt			UK
short hundred-weight	sh cwt	1 sh cwt = 100 lb	$0{,}453592 \cdot 10^2$ kg	USA
quarter		1 quarter = 28 lb	$1{,}270059 \cdot 10^1$ kg	nur in UK
stone		1 stone = 14 lb	$0{,}635029 \cdot 10^1$ kg	nur in UK
pound	lb	1 lb = 1 lb avdp = 16 oz = 7000 grain	0,45359237 kg	
avoirdupois pound	lb avdp			
ounce	oz	1 oz = 1 oz avdp = 16 dr	$2{,}834952 \cdot 10^{-2}$ kg	
avoirdupois ounce	oz avdp			
dram	dr	1 dr = 1 dr avdp	$1{,}771845 \cdot 10^{-3}$ kg	
avoirdupois dram	dr avdp			

Tabelle 4 (Fortsetzung)

Einheit	Kurzzeichen	Beziehung zu anderen Einheiten	Beziehung zur SI-Einheit	Bemerkungen
grain	grain gr		$0{,}647989 \cdot 10^{-4}$ kg	USA UK
troy-system (für Edelsteine und Edelmetalle)				
troy pound	lb tr	1 lb tr = (5760/7000) lb = 12 oz tr	0,373242 kg	nur in USA
troy ounce	oz tr	1 oz tr = (480/7000) lb = 20 dwt	$3{,}110348 \cdot 10^{-2}$ kg	
pennyweight	dwt	1 dwt = (24/7000) lb	$1{,}555174 \cdot 10^{-3}$ kg	
apothecaries-system (für Drogen)				In den USA werden für Pharmazeutika 1970 bereits metrische Einheiten verwendet
apothecaries' pound	lb ap	1 lb ap = 1 lb tr = (5760/7000) lb	0,373242 kg	nur in USA
apothecaries' ounce	oz ap	1 oz ap = 1 oz tr = (480/7000) lb = 8 dr ap	$3{,}110348 \cdot 10^{-2}$ kg	
drachm		1 drachm = 1 dr ap = (60/7000) lb = 3 s ap	$0{,}388793 \cdot 10^{-2}$ kg	UK
apothecaries' dram	dr ap			USA

Tabelle 4 (Fortsetzung)

Einheit	Kurzzeichen	Beziehung zu anderen Einheiten	Beziehung zur SI-Einheit	Bemerkungen
scruple		1 scruple = 1 s ap = (20/7000) lb	$1{,}295978 \cdot 10^{-3}$ kg	UK
apothecaries' scruple	s ap			USA
slug		1 slug = 1 lbf · s²/ft = (9,80665/0,3048) lb = 32,17405 lb	$1{,}459390 \cdot 10^{1}$ kg	entspricht der technischen Masseeinheit im m kp s-System (s. 4.1.), die im UK als slug metric bezeichnet wird

e) sonstige Größenarten

Einheiten sonstiger Größenarten sind im Text in 5.5. angegeben.

Tabelle 5

SI-fremde gesetzliche Einheiten mit eigenem Namen[1])

Größenart	Benennung der Einheit	Kurzzeichen der Einheit	Beziehung der Einheit zur SI-Einheit[2])	In DDR gesetzlich [3])	RGW-Empfehlung [4])	Bemerkungen	siehe auch Abschnitt
Länge	Seemeile	sm	1 sm = 1852 m	A k	T	Seefahrt	6.2.
	Ångström	Å	1 Å = $1 \cdot 10^{-10}$ m	A k	'79	Spektroskopie	6.3.
	X-Einheit	XE	1 XE = $(1{,}00202 \pm 0{,}00003) \cdot 10^{-13}$ m	A k	'79	Spektroskopie[5])	6.3.
	Astronomische Einheit	AE	1 AE = $1{,}49600 \cdot 10^{11}$ m	A k	S	Astronomie	6.3.
	Parsec	pc	1 pc = $3{,}0857 \cdot 10^{16}$ m	A k	S	Astronomie	6.3.
Fläche	Ar	a	1 a = 100 m^2	+ k	—	Zur Angabe der Fläche von Flur- und Grundstücken	3.3.1.
	Hektar	ha	1 ha = 10000 m^2	+ k	S		
	Barn	b	1 b = $1 \cdot 10^{-28}$ m^2	A	'79	Atom- und Kernphysik	—

Tabelle 5 (Fortsetzung)

Größenart	Benennung der Einheit	Kurzzeichen der Einheit	Beziehung der Einheit zur SI-Einheit[2])	In DDR gesetzlich [3])	RGW-Empfehlung [4])	Bemerkungen	siehe auch Abschnitt
Volumen	Liter	l	$1\,\text{l} = 1 \cdot 10^{-3}\,\text{m}^3$	+	+	Nicht für Angaben mit einer relativen Unsicherheit $< 5 \cdot 10^{-5}$ zugelassen	6.2.
Ebener Winkel	Grad	°	$1° = \frac{\pi}{180}\,\text{rad} = 1{,}745\,329 \cdot 10^{-2}\,\text{rad}$	+ k	+	russ.: градус engl.: degree	6.2.
	Minute	′	$1' = \frac{\pi}{10\,800}\,\text{rad} = 2{,}908\,882 \cdot 10^{-4}\,\text{rad}$	+ k	+		6.2.
	Sekunde	″	$1'' = \frac{\pi}{648\,000}\,\text{rad} = 0{,}484\,814 \cdot 10^{-5}\,\text{rad}$	+ k	+		6.2.
	Neugrad, Gon	g	$1^{g} = \frac{\pi}{200}\,\text{rad} = 1{,}570\,796 \cdot 10^{-2}\,\text{rad}$	[6])	[6])	russ.: град (гон) engl.: grade, gon	6.2.
	Neuminute	c	$1^{c} = \frac{\pi}{20\,000}\,\text{rad} = 1{,}570\,796 \cdot 10^{-4}\,\text{rad}$	+ k	–		6.2.
	Neusekunde	cc	$1^{cc} = \frac{\pi}{20\,000}\,\text{rad} = 1{,}570\,796 \cdot 10^{-6}\,\text{rad}$	+ k	–		6.2.

Tabelle 5 (Fortsetzung)

Größenart	Benennung der Einheit	Kurzzeichen der Einheit	Beziehung der Einheit zur SI-Einheit[2])	In DDR gesetzlich [3])	RGW-Empfehlung [4])	Bemerkungen	siehe auch Abschnitt
Zeit	Minute	min	1 min = 60 s	+ k	+		6.2.
	Stunde	h	1 h = 3600 s = 60 min	+ k	+		6.2.
	Tag	d	1 d = 86409 s = 24 h	+ k	+		6.2.
Frequenz	Eins je Minute	1/min	$1/\text{min} = \frac{1}{60}\,\text{s}^{-1} = 1{,}666\,667 \cdot 10^{-2}\,\text{s}^{-1}$	+ k	+		–
	Eins je Stunde	1/h	$1/\text{h} = \frac{1}{3\,660}\,\text{s}^{-1} = 2{,}777\,778 \cdot 10^{-4}\,\text{s}^{-1}$	+ k	+		–
Geschwindigkeit	Knoten	kn	1 kn = 1 sm/h = 0,514444 m/s	A k	T	Seefahrt	6.2.
Beschleunigung	Gal	Gal	$1\,\text{Gal} = 1 \cdot 10^{-2}\,\text{m/s}^2$	A	'79	Geophysik, Angabe der Fallbeschleunigung	4.2.
Masse	Gramm	g	$1\,\text{g} = 1 \cdot 10^{-3}\,\text{kg}$	+	+	Vgl. Text	3.3.3.
	Tonne	t	$1\,\text{t} = 1 \cdot 10^{3}\,\text{kg}$	+	+		3.3.3.
	Karat	k	$1\,\text{k} = 2 \cdot 10^{-4}\,\text{kg}$	A k	T	Handel mit Edelsteinen und Perlen Kurzzeichen nach [16]: k Kurzzeichen nach [50]: ct	–

Tabelle 5 (Fortsetzung)

Größenart	Benennung der Einheit	Kurzzeichen der Einheit	Beziehung der Einheit zur SI-Einheit[2])	In DDR gesetzlich [3])	RGW-Empfehlung [4])	Bemerkungen	siehe auch Abschnitt
Längenbezogene Masse	Tex	tex	1 tex = $1 \cdot 10^{-6}$ kg/m	A	[7])	Feinheit von textilen Fasern und Garnen [213]	–
Kraft	Pond	p	1 p = $0{,}980665 \cdot 10^{-2}$ N	+	'79		4.1.
	Dyn	dyn	1 dyn = $1 \cdot 10^{-5}$ N	+	'79	Möglichst vermeiden	4.2
Druck	Bar	bar	1 bar = $1 \cdot 10^{5}$ Pa	+	T		6.2.
	technische Atmosphäre	kp/cm² at	1 kp/cm² = 1 at = $0{,}980665 \cdot 10^{5}$ Pa	+	'79		–
	physikalische Atmosphäre	atm	1 atm = $1{,}01325 \cdot 10^{5}$ Pa	+ k	–	Möglichst vermeiden	6.2.
	Meter Wassersäule	m WS	1 m WS = $0{,}980665 \cdot 10^{4}$ Pa	+	–	Möglichst vermeiden, außer mit dem Vorsatz Milli.	6.2.
					'79	1 mm WS = $0{,}980665 \cdot 10^{1}$ Pa; nicht für Angaben mit einer relativen Unsicherheit $< 5 \cdot 10^{-5}$ zugelassen	
	Torr	Torr	1 Torr = $\frac{101325}{760}$ Pa = $1{,}333224 \cdot 10^{2}$ Pa	+	'79		6.2.

Tabelle 5 (Fortsetzung)

Größenart	Benennung der Einheit	Kurzzeichen der Einheit	Beziehung der Einheit zur SI-Einheit[2])	In DDR gesetzlich [3])	RGW-Empfehlung [4])	Bemerkungen	siehe auch Abschnitt
Dynamische Viskosität	Poise	P	$1\ P = 1 \cdot 10^{-1}\ Pa \cdot s$	+	'79	Möglichst vermeiden, außer in Verbindung mit dem Vorsatz Zenti: $1\ cP = 1 \cdot 10^{-3}\ Pa \cdot s$	4.2.
Kinematische Viskosität	Stokes	St	$1\ St = 1 \cdot 10^{-4}\ m^2/s$	+	'79	Möglichst vermeiden, außer in Verbindung mit dem Vorsatz Zenti: $1\ cSt = 1 \cdot 10^{-6}\ m^2/s$	4.2.
Arbeit, Energie	Erg	erg	$1\ erg = 1 \cdot 10^{-7}\ J$	+	'79	Vgl. Wärmemenge	4.2.
	Elektronenvolt, Elektronvolt	eV	$1\ eV = (1{,}60219 \pm 0{,}00021) \cdot 10^{-19}\ J$	A	S	Atom- und Kernphysik	6.3.
Leistung	Pferdestärke	PS	$1\ PS = 735{,}49875\ W$	A k	'79	Kraft- und Arbeitsmaschinen	6.2.
Wärmemenge	Kalorie	cal	$1\ cal = 4{,}1868\ J$	+	'79		6.2.
Leuchtdichte	Stilb	sb	$1\ sb = 10^4\ cd/m^2$	+	–		–
	Apostilb	asb	$1\ asb = \frac{1}{\pi}\ cd/m^2 = 0{,}318310\ cd/m^2$	A k	–	Lichttechnik	–

Tabelle 5 (Fortsetzung)

Größenart	Benennung der Einheit	Kurzzeichen der Einheit	Beziehung der Einheit zur SI-Einheit[2])	In DDR gesetzlich [3])	RGW-Empfehlung [4])	Bemerkungen	siehe auch Abschnitt
Flächendichte der Strahlungsenergie	Langley	ly	$1\ \mathrm{ly} = 0{,}41868 \cdot 10^5\ \mathrm{J/m^2}$	A k	–	Meteorologie	6.2.
Exposition Ionendosis	Röntgen	R	$1\ \mathrm{R} = 2{,}58 \cdot 10^{-4}\ \mathrm{C/kg}$	+	'79		2.3.4.
Energiedosis	Rad	rd	$1\ \mathrm{rd} = 1 \cdot 10^{-2}\ \mathrm{J/kg}$	+	'79		2.3.4.
Aktivität	Curie	Ci	$1\ \mathrm{Ci} = 0{,}37 \cdot 10^{11}\ \mathrm{s^{-1}}$	+	'79		2.3.4.

[1]) In die Tabelle wurden alle SI-fremden Einheiten mit eigenem Namen aufgenommen, die in der DDR gesetzlich oder in Spezialgebieten zugelassen sind [16]. Andere SI-fremde Einheiten sind im Text behandelt (s. Stichwortverzeichnis). Darüber hinaus findet man weitere SI-fremde, insbesondere ältere und ausländische Einheiten z. B. bei [8; 23; 83; 214].

[2]) Die (durch das erste Gleichheitszeichen) angegebene Beziehung ist die Definition der Einheit. Das gilt nicht für XE, AE, pc und eV; hierfür sind die Definitionen im Text angegeben.

(Fußnoten 3 bis 7 siehe nächste Seite!)

³) Die in dieser Spalte eingetragenen Zeichen bedeuten:

+	Sonstige gesetzliche Einheit [16, Teil 2].
A	In Spezialgebieten zugelassene Einheit [16, Anhang].
k	Keine SI-Vorsätze zulässig.

⁴) Der Entwurf TGL 31548 [216] stimmt hiermit überein. Die in dieser Spalte eingetragenen Zeichen bedeuten:

+	Einheit gleichberechtigt neben der SI-Einheit zulässig [57, Anlage 1].
S	Einheit unbefristet zur Anwendung in dem in der Spalte „Bemerkungen" genannten Spezialgebiet zugelassen [57, Anlage 2].
T	Einheit befristet zugelassen; der Termin für den Ablauf der Gültigkeit wird festgelegt, wenn entsprechende internationale Beschlüsse vorliegen [57, Anlage 3, Fußnote]; solche Beschlüsse werden angestrebt.
'79	Einheit befristet bis 31. 12. 1979 zugelassen [57, Anlage 3].
–	Einheit nicht zulässig.

In [57] sind außerdem genannt:

Lichtjahr	l.y.	S	(Astronomie)	Diese Einheiten sind in [216] enthalten
Atomare Masseeinheit	u	S	(Atomphysik)	
Maxwell	Mx	'79	(Spezialgebiet Physik)	Diese Einheiten sind in der DDR bereits seit 1958 nicht mehr zulässig [30].
Gauß	Gs			
Oersted	Oe			
Gilbert	Gb			

⁵) Laut [57]: 1 XE = $1{,}00206 \cdot 10^{-13}$ m.

⁶) Laut [16] gilt:

Neugrad, Gon	^{g}	+k

Laut [57] gilt:

град (гон)	^{g}, gon	S	(Geodäsie)

(ist mit der Benennung Gon (gon) in [216] enthalten; Vorsätze zulässig.)

⁷) Laut [57] gilt: – ; soll in der DDR unbefristet zulässig bleiben.

Literaturverzeichnis

[1] MS 14–71. Metrologie; Benennungen und Definitionen (in russ.). Dez. 1971. (MS = Methodische Hinweise zur Standardisierung des RGW.)
[2] Vocabulaire de Métrologie Légale. Hrsg. v. OIML. Paris 1969. (OIML = Organisation Internationale de Métrologie Légale.)
[3] TGL 0-1313. Schreibweise physikalischer Gleichungen. Nov. 1962.
[4] WALLOT, J.: Größengleichungen, Einheiten und Dimensionen. Leipzig: Barth 1953.
[5] WESTPHAL, W. H.: Die Grundlagen des physikalischen Begriffssystems. Braunschweig: Vieweg 1965.
[6] WALLOT, J.: Dimensionen, Einheiten, Maßsysteme. In: Handbuch der Physik. Hrsg. von H. Geiger und K. Scheel, Bd. II. Berlin: Springer 1926. S. 1.
[7] DIN 5494. Größensysteme und Einheitensysteme. Sept. 1966.
[8] STILLE, U.: Messen und Rechnen in der Physik. 2. Aufl. Braunschweig: Vieweg 1961.
[9] REICHARDT, W.: Rechnen mit physikalischen Größen. Dresden: Techn. Univ., Inst. f. Elektro- und Bauakustik 1965.
[10] OBERDORFER, G.: Das Internationale Maßsystem und die Kritik seines Aufbaus. Leipzig: Fachbuchverlag 1969.
[11] WESTPHAL, W.: Physikalisches Wörterbuch. Berlin: Springer 1952.
[12] Kleine Enzyklopädie Mathematik. 2. Aufl. Leipzig: Bibliograph. Inst. 1967.
[13] TGL 10-098. Formeln in Druckerzeugnissen; Ausführung. Nov. 1964.
[14] WENINGER, J.: Einheiten, Größen und Skalenwerte. Frankfurt/Main: Salle 1968.
[15] TGL 0-1319. Meßtechnik: Grundbegriffe. Apr. 1963.
[16] Anordnung vom 26. Nov. 1968 über die Tafel der gesetz-

lichen Einheiten. GBl.SDr. 605 und Berichtigung in GBl. II 1969 (Nr. 45) S. 291.

[17] FLEGLER, E.: Elektronorm **23** (1969, H. 6) S. 265.

[18] FLEGLER, E.: ETZ-A **92** (1971, H. 6) S. 329.

[19] HOCHRAINER, A.: ETZ-A **90** (1969, H. 6) S. 130 und DIN-Mitt. **49** (1970, H. 4) S. 134.

[20] DIN 5485. Wortverbindungen mit den Wörtern Konstante, Koeffizient, Zahl, Faktor, Grad und Maß. Juli 1971.

[21] DIN 5490. Gebrauch der Wörter bezogen, spezifisch, relativ normiert und reduziert. Apr. 1974.

[22] TGL 0-1304. Formelzeichen für allgemein angewandte physikalische Größen. Mai 1968.

[23] PADELT, E., LAPORTE, H.-G.: Einheiten und Größenarten der Naturwissenschaften. 2. Aufl. Leipzig: Fachbuchverlag 1967.

[24] ALBERTI, H. J. v.: Maß und Gewicht. Berlin: Akademie-Verlag 1957.

[25] PADELT, E.: Menschen messen Zeit und Raum. Berlin: Verlag Technik 1971.

[26] SASS, E.: DAMG-Mittbl. Nr. 73. 1957.

[27] Le Système International d'Unités (SI), 2e Édition. Hrsg. v. BIPM. Sèvres 1973.

[28] LÜBKE, A.: Die Uhr. Düsseldorf: VDI-Verlag 1958.

[29] FLEISCHMANN, R.: Phys. Bl. **7** (1953) S. 301.

[30] Anordnung vom 31. Okt. 1958 über die Tafel der gesetzlichen Einheiten. GBl.SDr. 289.

[31] BENDER, D.: Math. u. Physik in der Schule **7** (1960) S. 480 und DAMG-Mittbl. Nr. 246. 1960.

[32] JAEGER, W.: Die elektrischen Maßsysteme und Normalien. In: Handbuch der Physik. Hrsg. von H. Geiger und K. Scheel, Bd. XVI. Berlin: Springer 1927. S. 33.

[33] Verordnung vom 14. Aug. 1958 über die physikalisch-technischen Einheiten. GBl. I, 1958 (Nr. 56) S. 647.

[34] Verordnung vom 31. Mai 1967 über die physikalisch-technischen Einheiten. GBl. II, 1967 (Nr. 52) S. 351.

[35] BODEA, E.: Giorgis rationales MKS-Maßsystem mit Dimensionskonstanz. Basel: Birkhäuser 1949.

[36] WORTHING, A. G.: Is temperature a basic concept. In: Temperature, its measurement and control in science and industry. New York: Reinhold 1941. S. 41.

[37] HENNING, F.: Temperaturmessung. Leipzig: Barth 1951.

[38] KEITZ, H. A. E.: Lichtberechnung und Lichtmessung. Eindhoven (Niederlande): Philips' Gloeilampenfabrieken 1967.

[39] HOFFMANN, F., KORTE, H., WILLENBERG, H.: Das Licht **11** (1941, H. 11) S. 207.
[40] FINK, L.: Archiv techn. Messen V 402-2 (1958 März, Lief. 266].
[41] KORTE, H.: Z. Instrkde. **70** (1962, H. 6) S. 139.
[42] REEB, O.: Grundlagen der Photometrie. Karlsruhe: Braun 1962.
[43] STRUTT, H. W. (Lord Rayleigh): Die Theorie des Schalls. Autorisierte deutsche Ausgabe von F. Neesen. Braunschweig: 1880.
[44] TRENDELENBURG, F.: Definitionen. Allgem. Literaturangaben. In: Handbuch der Physik. Hrsg. von H. Geiger und K. Scheel, Bd. VIII (Akustik). Berlin: Springer 1927. S. 1.
[45] REICHARDT, W.: Grundlagen der techn. Akustik. Leipzig: Geest & Portig 1968.
[46] Radiation quantities and units. (ICRU report 19). Washington: ICRU Publications 1971.
[47] JAEGER, R. G.: Phys. Bl. **23** (1967, H. 3) S. 127.
[48] HERRMANN, D. B.: Z. ärztl. Fortbild. **62** (1968, H. 22) S. 1241.
[49] ATTIX, F. H., ROESCHED, W. C.: Radiation Dosimetry, Vol I. (Fundamentals). New York: Acad. Press 1968.
[50] MS 6–73. Internationales Einheitensystem (in russ.), Dez. 1973.
[51] Bekanntmachung über die Einführung der Einheit Mol als zusätzliche Grundeinheit des SI und der Benennung Pascal für die SI-Einheit des Druckes. Verf. u. Mitt. ASMW 1974, H. 4, S. 7.
[52] CNR-UNI 10003. Sistema internazionale di unità di misura fondamentali, supplementari e derivate. Okt. 1965.
[53] RICHTER, L.: Forschung auf dem Gebiete des Ingenieurwesens, Düsseldorf, **16** (1959/60, H. 5) S. 154.
[54] ISO-Standard 1000. SI-Units and Recommendations for the Use of their Multiples and of certain other Units. 1. Ausgabe 1973-02-01.
[55] TGL 28842. Informationsverarbeitung; Darstellung von Symbolen und Zeichen für Maschinen, die ausschließlich zeilengebunden arbeiten. Juni 1974.
[56] Second ISO draft proposal on representations for SI-units to be used in systems with limited character sets (Dokument ISO/TC 97 (Secr.-306) 442). März 1971.
[57] RS 3472-74. Ordnung und Verfahren des Übergangs zum

Internationalen Einheitensystem (SI). Allgemeine Empfehlungen (in russ.), Dez. 1974. (RS = Standardisierungsempfehlung des RGW)

[58] Symbole, Einheiten und Nomenklatur in der Physik (Dokument U.I.P. 11, S.U.N. 65-3). Deutsche Ausgabe. Braunschweig: Vieweg 1965.

[59] TGL 0-1345. Technische Thermodynamik; Größen, Einheiten, Formelzeichen. Sept. 1962.

[60] DIN 1345. Technische Thermodynamik; Formelzeichen, Einheiten. Jan. 1972.

[61] ISO/R 31, Teil VII. Größen und Einheiten der Akustik. Nov. 1965.

[62] TGL 0-1305. Masse (Menge), Kraft (Gewicht). Jan. 1963.

[63] TGL 29124. Masse, Kraft; Begriffe. April 1976.

[64] PADELT, E., DAMM, H.: Handbuch der Meßtechnik in der Betriebskontrolle. Bd. II: Mengen- und Strömungsmessung, Teil 1 Wägetechnik. Leipzig: Geest & Portig 1970.

[65] MERKEL, E.: Dt. Eisenbahntechn. **18** (1970, H. 6) S. 289.

[66] BAUDYS, M.: Einführung des internationalen Einheitensystems in der Tschechoslowakei. In [67] Abschn. 22.

[67] Die praktische Anwendung von SI-Einheiten. Hrsg. v. Prod. Eng. Res. Assoz. Dt. Ausg. Melton Mowbray (England): PERA 1969.

[68] CODATA-Bulletin Nr. 11 (Dez. 1973). (CODATA = Committee on data for science and technology)

[69] TGL 16223/03. Gestaltung von Standards; Allgemeine Festlegung zur Gestaltung des Inhalts. Aug. 1972.

[70] GOST-(Gruppe T 01). Einheiten physikalischer Größen. Entwurf 1973.

[71] BENDER, D.: Standardisierung und Qualität 21 (1975, H. 5) S. 188.

[72] JOOS, G.: Lehrbuch der theoretischen Physik. Leipzig: Geest & Portig 1945.

[73] ISO/R 31, Teil V. Größen und Einheiten der Elektrizität und des Magnetismus. Nov. 1965.

[74] KOHLRAUSCH, F.: Praktische Physik. 20. Aufl. (2 Bd.) Stuttgart: Teubner 1955.

[75] FLEISCHMANN, R.: Z. Phys. **129** (1951) S. 377.

[76] NBS interprets policy on SI units. NBS Techn. News Bull. **52** (1968) S. 121.

[77] The metric changeover. NBS Techn. News Bull. **57** (1973, Nr. 5) S. 103.

[78] CHISHOLM, L. J.: Units of weight and measure. NBS Misc. Publ. 286 (1967).
[79] Britisch Standard PD 5686. The use of SI-units. Apr. 1972.
[80] ISO/R 31, Teil 1. Grundgrößen und Grundeinheiten des SI. 2. Ausg. Dez. 1965.
[81] ASTM Metric Practice Guide E 380—72. American National Standard Z 210. 1.
[82] FÖRSTER, H.: Einheiten, Größen, Gleichungen und ihre praktische Anwendung. 3. Aufl. Leipzig: Fachbuchverlag 1976.
[83] BALSER-KAYSER: Das internationale System der Einheiten. Stuttgart: Heisler 1967.
[84] LUDWIG, N.: DIN-Mitt. **50** (1971, H. 10) S. 423.
[85] HAGER, P.: DIN-Mitt. **50** (1971, H. 8) S. 345.
[86] SCHUBERT, A.: DIN-Mitt. **50** (1971, H. 12) S. 551.
[87] BECKER, F.: Grundriß der Sphärischen und Praktischen Astronomie. Berlin und Bonn: Dümmler 1934.
[88] ROTHENBURG, E.: Blick in die Sternenwelt 1971. Berlin: Archenhold-Sternwarte 1970.
[89] Brockhaus ABC der Naturwissenschaft und Technik. 9. Aufl. Leipzig: Brockhaus (1969).
[90] TGL 22112. Elektrotechnik-Elektronik; Größen, Formelzeichen, Einheiten. Nov. 1971.
[91] HOLDE, D., BLEYBERG, W.: Kohlenwasserstofföle und Fette. Berlin: Springer 1933.
[92] WEINGRABER, H. v.: Technische Härtemessung. München: Hanser 1952.
[93] LUDWIG, N.: Materialprüf. **11** (1969, Nr. 2) S. 272.
[94] TGL 0-1355. Zeit; Zeiteinheiten, Wochentage, Wochen, Monate. Febr. 1963.
[95] TGL 0-1343. Normzustand, Normvolumen. Jan. 1963.
[96] TGL 8346, Blatt 1. Verbrennungsmotoren; Leistungsbegriffe, Leistungsangaben, Verbrauchsangaben, Bezugszustand; Begriffe, Zuordnung. Mai 1968.
[97] TGL 18233. Druck; Kennzeichnung von Überdruck, Unterdruck und absolutem Druck. Dez. 1969.
[98] Anordnung vom 18. Juli 1973 über die Einführung des Schlüssels der statistischen und der physikalisch-technischen Maßeinheiten. GBl.SDr. 761.
[99] SCHRAMME, D.: DDR-Verkehr (1969, H. 7) S. 295.
[100] HOCHRAINER, A.: ETZ-A **81** (1960, H. 8) S. 305.
[101] QUADE, W.: Abh. Braunschw. Wiss. Ges. **13** (1961) S. 24.

[102] QUADE, W.: Abh. Braunschw. Wiss. Ges. **18** (1966) S. 15.
[103] LANDOLT, M.: Größe, Maßzahl, Einheit. Zürich: Rascher 1943.
[104] OBERDORFER, G.: Elektrotechnik und Maschinenbau **85** (1968) S. 387.
[105] PADELT, E.: Messtechn. **78** (1970, H. 9) S. 178.
[106] KORTUM, H.: messen-steuern-regeln **15** (1972, H. 11) S. 378.
[107] KORTUM, H.: Die Technik **20** (1965, H. 5) S. 364.
[108] STANGE, H.: Feingerätetechn. **22** (1973, H. 8) S. 366.
[109] KORTUM, H.: Feingerätetechn. **22** (1973, H. 6) S. 275.
[110] RÖSLER, R.: Feingerätetechn. **22** (1973, H. 11) S. 516.
[111] CORDES, G., Stieper, K.: Die Technik **20** (1965, H. 5) S. 363.
[112] CORDES, G.: Die Technik **19** (1964, H. 4) S. 299.
[113] DIN 1315. Winkel; Begriffe, Einheiten. März 1974.
[114] DIN 5477. Angaben in Prozent, Promille und partes per millionem. Entwurf April 1970.
[115] PADELT, E., LAPORTE, H.: Die Technik **20** (1965, H. 5) S. 366.
[116] REICHARDT, W.: Frequenz **16** (1962, H. 3) S. 97.
[117] PUTZMANN, H.: Bild und Ton **19** (1966, H. 8) S. 233.
[118] LEDEBUR, C. v., SAUER, U.: Lärm — ein Problem unserer Zeit. Hrsg. v. Ministerium für Verkehrswesen der DDR. Berlin 1969.
[119] TGL 200-7761, Bl. 1. Lautstärkeermittlung aus Schallpegelanalysen; Begriffe. Mai 1966.
[120] ISO/R 131. Expressions of the physical and subjective magnitudes of sound and noise. Ausg. 1959.
[121] HERRMANN, D. B.: Die Sterne **48** (1972, H. 1) S. 20 und (H. 2) S. 113.
[122] TGL 0-19260. *p*H-Messung; Allgemeine Begriffe. Dez. 1962.
[123] BRDIČKA, R.: Grundlagen der physikalischen Chemie. Berlin: VEB Deutscher Verlag der Wissenschaften 1965.
[124] SCHWABE, K.: *p*H-Meßtechnik. 3. Aufl. Dresden und Leipzig: Th. Steinkopff 1963.
[125] TGL 143—408, Bl. 8. Empfindlichkeitsbestimmung von Fotomaterial auf durchsichtiger Unterlage; Schwarz-Weiß-Negativ-Fotomaterial für bildmäßige Aufnahmen bei Tageslicht. Juli 1966.
[126] DIN 4512, Bl. 1. Bestimmung der Lichtempfindlichkeit von Schwarzweiß-Negativmaterial für bildmäßige Aufnahmen. April 1971.
[127] KAUFMANN, S.: ORWO Tabellen-Taschenbuch. Wolfen: VEB Filmfabrik Wolfen 1966.

[128] REUTHER, R.: Die Grundlagen der wissenschaftlichen Photographie, 3. Lehrbrief. Berlin: Verlag Technik 1964.
[129] LANGE, F. H.: Signale und Systeme. Bd. 1. Berlin: Verlag Technik 1965.
[130] TGL 8471. Maßordnung im Bauwesen. Dez. 1967.
[131] TGL 25 751. Rastersystem für die Einrichtung von Wohn-, Wirtschafts- und Diensträumen auf Schiffen. Nov. 1970.
[132] TGL 200-0010. Gedruckte Schaltungstechnik; Begriffe. Jan. 1972.
[133] WEBER, P.: Elektronorm **25** (1971, H. 9) S. 379.
[134] TGL 25 016 Bl. 1. Gedruckte Schaltungstechnik; Ein- und Zweiebenenschaltungen; Konstruktionsrichtlinien. Okt. 1972.
[135] TGL 7073. Typographische Maße. Juni 1969.
[136] BS 4786: 1972. Specification for metric typographic measurement.
[137] CAHIERRE, L.: Revue de métrologie 1972 (H. 10) S. 627.
[138] AGALECKIJ, P. N.: Izmeritel'naja technika. 1967, H. 3, S. 5.
[139] MS 4—67. Allgemeine Hinweise für die Erarbeitung von Prüfschemata und für deren Gliederung (in russ.). Dez. 1967. — Deutsche Übers.: ASMW-Vorschrift OM-7.
[140] Ordnung über den metrologischen Status der RGW-Normale (in russ.). Moskau: Abt. Standardisierung des Sekretariats des RGW 1972.
[141] Meß- und Prüfmöglichkeiten des DAMW — Bereich Meßwesen. Hrsg. v. Deutschen Amt für Meßwesen und Warenprüfung. Berlin: DAMW 1972.
[142] ENGELHARDT, E., VIEWEG, R.: Z. angew. Phys. **13** (1961, H. 12) S. 580.
[143] DEFIX, A.: Rev. métrol. prat. légales. 1970 (No. 4) S. 223.
[144] LAPORTE, H.-G.: Feingerätetechn. **9** (1960, H. 10) S. 450.
[145] LETOCHOV, V. S.: Žurn. eksper. Fiz. Pisma **6** (1967) S. 597.
[146] LETOCHOV, V. S.: Žurn. eksper. Fiz. **54** (1968a) S. 1244.
[147] TAYLOR, B. N.: Metrologia **7** (1971, No. 1) S. 39.
[148] TERRIEN, J.: Metrologia **7** (1971, No. 1) S. 43.
[149] Stratton and Rosa awards presented. NBS Techn. News Bull. **55** (1971, H. 7) S. 170.
[150] SUSKA, J.: Feingerätetechn. **18** (1969, H. 4) S. 155.
[151] GIACOMO, P., HAMON, J., HOSTACHE, J., CARRÉ, P.: Metrologia **8** (1972, No. 2) S. 72.
[152] HARTMANN, O., SCHENKE, W., SUSKA, J.: Jenaer Rundschau **16** (1971, H. 2) S. 117.

[153] SUSKA, J.: Exper. Techn. Phys. **17** (1969, H. 6) S. 477.
[154] HELLWIG, H.: Metrologia **6** (1970) S. 118.
[155] SCHEIBE, A., ADELSBERGER, U.: Phys. Z. **37** (1936) S. 185 und S. 415.
[156] CCIR-Empfehlung 460. Standard frequency and time signal emissions. 1970. (CCIR = Comité Consultatif International des Radio communications)
[157] Report 517 der CCIR-Arbeitsgruppe 7. 1971.
[158] BECKER, G.: PTB-Mitt. **81** (1971) S. 199.
[159] KOBAYASHI, Y.: Neuestes System für Massenormale (in japanisch). Keisoku to Seigyo **9** (1970, H. 6) S. 439.
[160] BONHOURE, A.: Microtecnic **6** (1952, Nr. 4) S. 204.
[161] BONHOURE, A.: Bull. OIML No. 16 (5. Jahrg., Juni 1964) S. 46.
[162] BONHOURE, A.: Proc. Verb. CIPM (2) **20** (1945) S. 171.
[163] LAPORTE, H.-G.: Zur Frage der Änderung der Masse von Massenormalen (Normalgewichtsstücken). In: Acta Imeko 1961. Hrsg. v. ung. wiss. Ver. für Meßtechn. u. Automatisierung. Budapest 1961.
[164] SMIRNOVA, N. A.: Abschätzung der Unsicherheiten beim Vergleich von Etalonkopien mit dem Primäretalon der Masse der UdSSR ... (in russ.) In: Trudy VNIIM. Ausg. 57 (114). Moskau: Standardgiz 1959.
[165] GREEN, E.: The adaption of a knife edge balance to the comparation of precision standards of mass. In: Acta Imeko 1967. Hrsg. v. ung. wiss. Ver. für Meßtechn. u. Automatisierung. Budapest 1961.
[166] ALMER, H. E.: J. Res. NBS **76 C** (1972, H. 1/2) S. 1.
[167] GAUZNER, S. J.: Izmeritel'naja technika 1962 (H. 3) S. 13.
[168] MAXWELL, J. C.: Treatise on electricity and magnetism, Vol. II. 3. ed. Oxford: Clarendon 1892, § 701.
[169] JANOVSKIJ, M. B., GORBAZEVIČ, S. V., VOLKOV, N. A.: Absolute Messungen der Stromstärke (in russ.). In: Trudy VNIIM Ausg. 15 (75). Moskau: Staatl. Energie-Verlag 1953.
[170] DRISCOLL, R. L., CUTKOSKY, R. D.: J. Res. NBS **60** (1958) S. 297.
[171] BENDER, D., SCHLESOK, W.: Metrologia **10** (1974, No. 1) S. 1.
[172] VIGOUREUX, P.: Metrologia **1** (1965) S. 3.
[173] DRISCOLL, R. L.: J. Res. NBS **60** (1958) S. 287.
[174] PACCARD, M., VARIAN, R.: Phys. Rev. **93** (1954) S. 941.
[175] CAPPTULLER, H.: Z. Instrkde. **69** (1961) S. 191.

[176] SCHLESOK, W.: Metrologia **6** (1970) S. 44.
[177] JONES, J. V.: Proc. Roy. Soc. **63 A** (1898) S. 192.
[178] ROSA, E. B.: Bull. Bur. Stand. **2** (1906) S. 159.
[179] SNOW, C.: J. Res. NBS **9** (1932) S. 419.
[180] HARRISON, P. W., RAYNER, G. H.: Metrologia **3** (1967) S. 1.
[181] LINCKH, H. E., BRASACK, F.: Metrologia **4** (1968) S. 94.
[182] THOMSON, A. M., LAMPARD, D. G.: Nature **177** (1956) S. 888.
[183] BENDER, D.: Au calorimètre différentiel pour déterminer l'ampère absolu. In: CCE, 8e Session (1957). Hrsg. v. CIPM. Paris: Gauthier-Villars 1958. S. E 83. (CCE = Comité Consultatif d'Électricité beim CIPM)
[184] OHLON, R.: Metrologia **3** (1967) S. 33.
[185] CLOTHIER, W. K.: Metrologia **1** (1965) S. 181.
[186] LEHANY, F. J.: The Australian Physicist **7** (1970, H. 9) S. 137.
[187] TAYLOR, B. N. u. a.: Metrologia **3** (1967) S. 89.
[188] KOSE, V., MELCHERT, F., FACK, H., SCHRADER, H. J.: PTB-Mitt. **81** (1971, H. 1) S. 8. (PTB = Physikalisch-Technische Bundesanstalt)
[189] KOSE, V., MELCHERT, F., FACK, H., und HETZEL, W.: PTB-Mitt. **82** (1972, H. 4) S. 230.
[190] CAMPBELL, A.: Proc. Roy. Soc. **107 A** (1925) S. 310.
[191] RAYNER, G. H.: Metrologia **3** (1967) S. 12.
[192] THOMPSON, A. M.: IEEE Trans. Instr. Meas. IM 13 (1964) S. 189. (IEEE = Institute of Electrical and Electronics Engineers)
[193] HAMON, B. V.: J. Sci. Instr. **31** (1954, H. 12) S. 450.
[194] SOLGA, H.: Elektrie **25** (1971) S. 77.
[195] THOMPSON, A. M.: Metrologia **4** (1968) S. 1.
[196] EDER, F. X.: Moderne Meßmethoden der Physik, Teil II: Thermodynamik. Berlin: Dt. Verl. Wiss. 1956.
[197] SOMMERFELD, A.: Thermodynamik und Statistik (Vorlesungen über theoretische Physik, Bd. V). 2. Aufl. Leipzig: Geest & Portig 1962.
[198] DALTON, J.: Mem. of the Lit. Soc., 1802, S. 601.
[199] SUR, L.: Physik in der Schule **5** (1967, H. 3) S. 119.
[200] MOSER, H., OTTO, J., THOMAS, W.: Z. Phys. **147** (1957, H. 1) S. 59.
[201] Échelle Internationale Pratique de Température de 1968. Hrsg. v. BIPM. In: C. R. 13. CGPM 1967–1968. S. A. 1.
[202] TGL 29 760. Temperaturskale. März 1974.
[203] LEE, R. D.: Metrologia **2** (1966, No. 4) S. 150.
[204] KRACHINAL'NIKOVA, G. A.: Hochtemperaturnormale (in

russ.). In: Trudy VNIIM, Ausg. 87 (147). Moskau: Komitee für Standards, Maße und Meßgeräte 1966.
[205] TGL 0-5031. Strahlungsphysik und Lichttechnik; Größen, Bezeichnungen und Einheiten. Bl. 1 bis 3, Okt. 1962.
[206] C. R. CIE. Wien 1963. Bd. B. S. 212.
[207] Korte, H.: Z. Instrkde. **70** (1960, H. 6) S. 139.
[208] Fischer, B., Krönert, R.: Feingerätetechn. **12** (1963, H. 9) S. 405.
[209] Sümnich, K.-H.: Feingerätetechn. **17** (1968, H. 12) S. 565.
[210] Fischer, B., Sümnich, K.-H.: Feingerätetechn. **20** (1971, H. 10) S. 433.
[211] Preston, J. S.: Photometric standards and the unit of light. (NPL, Notes on appl. Sci. No. 24). London: Her Majesty's Stationery Office 1961.
[212] 7e rapport du CCP au CIPM. Referent H. Korte. In: Procès-Verbaux CIPM (2) **39** (1971) S. 117.
(CCP = Comité Consultatif de Photométrie beim CIPM)
[213] TGL 12766, Bl. 1. Tex-System; Begriffe, Einheiten. Mai 1968.
[214] Sacklowski, A., Röhrl, E.: Einheitenlexikon, 4. Aufl. Stuttgart: Deutsche Verlagsanstalt 1973.
[215] TGL 15799/01. Rohholz; Grundlagen. Mai 1964.
[216] TGL 31548. Einheiten physikalischer Größen. Entwurf Juni 1975. Mitt. des ASMW Berlin **2** (1975) H. 15.
[217] Bender, D.: die Technik **30** (1975, H. 9) S. 551.
[218] Manual of Symbols and Terminology for Physicochemical Quantities and Units (Hrsg. v. IUPAC). London: Butterworths 1970.
[219] Reichardt, W.: Elektrie **29** (1975, H. 12) S. 659.
[220] Bender, D.: Standardisierung und Qualität **22** (1976, H. 5) S. 204.
[221] Metric Conversion Act of 1975. DIN-Mitt. **55** (1976, H. 4) S. 187.
[222] IEC, Publ. 27—3: Letter symbols to be used in electrical technology. Part 3: Logarithmic quantities and units. 1. Ausg. 1974.
[223] Blevin, W. R., Steiner, B.: Metrologia **11** (1975) S. 97.

Sachverzeichnis

absolut 41, 54
acre (acre) 204
Aktivität 70, 196, 215
Akustik 44, 69, 121, 194
Allunionsforschungsinstitut für Metrologie D. I. Mendelejew (VNIIM) 160
AMPÈRE, Ampere (A) 38, 39, 41, 49, 62, 65, 84, 131, 146, 155, 188, 190
Amperewindung (Aw) 66, 108, 112, 113
amphora 29
Amt für Standardisierung, Meßwesen und Warenprüfung der DDR (ASMW) 2, 132, 149, 160
Ångström (Å) 94, 101, 102, 210
Anzahl 112
Apostilb (asb) 214
apothecaries (ap) 89, 208, 209
Äquivalentleuchtdichte 177
Äquivalentdosis 106
Ar (a) 57, 210
Arbeit 61, 115, 186, 214
ASA 125
ASMW 2, 132, 149, 160
Atmosphäre (at; atm; at (abs); atü; atu) 22, 96, 107, 108, 213
Atomgewicht 48
Atomkonstante 130, 146
Atommasse, relative 48
Atomuhr 136
Atomzeit (TAI) 140, 141
Atto (a) 51
avoirdupois (avdp) 89, 207

Bar (bar) 61, 96, 213
BARKHAUSEN 122
Barn (b) 210
barrel 206
Barye 96
Basiseinheit 13, 36, 49, 50, 57, 114, 130, 145, 176
Basisgrößenart 12, 34, 43, 57, 115, 176
Baud 113
Becquerel (Bq) 51, 70, 196
-beiwert 25
Bel (B) 119
Beleuchtungsstärke 69, 92, 123, 192
Beratendes Komitee 47, 170, 224, 225, 226
Bes 49
Bewahrung der Einheit 128, 153, 157, 160
bezogen 26
Bezugsgröße 26
BIH 140
billion 86
BIOT, Biot (Bi) 38, 81
BIM P 32, 161, 179
Bit (bit) 126
Blind ... 63, 64, 106

British thermal unit (Btu) 91
Bureau International de l'Heure (BIH) 140
Bureau International des Poids et Mesures (BIPM) 32, 161, 179
bushel (bu) 89, 205, 206

c 51
Cadmiumlinie, rote 102
CAMPBELL 158
Candela (cd) 45, 50, 68, 118, 175, 177, 179, 192
CARNOT, Carnot-Prozeß 162
cbm, ccm, ... 57
CCE 225
CCEMRI 47
CCIR 224
CCP 226
CCT 170
CELSIUS, Celsius-Skale 43, 165
Celsius-Temperatur 23, 67, 106, 170
Cent (cent) 122
cental (sh cwt) 207
centigrade 91
CGPM 32
CGS-Einheit (emE; esE) 76, 199
CGS-System 37, 38, 74, 81, 199
chain (ch) 203
chaldron 205
Chemie, physikalische 48, 70, 196
Cicero 127
CIE 46
CIPM 32
circular inch, mil 204
CLARK 40
CLOTHIER 156
cm g s Bi-System 82
cm g s Fr-System 82
Comité Consultatif d'Électricité (CCE) 225
— — de Photométrie (CCP) 226
— — de Thermométrie (CCT) 170
— — International des Radiocommunications (CCIR) 224
— — pour les Étalons de Mesure des Radiations Ionisantes (CCEMRI) 47
Comité International des Poids et Mesures (CIPM) 32
Commission Internationale de l'Éclairage (CIE) 46
Conférence Générale des Poids et Mesures (CGPM) 31
Cotton-Waage 152
Coulomb (C) 51, 63, 188
cubic ... (cu ...) 88, 205
Curie (Ci) 46, 215
cwt 207
cycle (c), cps 58

Dämpfung 119, 184
daktylos 29
Darstellung 127, 130, 142
—, fundamentale 127
Daumenbreite 30
Definitionsgleichung 12, 16, 56, 127, 130
degree (deg) 67, 211
Deka (da) 51
DELAMBRE 31
Dezi (d) 51
Dezibel (dB) 119
Dezimalzeichen 86
Dezitonne 102
Dichte 21, 60, 90, 184
—, optische 125
digitus 29

Dimension 15, 26, 78, 114, 176
Dimensionsgleichung 21
DIN 107, 125
Dioptrie (dpt) 106
Doppelzentner 102
drachm 205, 208
Drachme 30
dram (dr) 206, 207, 208
Drehzahl 58, 112, 116
Dreiersystem 35, 75, 77, 198
Druck 21, 60, 90, 95, 186, 213
dry ... 206
durch 53
Durchflutungsgesetz 83
Dutzend 111
dwt 208
Dyn (dyn) 74, 213

Einheit 9, 15, 20, 50, 78, 105, 109, 127
—, abgeleitete 13, 20, 36, 50, 130
—, abgestimmte 36
—, absolute elektrische 41
—, anglo-amerikanische 85, 203
—, astronomische (AE) 104, 210
—, gesetzliche 210
—, kohärente 20, 36, 94, 114
—, konventionelle 131, 161
—, metrische 55, 73, 85
—, nationale 160
—, praktische elektromagnetische 38
—, statistische 108
—, systemfreie 93
—, systemfremde 36, 94
Einheitengleichung 13, 18, 20
einheiteninvariant 10, 16
Einheitenprodukt 13, 53, 56, 114, 118
Einheitenrechen 19
Einheitensystem 36
—, Internationales (SI) 49, 50
—, metrisches 73
Einheitenzeichen 20
Einmessen 128
Eispunkt 165
Elastizitätsmodul 186
Elektrodynamik 35, 38, 62, 74
Elektrodynamometer 150
Elektrometer 156
Elektronenflußdichte 112
Elektronenvolt, Elektronvolt (eV) 61, 94, 104, 214
Elle 27, 30
emE 7, 199
Endmaß 86, 135
Energie 43, 61, 70, 91, 97, 186, 190, 192, 214
Energiedosis, Energiefluenz, Energieflußdichte 70, 194, 196, 215
Energiegröße 119
Entropie 67, 164, 190, 192, 196
Ephemeridensekunde 33, 58, 136
Erd-Meridianquadrant 31, 39
Erg (erg) 74, 214
esE 76, 199
ergänzende Einheit des SI 50
Etalon 130
Exa (E) 51
Exponent, gebrochener 81
Exposition 70, 194, 215
Extensitätsgröße 15
FAHRENHEIT, Fahrenheit-Skale 43, 91
-faktor 25
Farad (F) 51, 64, 146, 153, 188
fathom (fathom, fath) 203
Fehler einer Messung 14
—, wahrscheinlicher 129, 147
Feldgröße 117

Feldkonstante, elektrische 65, 75, 79, 154
—, magnetische 62, 66, 75, 80, 145
Feldstärke, elektrische 63, 188, 198, 200
— magnetische 65, 84, 112, 190, 198, 202
Femto (f) 51
Festmeter (fm, Fm) 106, 108
Fingerbreite 27
Fixpunkt 43, 172, 174
Fläche 29, 56, 88, 183, 204, 210
FLEISCHMANN 83
fluid ... 205, 206
Fluß, magnetischer 65, 83, 190, 198, 201
Flußdichte, magnetische 65, 84, 190, 198, 201
foot (ft) 86, 203, 204, 205
footcandle 92
foot lambert (ft la) 92
Formelzeichen 10, 15, 17, 20, 55, 107, 182, 199
FORTIN 31
Franklin (Fr) 82
Frequenz 58, 139, 182, 212
ft lb s-System 90
Fünfersystem 35, 83
furlong (furlong, fur) 203
Fuß 27, 30

Gal (Gal) 59, 74, 212
gallon (gal; UKgal) 88, 205, 206
Gaskonstante, molare 71
Gasthermometer 165
Gaszellenresonator 138
gauge (gg; g) 204
GAUSS, Gauß (G; Gs) 38, 75, 78, 83, 201, 216
Generalkonferenz für Maß und Gewicht (CGPM) 31
Geschwindigkeit 12, 58, 90, 98, 182, 212
Gewicht 59, 60, 74
Gewichtskraft 60
Giga (G) 51
Gilbert (Gb) 78, 202, 216
gill 205, 206
GIORGI, Giorgi-System 42
Gleichartigkeit von Größen 21
GMT 142
Gnomon 33
Gon (g, gon) 98, 211
GOST 125
-grad 25
Grad (grd) 67
Grad (°) 98, 211
Grad Celsius (°C) 23, 67, 106
Grad eines Einheitensystems 36
— — Größensystem 34
— Engler 104
— Kelvin (°K) 67
— Rankine 92
grain (grain; gr) 208
Gramm (g) 59, 212
Grammatom, Grammolekül 48
Gray (Gy) 51, 70, 196
Greenwich Mean Time (GMT) 142
Gros 111
Größe, allgemeine 14, 16
—, bezogene 26, 113
—, dimensionslose 23
—, gebundene 22, 106
—, idempotente 23
—, meßbare 9
— mit speziellem Sachbezug 106, 111
—, physikalische 9, 22
—, spezielle 14, 17
Größenart 11, 33, 55, 78, 109, 127, 182, 199, 210
—, abgeleitete 12, 34
—, physiologische 45, 47, 176

Größengleichung 16, 18, 115
—, zugeschnittene 18, 20, 117
Größensystem 34, 36
Grundeinheit 13, 36, 49, 50, 57, 114, 130, 145, 176
Grundgrößenart 12, 34, 43, 57, 115, 176
Grundrastermaß 126
Gruppe, freie abelsche 35
Gruppennormal 160, 179
GUILLAUME 143

hand 203
Handbreite 27
Härte 104
HEFNER-ALTENECK, Hefnerkerze 45
Hektar (ha) 57, 210
Hekto (h) 51
Hellempfindlichkeitsgrad 176
Helligkeit 123
Henry (H) 51, 66, 84, 146, 153, 190
Hertz (Hz) 51, 58, 70, 113, 182
Höhe ü. N.N. 22
hogshead (hhd) 205
Hohlmaß 29, 30
horse-power (hp) 91
hundredweight (cwt) 207

ICRU 48
IEC 46
IEEE 225
imperial 86, 87, 89
inch (in;″) 85, 87, 203, 204
Induktion 65, 190
Induktionsgesetz 84
Induktionskonstante 62
Induktivität 66, 84, 157, 190, 198, 202
Influenzkonstante 65
Institute of Electrical and Electronics Engineers (IEEE) 225
Intensitätsgröße 16, 21
International Commission on Radiological Units and Measurements (ICRU) 47
— Nautical Mile (INM) 88, 204
— Union of Pure and Applied Chemistry (IUPAC) 47
— Union of Pure and Applied Physics (IUPAP) 47
Internationale Beleuchtungskommission (CIE) 46
— Elektrotechnische Kommission (IEC) 46
— Kommission für radiologische Einheiten und Messungen (ICRU) 47
— Meterkonvention 31
— Organisation für Standardisierung (ISO) 46
— Praktische Temperaturskale (IPTS) 44, 67, 132, 169
— Union für reine und angewandte Chemie (IUPAC) 47
— Union für reine und angewandte Physik (IUPAP) 47
—s Büro für Maß und Gewicht (BIPM) 32
—s Einheitensystem (SI) 49, 50
—s Komitee für Maß und Gewicht (CIPM) 32
Intervall 12, 22
invariant 10, 117
IPTS 44, 67, 132, 169
ISO 46
IUPAC 48
IUPAP 48

Jahr 33, 99, 100, 136
je 53

JOSEPHSON-Effekt 157
Joule (J) 51, 61, 67, 69, 72, 186, 190, 192

Kalorie (cal) 72, 91, 97, 214
Kapazität 63, 64, 154, 159, 188, 198, 200
Karat (k, ct) 212
Kelvin (K) 43, 50, 66, 161, 165, 170, 190
Kennwort 119, 125
Kerma 70, 196
Kernresonanz 151, 153
Kerze 45
Kilo (k) 51
Kilogramm (kg) 31, 32, 49, 59, 73, 142, 184
kilogramme des archives 31
kilogramm-force (kgf; kg*) 37, 73
Kilogrammprototyp 59, 73, 142
Kilohyl (khyl) 73
Kilopond (kp) 37, 60, 72, 73
Kilowattstunde (kWh) 61, 187
Klammer 19, 20
Knoten (kn) 90, 98, 212
Koeffizient 25, 27
—, gyromagnetischer 151
Körper, Schwarzer 173, 177
kohärent 20, 36, 94, 114
KOHLRAUSCH 39
Komma 86
Konstante 25
Kraft 15, 37, 60, 64, 73, 90, 186, 213
—, elektromotorische 64
Kreisfrequenz 58, 182
Kreuzkondensator 154, 159
Kryptonlinie 103
Kubikmeter (m^3) 57, 182
Kurzzeichen 20, 50, 51, 52, 131, 182, 203, 210

Ladefähigkeit 60
Ladung, elektrische 63, 76, 188
LAMBERT, lambert (la) 45, 92
LAMPARD 154
Länge 11, 21, 27, 30, 49, 56, 86, 98, 101, 102, 183, 203, 210
Langley (ly) 98, 215
Laser 135
Lautheit, Lautstärke 122, 123
lb 30, 85, 89, 207, 208
Leistung 61, 63, 91, 98, 106, 107, 120, 186, 188, 214
Leuchtdichte 68, 92, 173, 192, 214
libra 30
Licht 45
Lichtempfindlichkeit 125
Lichtgeschwindigkeit 65, 135
Lichtjahr 104, 216
Lichtmenge 175, 176, 192
Lichtstärke 50, 68, 118, 175, 176, 177, 192
Lichtstrom 68, 116, 192
line 203
Linie 31
link (link, li) 203
Liter (l) 31, 57, 94, 101, 183, 211
liquid ... 206
Lumen (lm) 51, 69, 118, 192
Lux (lx) 51, 69, 192

mal 53
MALLET 140
Mandel 111
Maser 139
Masse 15, 29, 30, 31, 37, 48, 49, 74, 89, 180, 184, 207, 212
—, molare 70, 196
Masseeinheit, atomare (u) 94, 103, 216
—, technische 73

Maß (für eine Größe) 14, 26, 105, 119
Maßeinheit s. Einheit
Maßsystem 36
—, technisches 73
Maßverkörperung 28, 29, 131, 142, 153, 160
MAXWELL, Maxwell (M; Mx) 39, 75, 78, 83, 147, 201, 216
MÉCHAIN 31
Mechanik 34, 37, 59, 74, 184
Mega (M) 51
Meile 29, 81, 88, 98, 203, 204, 210
Mendenhall Order 87
Menge 15, 48
Messung 9
Meßunsicherheit 129
Meter (m) 31, 32, 49, 56, 73, 102, 132, 182
Meter, Kilogramm (Kraft), Sekunde-System 37
Meterkonvention, internationale 31
Meterprototyp, internationales 56, 132
Meter Wassersäule (m WS) 96, 213
mètre des archives 31
MEZ 142
mho 64
microinch (μin) 203
Mikro (μ) 51
Mikron 56
mile (mile, mi) 87, 203, 204
Milli (m) 51
milliarium 29
Millimeter Quecksilbersäule (mm Hg) 95
milliinch (mil, ‴) 203
Mine 29
minim (minim; min) 205, 206
Minute (min) 33, 99, 183, 212
—, (^{min}) 100
—, (′) 98, 211
Mitteleuropäische Zeit (MEZ) 142
m kg s A-System 36, 42, 75
m kg s A Wb-System 84
MKSA-System 36, 42, 75
Modul 126
Mol (mol) 48, 50, 70, 95, 180, 196
Molekularphysik 70, 196
Monat (Mo.) 99
m s V_{int} A_{int}-System 42
MTS-System 38
Münzeinheit 30

Name, selbständiger 50
Nano (n) 51
National Bureau of Standards (NBS) 151
— Physical Laboratory (NPL) 180
Naturgesetz 16
Naturkonstante 130
nautical mile (n mile) 88, 204
NBS 151
Neper (Np) 119
Neugrad, Neuminute, Neusekunde 98, 211
Newton (N) 51, 60, 72, 73, 186
nichtrational 75, 77, 198
Nippur-Elle 29
Nit (nt) 69
Niveau 22
Normal 32, 37, 128, 129, 131, 132, 138, 143, 160, 179
Normalelement 40, 41, 153, 160
Normal-Lampe 178, 179
Normal, nationales 143
Normalwiderstand 41, 153, 160
Normbedingung 95

normiert 25
Normkubikmeter 26, 107
NPL 180

Oberdorfer 43
Oerstedt (Oe) 78, 83, 202, 216
Ohlon 156
Ohm (Ω) 39, 51, 64, 146, 156, 157, 161, 172, 188
OIML 217
Oktave 119, 121
Ordnung (eines Normals) 129
Organisation Internationale de Métrologie Légale (OIML) 217
Ortsvektor 21
ounce (oz) 30, 205, 206, 207, 208
Paar 111
Parsec (pc) 104, 210
partes per millionem (ppm) 118
Pascal (Pa) 51, 60, 72, 186, 194
peck (peck) 205, 206
Pegel 121
Pellat 150
pennyweight (dwt) 208
perch 203
pes 29
Peta (P) 51
Pferdestärke (PS) 98, 107, 214
Pfund 30, 102
Phon (phon) 122
Photometrie 45, 118, 175
*p*H-Wert 124
Physikalisch-Technische Bundesanstalt (PTB) 225
Physikalisch-Technische Reichsanstalt (PTR) 37
pint (pt) 205, 206
Piko (p) 51
Planck 164
plenus angulus (pla) 116
Poise (P) 61, 74, 214
pole 203
Polstärke, magnetische 77, 190, 198, 201
Pond (p) 213
Potenzprodukt 13, 15, 23, 54, 56, 114, 118
pound (lb) 30, 85, 89, 207, 208
poundal (pdl) 90
pound-force (lbf) 38, 90
– weight (lb wt) 38, 90
Poynting-Vektor 80
ppm 118
Primärnormal 128, 132
Promille (‰) 118
Proportionalitätsfaktor 18, 20
Prototyp 31, 32, 86, 89, 102, 130, 132, 133, 142
Prozent (%) 118
psi, psia, ... 90, 91
PTB 225
PTR 37
Punkt, typographischer (p) 127
pus 29

qcm, qdm, ... 56, 57
Quad-Brücke 159
Quadrant-Einheitensystem 39
Quadrat 54
Quadratmeter (m²) 56, 182
Qualitätsgröße 16, 43
Quantitätsgröße 15, 43
quart (qt) 205, 206
quarter 205, 207
Quecksilbereinheit 40
Quinte 119
Quotient 27, 113

Rad (rd) 47, 215
Radiant (rad) 50, 57, 115, 182
Rastereinheit, Rastermaß 126
Rat für gegenseitige Wirtschaftshilfe (RGW) 49

rational 55, 75, 77, 198
Raummeter (rm; Rm) 106
Raumwinkel 57, 115, 118, 183
RAYLEIGH 39, 147
reduziert 26
Redwood-Sekunde 104
Referenznormal 128
register ton (reg to) 206
Registertonne 109
REICHARDT 109, 112
relativ 25
Rem (rem) 106
revolution, r/s, r/min 58
RGW 49
RGW-Etalon, RGW-Normal 129, 130
Röntgen (R) 47, 215
rod (rod) 203
rood 204
ROSA 158

SAVART 38
Saybolt-Sekunde 104
SCHAEFER 75
Schall 46, 69, 122, 194
Scheffel 30
Schein ... 63, 64, 106
Schichtfestmeter (SFm) 106, 108
Schock 111
Schrägstrich-Index 19
Schreibweise 17, 54
Schrittgeschwindigkeit 112
Schuh 30
Schwärzung 125
scruple 205, 209
Seemeile (sm) 88, 98, 210
Sekundärnormal 128, 131, 138, 179
Sekunde (s) 33, 49, 58, 99, 136, 141, 182
—, (s) 100
Sekunde, (″) 98, 211
Selbstinduktivität 158
SI 49, 50
Sicherungsnormal 32, 143
SIEGBAHN 103
SI-Einheit 20, 50, 51, 55, 182
SIEMENS, Siemens (S) 39, 51, 64, 190
Silberäquivalent 39
Silbervoltameter 39
SI-Vorsatz 50, 51
Skalar 10
Skale 22, 43, 105, 128
—, konventionelle 132, 169
Skalenwert 22
skotopisch 177
slug 209
Sondereinheit 22, 105, 111
Sone (sone) 123
Sonnentag, -zeit 33, 136, 140
Spannung, elektrische 63, 120, 188, 198, 200
—, magnetische 65, 83, 84, 112, 190, 198, 202
Spannungsstoß, elektrischer 83
Spannungswaage 156
spezifisch 26, 60
square ... (sq ...) 88, 204
Stadion 29
statute mile 203
STEFAN 164
Steradiant (sr) 50, 57, 115, 118, 176, 182
Stern-Größenklasse 123
Sternzeit 100
Stilb (sb) 214
Stoffmenge 48, 70, 180, 181, 196
Stokes (St) 61, 74, 214
stone 207
Strahler, Schwarzer 173, 177
Strahlung, ionisierende 44, 46, 69, 194, 215

Strahlung, optische 44, 68, 175, 192, 214
Stromstärke, elektrische 49, 62, 83, 188, 198, 199
Stromwaage 39, 147
Stück 110
Stunde (h) 33, 97, 183, 212
— (^{h}) 100
Stundenwinkel 100
Suszeptibilität, magnetische 80
System (von Größenarten) 34
—, Gaußsches 76, 198
Système International d'Unités (SI) 50
System, metrisches 31, 73
—, symmetrisches 75, 198

Tag (d) 33, 99, 183, 212
Talent 30
Tangentenbussole 39
TAI 141
tdw 109
Teil, dezimaler 36, 50
Teilchenfluenz, Teilchenflußdichte 69, 70, 194
teilrational 75
Temperatur 21, 23, 42, 50, 66, 91, 106, 132, 161, 165, 169, 190
—, (thermodynamische) 50, 66, 106, 161, 170, 190
Temperaturskale 23, 165, 173
—, empirische 162
—, Internationale Praktische (IPTS) 44, 67, 132, 169
—, (thermodynamische) 67, 171
Tensor 10
Tera (T) 51
Tesla (T) 51, 65, 84, 190
Tex (tex) 213
therm 91
Thermodynamik 43, 66, 190
Thermoelement 172
THOMPSON 154
Toise 30, 31
ton 207
Tonne (t) 59, 102, 185, 212
Tonskale 119, 121
Torr (Torr) 95, 213
Tragfähigkeit 60
Tripelpunkt 66, 165, 174
troy (tr) 89, 208
TUC 141

Überdruck, Unterdruck 22, 91
Uhrzeit 107
Umdrehung (U) 58, 108, 112, 116
UK 86, 90, 205
Umlauffrequenz 58, 112, 116
Umrechnungsfaktor 94, 199
uncia 30
Universal Time (UT 0; UTC, TUC) 140, 141
Unze 30
Urkilogramm, -meter 31
Urmaß 37
US 86, 204
UTC, UT 0 140, 141, 142

Vakuumlichtgeschwindigkeit 65
Var (var) 63, 106
Vektor 10, 56
Vergleichsverfahren 11
Verhältniseinheit 113
Verhältnisgröße 23, 113
—, logarithmierte 26, 119
Verkettung, elektromagnetische 84
Verknüpfung 33
Verknüpfungsrelation 79, 198
Vielfache und Teile der SI-Einheiten 50
Vielfaches, dezimales 36, 50

Vierersystem 35, 40, 41, 55, 77, 81, 198
Viskosität 21, 61, 104, 186, 214
VNIIM 160
Vollwinkel 116
Volt (V) 40, 51, 63, 146, 155, 161, 188
Voltampere (VA) 63, 106
Volumen 29, 31, 57, 71, 88, 101, 106, 107, 183, 196, 205, 211
Volumengehalt 119
Volumenverhältnis 119
Vorsatzzeichen 52
Vsesojuznyj naučno-issledovatel'skij institut metrologii imeni D. I. Mendeleeva (VNIIM) 160

Wägestück 29
Wärmekapazität 67, 190, 192, 196
Wärmemenge 67, 97, 190, 214
WALLOT 10
Wassersiedepunkt 165
Wasserstoff-Exponent 124
Wasserstoffionen-Aktivität 124
Wasserstoff-Maser 139
Watt (W) 51, 62, 63, 69, 106, 155, 186, 188, 192, 194
Wattstunde (Wh) 61
WEBER, Weber (Wb) 38, 39, 51, 65, 84, 190
WEBER-FECHNERsches Gesetz 123
Weitergabe der Einheit 129, 160
Weltzeit (UT 0; UTC) 140, 141
WENINGER 22
Wert einer Größe 14, 17
—, gemessener 14
—, punktueller 22
—, wahrer 14
Weston-Element, Internationales 41, 160
Wichte 60
Widerstand, elektrischer 64, 188, 198, 200
—, magnetischer 112
Widerstandsthermometer 172
WIEN 164
Windungsbelag 112
Winkel, ebener 57, 98, 100, 113, 115, 116, 183, 211
—, räumlicher s. Raumwinkel
—, rechter 98
Winkelgeschwindigkeit 58, 116, 184
Wirkleistung 106
Wirkungsgrad 115
Woche (Wo.) 99
WORTHING 43

X-Einheit (XE) 103, 210

yard (yd) 30, 85, 86, 203, 204

Zähleinheit 58, 109, 110, 120
Zählgröße 109
-zahl 24, 112
Zahl, unbenannte 16, 114
Zahlenwert 10, 20
Zahlenwertgleichung 18, 20
Zeit 12, 22, 32, 49, 58, 99, 107, 140, 182, 212
Zeitgleichung 140
Zeitspanne 12
Zeitwinkel 100
Zenti (c) 51
Zentimeter, Gramm, Sekunde-(CGS-)System 37, 38, 74, 81, 199
Zentner 102
Zoll 30, 85

Die Autoren

- führen den Leser in die Grundlagen der physikalischen Größenlehre ein und behandeln eingehend Aufbau und Inhalt des „Internationalen Einheitensystems (SI)“

- besprechen daneben nichtkohärente Einheiten, Sondereinheiten, Zähleinheiten, Verhältniseinheiten, Kennwörter für logarithmierte Verhältnisgrößen sowie die statistischen Maßeinheiten der Ökonomie

- erläutern die Umrechnung bisher gebräuchlicher Einheiten in SI-Einheiten

- wenden sich an Naturwissenschaftler und Ingenieure (Praktiker, Lehrer, Studenten)

WISSENSCHAFTLICHE TASCHENBÜCHER

FSC
www.fsc.org
MIX
Papier | Fördert
gute Waldnutzung
FSC® C083411

Zeitfracht Medien GmbH
Ferdinand-Jühlke-Straße 7
99095 Erfurt, Deutschland
produktsicherheit@kolibri360.de